高职高专"十二五"规划教材

AutoCAD 机械绘图与应用

王　平　张松华　主编

化学工业出版社

·北京·

本教材包括图幅、操作件、常用件、轴套类零件、盘盖类零件、箱体类零件、叉架类零件等绘制之外，还有装配图的绘制、创建零件的三维模型及其视图。

　　本教材以典型零件为载体，强化 AutoCAD 软件在机械工程中的应用，按照计算机辅助设计绘图员职业岗位能力的要求安排内容。在编写中，结合计算机辅助设计绘图员的职业岗位能力，以必需、够用为度，注重开放性及实用性。

　　本教材每章都附有一定数量的工作实例，不仅能帮助学生对完成工作任务的步骤有更清晰的认识，而且能进一步提高绘图技能。

　　本教材的内容已制作成用于多媒体教学的 PPT 课件，并将免费提供给采用本书作为教材的院校使用。

　　本教材为高等职业技术学院、高等专科学校、电大、高级技工学校等机械类和近机类各专业取得证书或核心课程的教材，也可供工程技术人员阅读参考。

图书在版编目（CIP）数据

AutoCAD 机械绘图与应用/王平，张松华主编. —北京：化学工业出版社，2015.1
高职高专"十二五"规划教材
ISBN 978-7-122-22418-7

Ⅰ.①A… Ⅱ.①王…②张… Ⅲ.①机械制图-
AutoCAD 软件-高等职业教育-教材 Ⅳ.①TH126

中国版本图书馆 CIP 数据核字（2014）第 279786 号

责任编辑：高　钰　　　　　　　　　　　文字编辑：陈　喆
责任校对：吴　静　　　　　　　　　　　装帧设计：刘丽华

出版发行：化学工业出版社（北京市东城区青年湖南街 13 号　邮政编码 100011）
印　　装：三河市延风印装厂
787mm×1092mm　1/16　印张 15¾　字数 388 千字　2015 年 2 月北京第 1 版第 1 次印刷

购书咨询：010-64518888（传真：010-64519686）　售后服务：010-64518899
网　　址：http://www.cip.com.cn
凡购买本书，如有缺损质量问题，本社销售中心负责调换。

定　　价：32.00 元

前　言

根据教育部《关于以就业为导向深化高等职业教育改革的若干意见》中提出的高等职业院校必须把培养学生动手能力、实践能力和可持续发展能力放在突出的地位，促进学生技能的培养，以及教材内容要更紧密结合生产实际，并注意及时跟踪先进技术的发展等指导精神，我们组织企业技术人员、学院双师型教师、职业技能鉴定专家编写了《AutoCAD 机械绘图与应用》教材。

本教材以典型零件为载体，强化 AutoCAD 软件在机械工程中的应用，按照计算机辅助设计绘图员职业岗位能力的要求安排内容。

本教材在编写中，结合计算机辅助设计绘图员的职业岗位能力，以必需、够用为度，注重开放性及实用性。在内容上，除有图幅、操作件、常用件、轴类零件、盘类零件、箱体类零件、叉架类零件等绘制之外，还有装配图的绘制、创建零件的三维模型及其视图。

本教材每章都附有一定数量的工作实例，不仅能帮助学生对完成工作任务的步骤有更清晰的认识，而且能进一步提高绘图技能。

本书的内容已制作成用于多媒体教学的 PPT 课件，并将免费提供给采用本书作为教材的院校使用。如有需要，请发电子邮件至 cipedu@163.com 获取，或登录 www.cipedu.com.cn 免费下载。

本教材参考学时为 60 学时，各项目的参考学时参见下表，建议采用"教、学、做"一体的教学方法。

项目	课程内容	学时	项目	课程内容	学时
项目一	设置机械 CAD 文字与标注样式	6	项目七	薄板类零件绘制	4
项目二	绘制图幅	4	项目八	箱体类零件绘制	6
项目三	绘制操作件	4	项目九	叉架类零件绘制	4
项目四	标准件与常用件的绘制	6	项目十	节流阀装配图绘制	6
项目五	轴套类零件绘制	4	项目十一	创建凸轮的三维模型	6
项目六	盘盖类零件绘制	4	项目十二	创建链轮的三维模型与工程图	6

本教材编写中，除使用广州市汉达机械有限公司资料外，还参阅了有关院校、工厂、科研院所的一些教材、资料和文献，得到了有关专家、教授的支持和帮助，在此表示衷心的感谢！

本教材由广东工贸职业技术学院王平、张松华主编，华南理工大学刘林主审。参加编写的有广州市汉达机械有限公司徐景天、广东工贸职业技术学院孔令叶、丘永亮、李立斌、广东水利电力职业技术学院吴伟涛、广州航海学院陈世勇、江门职业技术学院林放、广州市市政职业学校李爱华等。

本教材为高等职业技术学院、高等专科学校、电大、高级技工学校等机械类和近机类各专业取得证书或核心课程的教材，也可供工程技术人员阅读参考。

由于编者水平有限，经验不足，加之编写时间仓促，书中难免存在不足之处，恳请读者批评指正。

编者

目 录

项目一　设置机械 CAD 文字与标注样式　　1

一、基本概念与基本操作 ………………………………………………………… 1

二、标注文字 ……………………………………………………………………… 10

三、尺寸标注 ……………………………………………………………………… 17

四、设置符合机械 CAD 制图的文字与标注样式 ……………………………… 25

项目二　绘制图幅　　29

一、基本绘图设置 ………………………………………………………………… 29

二、绘制直线（直线、构造线） ………………………………………………… 36

三、绘制矩形和正多边形 ………………………………………………………… 37

四、选择对象与删除图形 ………………………………………………………… 37

五、分解、偏移与修剪对象编辑 ………………………………………………… 38

六、样板文件 ……………………………………………………………………… 39

七、绘制 A3 图幅的样板文件 …………………………………………………… 40

项目三　绘制操作件　　48

一、绘制曲线对象 ………………………………………………………………… 48

二、块与属性 ……………………………………………………………………… 49

三、图案填充 ……………………………………………………………………… 54

四、镜像、延伸对象与夹点编辑图形 …………………………………………… 57

五、绘制手柄 ……………………………………………………………………… 58

项目四　标准件与常用件的绘制　　64

一、复制、阵列与旋转对象 ……………………………………………………… 64

二、创建圆角和倒角 ……………………………………………………………… 68

三、创建表格 ……………………………………………………………………… 68

四、标注尺寸公差与形位公差 …………………………………………………… 73

五、绘制螺栓 ……………………………………………………………………… 75

六、绘制圆柱直齿轮工作图 ……………………………………………………… 79

项目五　轴套类零件绘制　　89

一、传动轴的绘制 ………………………………………………………………… 89

二、偏心套的绘制 102

项目六　盘盖类零件绘制　112

一、法兰盘的绘制 112

二、读数盘的绘制 117

项目七　薄板类零件绘制　129

一、摩擦片的绘制 129

二、铁屑槽的绘制 133

项目八　箱体类零件绘制　143

一、阀体的绘制 143

二、泵体的绘制 152

项目九　叉架类零件绘制　167

一、拨叉的绘制 167

二、调整螺钉架的绘制 172

项目十　节流阀装配图绘制　183

一、节流阀零件图的绘制 183

二、节流阀装配图的绘制 193

项目十一　创建凸轮的三维模型　201

一、三维绘图基础 201

二、绘制实体模型 203

三、创建凸轮的三维模型 208

项目十二　创建链轮的三维模型与工程图　215

一、模型空间、布局、视口 215

二、跨空间的尺寸标注 218

三、创建多视图 219

四、创建主动链轮的三维模型与工程图 225

附录一　计算机辅助设计中、高级绘图员鉴定标准　233

附录二　计算机辅助设计绘图员技能鉴定试题（机械类）　235

附录三　计算机辅助设计高级绘图员技能鉴定试题 A　239

参考文献　243

项目一
设置机械CAD文字与标注样式

一、基本概念与基本操作

1. 安装、启动 AutoCAD

(1) 安装 AutoCAD 2014

将 AutoCAD 2014 简体中文安装版文件双击解压到指定位置。解压完毕后，在解压文件夹中找到"setup.exe"，双击，开始安装 AutoCAD 2014 中文版。

① 启动安装程序以后，会进行安装初始化，几分钟后就会弹出安装画面，此时就可以开始安装 AutoCAD 2014。

② 接受许可协议，选择许可证类型并输入产品信息，输入提供的序列号及产品密匙。

③ 自定义安装路径并选择配置文件（注意：安装配置文件保持默认即可，不要更改，安装路径则可自行选择），开始安装 AutoCAD 2014。

成功地安装 AutoCAD 2014 后，还应进行产品注册。

(2) 启动 AutoCAD 2014

安装 AutoCAD 2014 后，系统会自动在 Windows 桌面生成对应的快捷方式图标。双击该快捷方式图标，即可启动 AutoCAD 2014。与启动其他应用程序一样，也可以通过 Windows 资源管理器、Windows 任务栏上的 开始 按钮等启动 AutoCAD 2014。

2. 工作界面介绍

启动 AutoCAD 2014 后，进入 AutoCAD 2014 的工作界面，如图 1-1 所示。从图 1-1 可以看出，AutoCAD 2014 的工作界面由标题栏、菜单栏、多个工具栏、绘图窗口、光标、坐标系图标、模型/布局选项卡、命令窗口（又称为命令行窗口）、状态栏等组成。下面简要介绍它们的功能。

AutoCAD 2014 还提供了专门用于三维绘图操作的三维建模工作空间。

第一次启动 AutoCAD 2014 后，如果在工作界面上还显示出其他绘图辅助窗口，可将它们关闭。在绘图过程中，需要它们时再打开。

(1) 标题栏

标题栏位于工作界面的最上方，其功能与其他 Windows 应用程序类似，用于显示 AutoCAD 2014 的程序图标以及当前所操作图形文件的名称。位于标题栏右上角的按钮 用于实现 AutoCAD 2014 窗口的最小化、关闭 AutoCAD 等操作。

提示：此书平面绘图的用户界面为"AutoCAD 经典"。

(2) 菜单栏

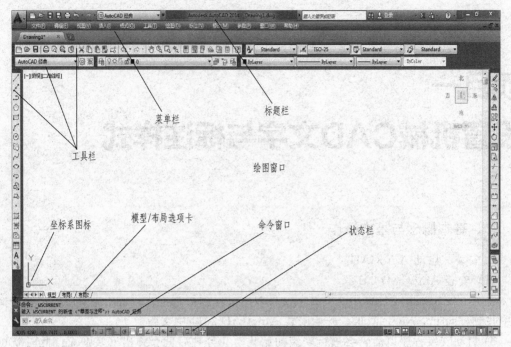

图 1-1　AutoCAD 2014 工作界面

菜单栏是 AutoCAD 2014 的主菜单，利用 AutoCAD 2014 提供的菜单可执行 AutoCAD 的大部分命令。单击菜单栏中的某一项可打开对应的下拉菜单，例如，"修改"下拉菜单如图 1-2 所示，该菜单用于编辑所绘图形等操作。

下拉菜单具有以下 3 个特点。

① 下拉菜单中，右侧有"▶"的菜单项，表示它还有子菜单。图 1-2 显示出了与"对象"菜单项对应的子菜单。

② 下拉菜单中，右侧有"…"的菜单项，表示单击该菜单项后将显示出一个对话框。例如，单击图 1-2 所示"插入"菜单中的"块"项，会显示出图 1-3 所示的"块"对话框，该对话框用于进行块的设置。

③ 单击右侧没有任何标识的菜单项，将执行对应的 AutoCAD 命令。

AutoCAD 2014 还提供有快捷菜单，用于快速执行 AutoCAD 常用操作。单击鼠标右键可打开快捷菜单。当前的操作不同或光标所处的位置不同，单击鼠标右键后打开的快捷菜单亦不同。

（3）工具栏

AutoCAD 2014 提供了许多个工具栏，每一个工具栏上有一些按钮。将光标放到工具栏按钮上停留一段时间，AutoCAD 会弹出一个文字提示标签，说明该按钮的功能。例如，将光标放在"标准"工具栏的"实时平移"按钮 上时，显示的提示标签如图 1-4 所示。

在工具栏中，右下角有小黑三角形（ ）的按钮，表示可引出一个包含相关命令的弹出式工具栏。将光标放在这样的按钮上，按下鼠标左键，即可显示出弹出式工具栏。例如，将光标放在"标准"工具栏的"窗口缩放"按钮 上，可引出的弹出式工具栏，如图 1-5 所示。

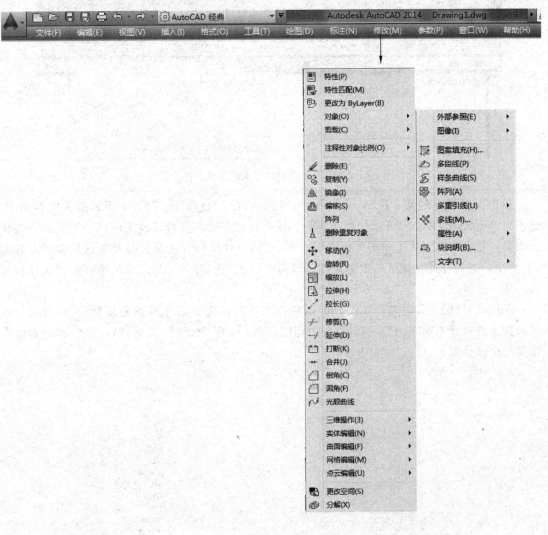

图 1-2 "修改"下拉菜单

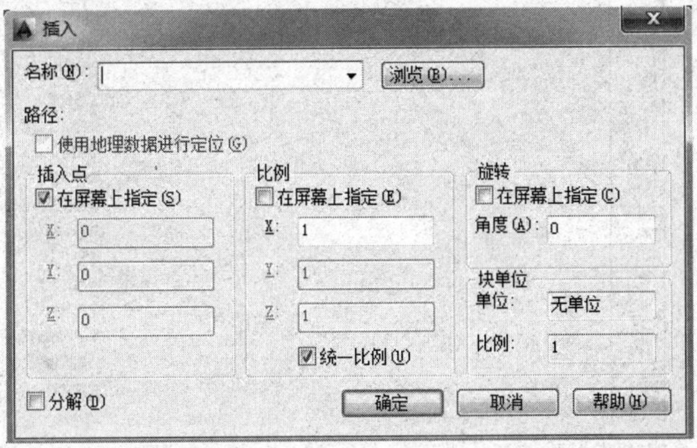

图 1-3 由"块"菜单项引出的"块"对话框

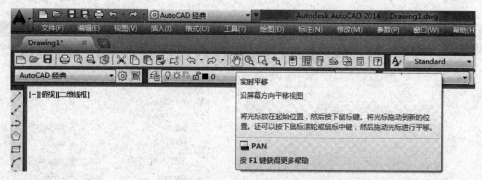

图1-4 "标准"工具栏的"实时平移"提示标签

单击工具栏上的某一按钮,可启动对应的 AutoCAD 命令。图 1-1 所示的工作界面中,显示出 AutoCAD 默认打开的一些工具栏。用户可以根据需要打开或关闭任一工具栏,操作方法是:在已有工具栏上单击鼠标右键,AutoCAD 弹出列有工具栏目录的快捷菜单,如图 1-6 所示,通过在此快捷菜单中选择就可以打开(在左侧有"√")或关闭(左侧无任何标示)任一工具栏。

AutoCAD 的工具栏是浮动的,可以将各工具栏拖曳到工作界面的任意位置。绘图时,可根据需要打开当前常用的工具栏(如标注尺寸时打开"标注"工具栏),并将其放到绘图窗口的适当位置。

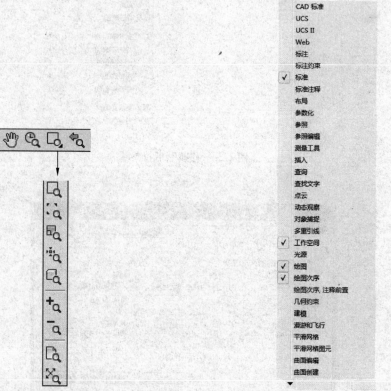

图1-5 显示弹出式工具栏　　　　　图1-6 工具栏快捷菜单

(4)绘图窗口

绘图窗口类似于手工绘图时的图纸，用 AutoCAD 绘图就是在此区域中完成的。

（5）光标

AutoCAD 的光标用于绘图、选择对象等操作。当光标位于 AutoCAD 的绘图窗口时为十字形状，故又将 AutoCAD 光标称为十字光标。十字光标中，十字线的交点为光标的当前位置。

（6）坐标系图标

坐标系图标用于表示当前绘图所使用的坐标系形式以及坐标方向等。AutoCAD 提供了世界坐标系（World Coordinate System，WCS）和用户坐标系（User Coordinate System，UCS）两种坐标系。世界坐标系为默认坐标系，且默认时水平向右方向为 X 轴正方向，垂直向上方向为 Y 轴正方向。

提示：坐标系图标样式可通过菜单"视图→显示→UCS 图标→特性"进行设置。

（7）模型/布局选项卡

模型/布局选项卡用于实现模型空间与图纸空间的切换。

（8）命令窗口

命令窗口是 AutoCAD 显示用户从键盘键入的命令和 AutoCAD 提示信息的地方。默认设置下，AutoCAD 在命令窗口保留所执行的最后 3 行命令或提示信息。可以通过拖动窗口边框的方式改变命令窗口的大小，使其显示多于 3 行或少于 3 行的信息。

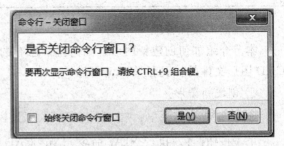

图 1-7 "隐藏命令行窗口"对话框

用户可以隐藏命令窗口。隐藏方法为：单击菜单"工具→命令行"，AutoCAD 弹出"是否关闭命令行窗口"对话框，如图 1-7 所示。单击对话框中 是(Y) 按钮，即可隐藏命令窗口。隐藏命令窗口后，通过菜单"工具→命令行"可再显示出命令窗口。

提示：利用组合键 Ctrl＋9，可以快速实现隐藏或显示命令窗口的切换。

（9）状态栏

状态栏用于显示或设置当前的绘图状态。位于状态栏上最左边的一组数字反映当前光标的坐标，其余按钮从左到右分别表示当前是否启用了捕捉、栅格、正交、极轴追踪、对象捕捉、对象捕捉追踪、DUCS（动态 UCS）、DYN（动态输入）等功能以及是否显示线宽、当前的绘图空间等信息。单击某一按钮实现启用或关闭对应功能的切换。通常按钮被按下时启用对应的功能，按钮弹起时则关闭该功能。

提示：将光标放到某一菜单项或工具栏上的某一按钮上时，AutoCAD 会在状态栏上显示出与菜单项或按钮对应的功能说明及其 AutoCAD 命令。

3. 基本操作

下面介绍用 AutoCAD 绘图时的一些基本操作，包括执行 AutoCAD 命令、图形文件管理、确定点的位置。

（1）执行 AutoCAD 命令

AutoCAD 属于人机交互式软件，即当用 AutoCAD 绘图或进行其他操作时，首先要向 AutoCAD 发出命令，告诉 AutoCAD 要干什么。执行 AutoCAD 命令的常用方式见表 1-1。

表 1-1　执行 AutoCAD 命令的常用方式

序号	方式	说　明
1	通过键盘输入命令	当命令窗口中最后一行的提示为"命令:"时,通过键盘输入对应的命令后按 Enter 键或空格键,即可启动对应的命令,而后 AutoCAD 会给出提示,提示用户应执行的后续操作。采用这种方式执行 AutoCAD 命令时,需要用户记住各 AutoCAD 命令 提示:利用 AutoCAD 的帮助功能,可以浏览 AutoCAD 的全部命令及其功能
2	通过菜单执行命令	选择下拉菜单中的某一菜单项,可执行 AutoCAD 的命令
3	通过工具栏执行命令	单击某工具栏中的某一按钮,可执行 AutoCAD 的命令
4	重复执行命令	当完成某一命令的执行后,需重复执行该命令,除可以通过以上 3 种方式执行该命令外,还可以用以下方式重复命令的执行:①直接按键盘上的 Enter 键或空格键;②使光标位于绘图窗口,单击鼠标右键,AutoCAD 弹出快捷菜单,并在菜单的第一行显示出重复执行上一次所执行的命令,选择此菜单项可重复执行对应的命令 提示:在命令的执行过程中,可通过按 Esc 键,或单击鼠标右键后,从弹出的快捷菜单中单击"取消"菜单项终止命令的执行

（2）图形文件管理

本节介绍如何创建新图形、如何打开已有的图形以及如何保存所绘图形等操作。Auto-CAD 图形文件的扩展名是".dwg"。

① 创建新图形

命令:NEW;菜单:"文件→新建";工具栏:"标准"按钮□（新建）。

单击按钮□,执行 NEW 命令,AutoCAD 弹出"选择样板"对话框,如图 1-8 所示。

图 1-8　"选择样板"对话框

通过此对话框选择对应的样板后（初学者一般选择样板文件 acadiso.dwt 即可）,单击 打开⑩ 按钮,就会以对应的样板为模板建立新图形。

提示:样板文件是扩展名为".dwt"的 AutoCAD 文件。样板文件中通常包含一些通用设置以及一些常用的图形对象。

② 打开图形文件

命令:OPEN;菜单:"文件→打开";工具栏:"标准"按钮 ▷（打开）。

单击按钮 ，执行 OPEN 命令，AutoCAD 弹出"选择文件"对话框，如图 1-9 所示。

通过对话框选择了要打开的图形文件后，单击 **打开(O)** 按钮，即可打开该图形文件。

提示：在"选择文件"对话框中的大列表框内选中某一图形文件时，AutoCAD 一般会在右边的"预览"图像框中显示出该图形的预览图像。

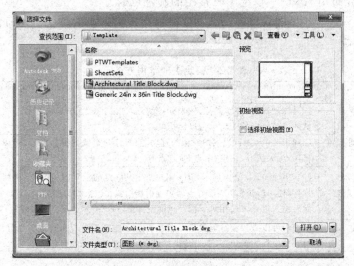

图 1-9 "选择文件"对话框

③ 保存图形

命令：QSAVE；菜单："文件→保存"；工具栏："标准"按钮 ▣（保存）。或命令：SAVEAS；菜单："文件→另保存"。

单击按钮 ▣，执行 QSAVE 命令或选择下拉菜单"文件→保存"，执行 QSAVE 命令，如果当前图形没有命名保存过，AutoCAD 会弹出"图形另存为"对话框，如图 1-10 所示。通过该对话框指定文件的保存位置及名称后，单击 **保存(S)** 按钮，即可实现保存。如果执行 QSAVE 命令前已对当前绘制的图形命名保存过，那么执行 QSAVE 后，AutoCAD 直

图 1-10 "图形另存为"对话框

接以原文件名保存图形，不再要求用户指定文件的保存位置和文件名。

选择下拉菜单"文件→另保存"，执行 SAVEAS 命令，AutoCAD 会弹出"图形另存为"对话框，要求用户确定文件的保存位置及文件名，用户响应即可。

（3）确定点的位置

用 AutoCAD 绘图时，经常需要指定点的位置，例如，指定直线的端点、指定圆和圆弧的圆心等。下面介绍用 AutoCAD 绘图时常用的确定点的方法。

① 指定点的方法。绘图时，当 AutoCAD 提示用户指定点的位置时，通常确定点的方式见表 1-2。

表 1-2　确定点的常用方式

序号	方法	说　明
1	用鼠标在屏幕上直接拾取点	具体过程为：移动鼠标，使光标移动到对应的位置（一般会在状态栏上动态地显示出光标的当前坐标），而后单击鼠标拾取键
2	利用对象捕捉方式捕捉特殊点	利用 AutoCAD 提供的对象捕捉功能，在打开对象捕捉功能后，可以准确地捕捉到一些特殊点，如圆心、切点、中点、垂足点等
3	给定距离确定点	当 AutoCAD 给出提示，要求用户指定某些点的位置时（如指定直线的另一端点），拖动鼠标，使 AutoCAD 从已有点动态地引出引线（又称为橡皮筋线），指向要确定的点的方向，然后输入沿该方向相对于前一点的距离值，按 Enter 键或空格键，即可确定出对应的点
4	通过键盘输入点的坐标	用户可以直接通过键盘输入点的坐标，且输入时可以采用绝对坐标或相对坐标，而且在每一种坐标方式中，又有直角坐标、极坐标、球坐标和柱坐标之分

② 通过坐标确定点的方式。

a. 绝对坐标。点的绝对坐标是指相对于当前坐标系原点的坐标，有直角坐标、极坐标、球坐标和柱坐标 4 种形式，见表 1-3。

表 1-3　点的绝对坐标输入方式及说明

序号	坐标形式	说　明	示　意　图
1	直角坐标	直角坐标用点的 X、Y、Z 坐标值表示该点，且各坐标值之间要用逗号隔开。例如（150,128,320）表示点 A 的直角坐标，各参数的含义如图 1-11 所示 提示：绘二维图形时，点的 Z 坐标为 0，且用户不需要输入该坐标值	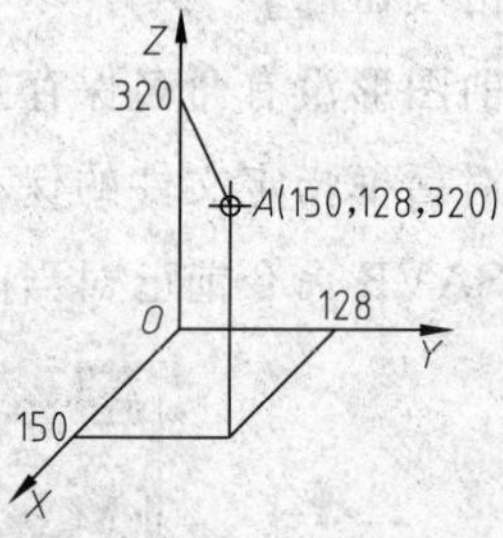 图 1-11　直角坐标
2	极坐标	极坐标用于表示二维点，其表示方法为：距离＜角度。其中，距离表示该点与坐标系原点之间的距离；角度表示坐标系原点与该点的连线相对于 X 轴正方向的夹角。例如，（180＜35）表示点 B 的极坐标，各参数的含义如图 1-12 所示	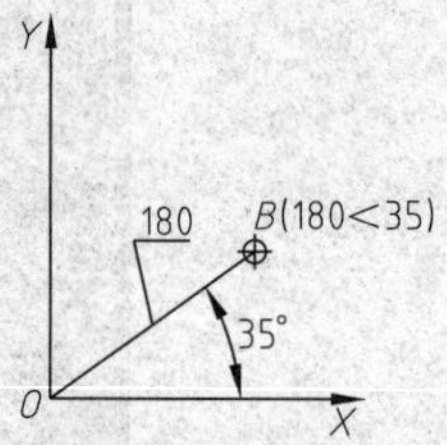 图 1-12　极坐标

续表

序号	坐标形式	说　明	示　意　图
3	球坐标	球坐标用 3 个参数表示一个空间点：点与坐标系原点的距离 L；坐标系原点与空间点的连线在 XY 面上的投影与 X 轴正方向的夹角（简称在 XY 面内与 X 轴的夹角）α；坐标系原点与空间点的连线相对于 XY 面的夹角（简称与 XY 面的夹角）β。各参数之间用符号"$<$"隔开，即"$L<\alpha<\beta$"。例如，$(120<55<45)$ 表示点 C 的球坐标，各参数的含义如图 1-13 所示	 图 1-13 球坐标
4	柱坐标	柱坐标也是通过 3 个参数描述一点：该点在 XY 面上的投影与当前坐标系原点的距离 ρ；坐标系原点与该点的连线在 XY 面上的投影相对于 X 轴正方向的夹角 α；以及该点的 Z 坐标值 z。距离与角度之间要用符号"$<$"隔开，而角度与 Z 坐标值之间要用逗号隔开，即"$\rho<\alpha,z$"。例如，$(120<55,70)$ 表示点 D 的柱坐标，各参数的含义如图 1-14 所示	 图 1-14 柱坐标

b. 相对坐标。相对坐标是指相对于前一坐标点的坐标。相对坐标也有直角坐标、极坐标、球坐标和柱坐标 4 种形式，其输入格式与绝对坐标相似，但要在输入的坐标前加上前缀"@"。例如，已知前一点的直角坐标为（200，100），如果在指定点的提示后输入：@－80，125。则相当于新确定的点的绝对坐标为（120，225）。

（4）绘图窗口与文本窗口的切换

用 AutoCAD 绘图时，有时需要切换到文本窗口来观看有关的文字信息；而有时在执行某一命令后，AutoCAD 会自动切换到文本窗口。利用功能键 F2 可快速实现绘图窗口与文本窗口之间的切换。如果当前显示的是绘图窗口，按 F2 键，AutoCAD 切换到文本窗口。如果当前显示的是文本窗口，按 F2 键，AutoCAD 又会切换到绘图窗口。

4. 帮助

AutoCAD 提供了强大的帮助功能，"帮助"下拉菜单如图 1-15 所示。

图 1-15 "帮助"下拉菜单

在"帮助"下拉菜单中，"帮助"项可打开帮助窗口，如图 1-16 所示，AutoCAD 可提供联机帮助。

通过"帮助"窗口可获得各种帮助信息，如 AutoCAD 2014 提供的用户手册、全部命令、系统变量等。用 AutoCAD 绘图时，可随时查阅相应的帮助。

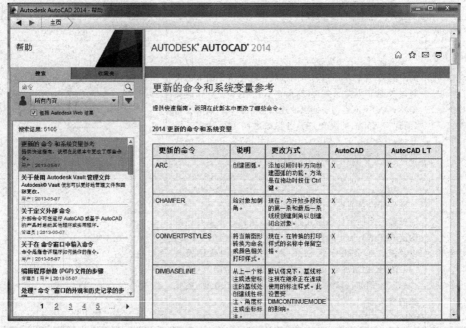

图 1-16 "帮助"窗口

二、标注文字

文字标注通常是绘制各种工程图形时必不缺少的内容。标题栏内需要填写文字，图形中一般还有技术要求等文字。此外，在绘制工程图时，有时还需要创建表格。

1. 定义文字样式

命令：STYLE；菜单："格式→文字样式"；工具栏："文字"按钮 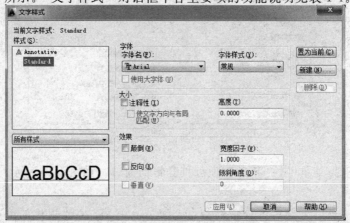（文字样式）。

文字样式用于确定标注文字时所采用的字体、字号、字倾斜角度以及其他文字特征。在一幅图形中可以定义多个文字样式，但用户只能用当前文字样式标注文字。当需要以自己定义的某一文字样式标注文字时，应首先将该样式设为当前样式。

选择下拉菜单"格式→文字样式"，执行 STYLE 命令，AutoCAD 弹出"文字样式"对话框，如图 1-17 所示。"文字样式"对话框中各主要项的功能说明见表 1-4。

图 1-17 "文字样式"对话框

工程制图所标注的文字一般应采用长仿宋体。AutoCAD 提供了符合工程制图要求的字体形文件：gbenor. shx、gbeitc. shx 和 gbcbig. shx 文件（形文件是 AutoCAD 用于定义字体或符号库的文件，其源文件的扩展名是".shp"，扩展名为".shx"的形文件是编译后的文件）。其中，形文件 gbenor. shx 和 gbeitc. shx 分别用于标注直体和斜体字母与数字；gbcbig. shx 则用于标注汉字。

表 1-4　"文字样式"对话框中各主要项的功能说明

项　　目		功 能 说 明
"样式"下拉列表框		列表中列有当前已定义的文字样式,用户可通过它选择对应的样式作为当前样式。利用文字样式工具栏中"样式"的控制下拉列表框,可以方便地将某文字样式设为当前样式。可预览所选择或所定义文字样式的标注效果
"新建"按钮		创建新文字样式。创建方法为:单击"新建"按钮,AutoCAD 弹出"新建文字样式"对话框。在"样式名"文本框中输入新文字样式的名字,单击"确定"按钮,即可在原文字样式的基础上创建一个新文字样式
"删除"按钮		删除某一文字样式。删除方法为:从"样式"下拉列表中选择要删除的文字样式,单击"删除"按钮。用户只能删除当前图形中没有使用的文字样式
"字体"选项组		确定所使用的字体以及相应的格式。可通过对应的下拉列表选择字体及大字体样式
"大小"选项组		确定所使用的字体高度。通过"高度"文本框指定文字的高度
"效果"选项组	"颠倒"复选框	确定是否将文字颠倒标注
	"反向"复选框	确定是否将文字反向标注
	"垂直"复选框	确定是否将文字垂直标注
	"宽度比例"文本框	确定文字字符的宽度比例因子,即宽高比。当宽度比例为 1 时,表示按系统定义的宽高比标注文字。当宽度比例小于 1 时,字会变窄;反之,会变宽
	"倾斜角度"文本框	确定文字的倾斜角度。角度为 0 时,字不倾斜;角度为正值时,字向右倾斜;角度为负值时,字向左倾斜
"应用"按钮		确认用户对文字样式的修改、定义。当对某一文字样式或新建样式更改设置后,应单击该按钮予以确认

【例 1-1】　定义符合制图要求的新文字样式。新文字样式的样式名为"工程字 35"，字高为 3.5。

操作步骤如下：

① 选择下拉菜单"格式→文字样式"，执行 STYLE 命令，AutoCAD 弹出"文字样式"对话框。单击对话框中的"新建"按钮，在弹出的"新建文字样式"对话框中的"样式名"文本框内输入"工程字 35"，如图 1-18 所示。

② 单击"新建文字样式"对话框中的"确定"按钮，AutoCAD 返回到"文字样式"对话框，通过此对话框进行对应的设置，如图 1-19 所示。

③ 在"文字样式"对话框的"样式"下拉列表框中给出了所定义文字样式的标注效果预览。由于在字体形文件中已经考虑了字的宽高比例，因此在宽度比例文本框中输入 1 即可。单击对话框中的"应用"按钮，完成新文字样式的定义。并将文字样式"工程字 35"设为当前样式，单击"关闭"按钮，AutoCAD 关闭对话框，完成设置。

图 1-18　"工程字 35"样式名

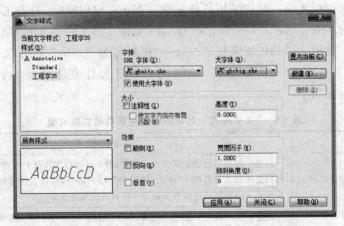

图 1-19　定义文字样式

2. 标注文字

（1）用 DTEXT 命令标注文字

命令：DTEXT；菜单："绘图→文字→单行文字"；工具栏："文字"按钮 **A**（单行文字）。

虽然在菜单、工具栏按钮提示中均为单行文字，但用 DTEXT 命令一次也可以标注多行文字。

选择下拉菜单"绘图→文字→单行文字"，执行 DTEXT 命令，AutoCAD 系统有提示，要求指定文字的起点、对正和样式等。

① 指定文字的起点。确定文字行基线的始点位置，为默认项。AutoCAD 为文字行定义了顶线、中线、基线和底线 4 条参考线，用来确定文字行的位置，这 4 条线与文字串的关系如图 1-20 所示。

图 1-20　文字标注参考线的定义

在"指定文字的起点或［对正（J）/样式（S）］："提示下指定文字基线的起点位置后，AutoCAD 系统提示要确定字符的高度和文字行的旋转角度，在回答了高度与转角的提示后，系统提示输入文字内容，命令结束后，系统将根据缺省的字符宽度调整字符间距并书写文字。

② 对正（J）选项。在"指定文字的起点或［对正（J）/样式（S）］："提示下，如果输入"J"，将出现"对齐（A）/调整（F）/中心（C）/中间（M）/右（R）/左上（TL）/中上（TC）/右上（TR）/左中（ML）/正中（MC）/右中（MR）/左下（BL）/中下（BC）/右下（BR）"14 个选项，这些选项允许用户重新定位文字的不同排列形式。AutoCAD 缺省的排列方式是左对齐，用户可通过键入关键字符来要求系统选用其他排列方式，然后在命令行显示各种排列提示以供用户选择。以上各选项的含义见表 1-5。

表 1-5　对正选项的含义

选　项	含　义
对齐（A）	此选项要求指定文字基线的起点和终点，起点和终点确定后，不再要求输入文字字符的高度及转角，而直接提示输入文字，输入后连续按两次 Enter 键即可。系统会把输入的文字均匀地压缩或扩展，使其充满指定的两点之间，且文字行的旋转角度由两点间连线的倾斜角度确定；字高、字宽会根据两点间的距离、字符的多少，按字的宽度比例关系自动确定
调整（F）	此选项要求用户指定文字行基线的始点、终点位置以及文字的字高（如果文字样式没有设置字高的话）。执行该选项，依据 AutoCAD 依次提示，指定文字基线的第一个端点和第二个端点后，AutoCAD 在绘图屏幕上显示出表示文字位置的方框，用户可在其中输入要标注的文字，输入后连续按两次 Enter 键即可。最后得到的标注结果是：输入的文字字符均匀分布于指定的两点之间，且文字行的旋转角度由两点间连线的倾斜角度确定，字的高度为用户指定的高度或在文字样式中设置的高度，字宽度由所确定两点间的距离与字的多少自动确定
中心（C）	此选项要求用户指定一点，AutoCAD 将该点作为所标注文字行基线的中点，然后系统根据缺省字符的间距来书写文字，输入后连续按两次 Enter 键即可
中间（M）	此选项要求用户指定一点，AutoCAD 把该点作为所标注文字行的中间点，即以该点作为文字行在水平、垂直方向上的中点。执行该选项，依据 AutoCAD 提示，用户可在其中输入要标注的文字，输入后连续按两次 Enter 键即可
右（R）	此选项要求用户指定一点，AutoCAD 把该点作为所标注文字行基线的右端点。执行该选项，依据 AutoCAD 依次提示，AutoCAD 在绘图屏幕上显示出表示文字位置的方框，用户可在其中输入要标注的文字，输入后连续按两次 Enter 键即可
其他提示	在与"对正（J）"选项对应的其他提示中，"左上（TL）"、"中上（TC）"、"右上（TR）"选项分别表示以指定的点作为文字行顶线的起点、中点、终点；"左中（ML）"、"正中（MC）"、"右中（MR）"选项分别表示以指定的点作为所标注文字行中线的起点、中点、终点；"左下（BL）"、"中下（BC）"、"右下（BR）"选项分别表示以指定的点作为所标注文字行底线的起点、中点与终点

③ 样式（S）选项。该选项允许用户选择输入文字的样式。AutoCAD 缺省的文字样式是"标准（Standard）"，可以通过键入字符 S 告知系统要选择其他文字样式，如果用户还没有自定义样式，只能暂时使用 AutoCAD 的缺省样式"标准（Standard）"。

（2）常用特殊字符标注

标注文字时，有时需要标注一些特殊字符，如希望在一段文字的上方或下方加线、标注度（°）、标注正负公差符号（±）、标注直径符号（φ）等，但这些特殊字符不能从键盘上直接输入。为解决这样的问题，AutoCAD 提供了专门的控制符（又称为转意符），以实现特殊标注的要求。AutoCAD 的控制符由两个百分号（％％）和一个字符构成，常用控制符见表 1-6。

表 1-6　AutoCAD 的常用控制符

控制符	功　能	控制符	功　能
％％O	打开或关闭文字上划线	％％P	标注正负公差符号（±）
％％U	打开或关闭文字下划线	％％C	标注直径符号（φ）
％％D	标注度的符号（°）	％％％	标注百分比符号（％）

注：AutoCAD 的控制符不区分大小写。本书采用大写字母。

【例 1-2】　利用在【例 1-1】中定义的文字样式"工程字 35"，用 DTEXT 命令标注下面的文字。

技术要求

1. 未注圆角半径 $R3$。

2. 棱角倒角，去毛刺。

操作步骤如下。

① 定义对应的文字样式（见【例 1-1】，过程略。如果已有此样式，则不需要定义），并将该样式设为当前样式。

② 选择下拉菜单"绘图→文字→单行文字"，执行 DTEXT 命令，按 AutoCAD 系统的提示完成题中的文字输入，如图 1-21 所示。

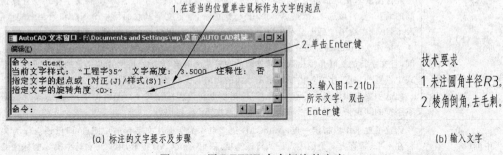

(a) 标注的文字提示及步骤　　　　　　　　　　　　　(b) 输入文字

图 1-21　用 DTEXT 命令标注的文字

（3）用在位文字编辑器标注文字

命令：MTEXT；菜单："绘图→文字→多行文字"；工具栏："绘图"按钮 **A**（多行文字）。

选择下拉菜单"绘图→文字→多行文字"。执行 MTEXT 命令，在 AutoCAD 提示下，指定一点作为第一角点后，继续响应默认项，即指定另一角点的位置，AutoCAD 弹出"在位文字编辑器"，如图 1-22 所示。

从图 1-22 中可以看出，在位文字编辑器由"文字格式"工具栏、水平标尺等组成，工具栏上有一些下拉列表框、按钮等，而位于水平标尺下面的方框则用于输入文字。在位文字编辑器中主要项的功能说明见表 1-7。

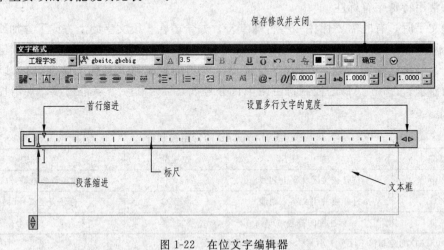

图 1-22　在位文字编辑器

表 1-7　"在位文字编辑器"中主要项的功能说明

项　　目	功　能　说　明
样式下拉列表框 工程字35	此列表框中列有当前已定义的文字样式，用户可通过列表选用标注样式，或更改在编辑器中所输入文字的样式

续表

项　　目	功　能　说　明
字体下拉列表框 gbeitc, gbcbig	设置或改变字体。在文字编辑器中输入文字时,可利用该下拉列表随时改变所输入文字的字体,也可以用来更改已有文字的字体
文字高度组合框 3.5	设置或更改字高度。用户可直接从下拉列表中选择值,也可以在文本框中输入高度值
粗体按钮 B	确定文字是否以粗体形式标注,单击该按钮可实现是否以粗体形式标注文字的切换。可用于更改文字编辑器中已有文字的标注形式
斜体按钮 I	确定文字是否以斜体形式标注,单击该按钮可实现是否以斜体形式标注文字的切换。可用于更改文字编辑器中已有文字的标注形式
下划线按钮 U	确定是否对文字加下划线,单击该按钮可实现是否为文字加下划线的切换。可用于更改文字编辑器中已有文字的标注形式
上划线按钮 Ō	确定是否对文字加上划线,单击该按钮可实现是否为文字加上划线的切换。可用于更改文字编辑器中已有文字的标注形式
放弃按钮 ↺	在"在位文字编辑器"中放弃操作,包括对文字内容或文字格式所做的修改,也可以使用组合键 Ctrl＋Z 执行放弃操作
重做按钮 ↻	在"在位文字编辑器"中执行重做操作,包括对文字内容或文字格式所做的修改。也可以使用组合键 Ctrl＋Y 执行重做操作
堆叠/非堆叠按钮 ⅜	实现堆叠与非堆叠的切换。利用"/"、"⁻"或"♯"符号,可以用不同的方式实现堆叠。利用堆叠功能可以标注出分数、上下偏差等。堆叠标注的具体实现方法是:在文字编辑器中输入要堆叠的两部分文字,同时还应在这两部分文字中间输入符号"/"、"⁻"或"♯",然后选中它们,单击 ⅜ 按钮,使该按钮压下,即可实现对应的堆叠标注。例如,如果选中的文字为"18/100",堆叠后的效果(即标注后的效果)为 $\dfrac{18}{100}$;如果选中的文字为"18⁻100",堆叠后的效果为 $\dfrac{18}{100}$(利用此功能可标注上下偏差);如果选中的文字为"18♯100",堆叠后的效果则为 $^{18}\!/_{100}$。此外,如果选中堆叠的文字并单击 ⅜ 按钮使其弹起,则会取消堆叠
颜色下拉列表框 ■▾	设置或更改所标注文字的颜色
标尺按钮	实现在编辑器中是否显示水平标尺的切换(水平标尺的位置见图 1-22)
左对齐按钮 ≡、 居中对齐按钮 ≡、 右对齐按钮 ≡、 对正对齐按钮 ≡、 分布对齐按钮 ≣	左对齐、居中对齐、右对齐按钮用于设置文字沿水平方向的对齐方式(按钮中的图像形象地说明了其功能);对正对齐、分布对齐按钮则用于设置文字沿竖直方向的对齐方式。默认时,AutoCAD 采用"左上"(即沿水平方向左对齐,沿竖直方向上对齐)方式对齐文字
编号按钮 ≔▾	此按钮可实现由带句点的编号创建列表
插入字段按钮	向文字中插入字段。单击该按钮,AutoCAD 显示出"字段"对话框,用户可从中选择要插入到文字中的字段
全部大写按钮 ẫA、小写按钮 Aa	全部大写按钮用于将选定的字符更改为大写;小写按钮则用于将选定的字符更改为小写

项 目	功 能 说 明
符号按钮 @▾	符号按钮用于在光标位置插入符号或不间断空格。单击该按钮，AutoCAD弹出对应的菜单，菜单中列出了常用符号及其控制符或Unicode字符串，用户可根据需要从中选择。如果选择"其他"项，则会显示出"字符映射表"对话框，该对话框包含系统中各种可用字体的整个字符集。利用该对话框标注特殊字符的方式是：从"字符映射表"对话框中选中一个符号，单击"选择"按钮将其放到"复制字符"文本框，单击"复制"按钮将其放到剪贴板，关闭"字符映射表"对话框。在文字编辑器中，单击鼠标右键，从弹出的快捷菜单中选择"粘贴"项，即可在当前光标位置插入对应的符号
倾斜角度框 0/ 0.0000 ⬍	使输入或选定的字符倾斜一定的角度。用户可输入−85～85之间的数值来使文字倾斜对应的角度，其中倾斜角度值为正时字符向右倾斜，为负时字符向左倾斜
追踪框 a⋅b 1.0000 ⬍	用于增大或减小所输入或选定字符之间的距离。1.0设置是常规间距。当设置值大于1时，会增大间距；当设置值小于1时，则减小间距
宽度比例框 ○ 1.0000 ⬍	用于增大或减小输入或选定字符的宽度。设置值1.0表示字母的常规宽度。当设置值大于1时，可增大宽度；当设置值小于1时，则减小宽度
水平标尺	编辑器中的水平标尺与一般文字编辑器的水平标尺类似，用于说明、设置文本行的宽度，设置制表位，设置首行缩进和段落缩进等。通过拖动文字编辑器中水平标尺上的首行缩进标记和段落缩进标记滑块，可设置对应的缩进尺寸，如果在水平标尺上某位置单击拾取键，会在该位置设置对应的制表位。通过编辑器输入要标注的文字，并进行各种设置后，单击编辑器中的"确定"按钮，即可标注出对应的文字
在位文字编辑器快捷菜单	如果在图1-22所示的在位文字编辑器中单击鼠标右键，AutoCAD则弹出快捷菜单

【例1-3】 利用在例1-1中定义的文字样式"工程字35"，用在位文字编辑器，标注下面的文字。

技术要求

1. 未注圆角半径 $R3$

2. 棱角倒角，去毛刺

其中，"技术要求"采用黑体，字高为5，其余采用宋体，字高3.5。

操作步骤如下：

① 将文字样式"工程字35"设为当前样式。

② 选择下拉菜单的"绘图→文字→多行文字"，执行MTEXT命令，按AutoCAD系统的提示，完成题中的文字输入，选择文字进行修改，如图1-23所示。

③ 单击"文字格式"中"确定"按钮，完成文字的输入与编辑。

3. 编辑文字

AutoCAD把文字也当成一个独立的对象，可以像其他线条、图块一样修改其属性。文字的编辑修改分为两类，即根据选择的对象不同，AutoCAD将打开不同的对话框来编辑修改单行文字或多行文字。

命令：DDEDIT；菜单："修改→对象→文字→编辑"；工具栏："文字"按钮 A/ （编辑文字）。

当选定的文字对象是用单行文字书写命令TEXTT或DTEXT书写的，系统会自动弹出输入文本框，但在此文本框中只能增删文字字符。该对话框编辑文字的优点是：能连续地提示用户选择需要编辑的对象，因而只要发出命令，就能一次修改多个文字对象。

当选定的文字对象是用"多行文字（MTEXT）"命令书写时，系统将打开"文字格式"对话框（即多行文字编辑框），在此文字编辑框中，可重新设置文字的属性，如字体样

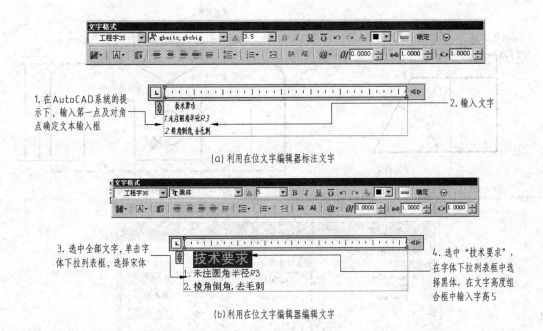

（a）利用在位文字编辑器标注文字

（b）利用在位文字编辑器编辑文字

图 1-23　用在位文字编辑器标注与修改的文字

式、字符高度等。

单击标准工具栏中的特性图标 ，打开"特性（Properties）"编辑工具板，在特性工具板里，用户不仅可以修改文字的内容，还能编辑文字的其他许多属性，如图层、颜色、样式等。

三、尺寸标注

1. 尺寸标注的基本概念

（1）尺寸的组成

尺寸标注是工程制图中的一项重要内容。利用 AutoCAD，可以设置不同的尺寸标注样式，可以为图形标注出各种尺寸。

在 AutoCAD 中，一个完整的尺寸一般由尺寸线（角度标注又称为尺寸弧线）、尺寸界线、尺寸文字（即尺寸值）和尺寸箭头 4 部分组成，如图 1-24 所示。需要说明的是：这里的"箭头"是一个广义的概念，可以用短划线、点或其他标记代替尺寸箭头。

（2）尺寸的类型

在 AutoCAD 中，尺寸的类型有十几种之多，常用的有线性尺寸、径向尺寸、角度尺寸和引线旁注尺寸等。其中线性尺寸包括直线型尺寸、对齐型尺寸、基线型尺寸和连续型尺寸，径向尺寸包括直径尺寸、半径尺寸，如图 1-25 所示。

2. 标注样式

命令：DIMSTYLE；菜单："标注→标注样式"；工具栏："样式"按钮 ▧（标注样式）。

单击按钮 ▧，执行 DIMSTYLE 命令，AutoCAD 弹出"标注样式管理器"对话框，如图 1-26 所示。对话框中主要项的功能说明见表 1-8。

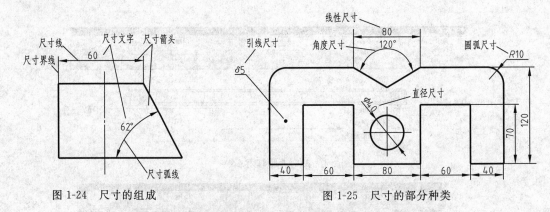

图 1-24　尺寸的组成　　　　　　　　　　图 1-25　尺寸的部分种类

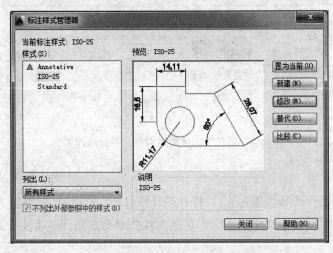

图 1-26　"标注样式管理器"对话框

表 1-8　"标注样式管理器"中主要项的功能说明

项　　目	功　能　说　明
"当前标注样式"标签	显示当前标注样式的名称。图 1-26 中说明当前标注样式为 ISO-25,这是 AutoCAD 2014 提供的默认标注样式
"样式"列表框	列出已有标注样式的名称。图 1-26 中说明当前只有一个样式,即 AutoCAD 提供的默认标注样式 ISO-25
"列出"下拉列表框	确定要在"样式"列表框中列出哪些标注样式。可通过下拉列表在"所有样式"和"正在使用的样式"之间选择
"预览"图像框	预览在"样式"列表框中所选中的标注样式的标注效果
"说明"标签框	显示在"样式"列表框中所选定标注样式的说明(如果有的话)
"置为当前"按钮	将指定的标注样式设为当前样式。设置方法为:在"样式"列表框中选择对应的标注样式,单击"置为当前"按钮即可
"新建"按钮	创建新标注样式。单击"新建"按钮,AutoCAD 弹出"创建新标注样式"对话框 用户可通过对话框中的"新样式名"文本框指定新样式的名称;通过"基础样式"下拉列表框确定用于创建新样式的基础样式;通过"用于"下拉列表框,可确定新建标注样式的适用范围。"用于"下拉列表中有"所有标注"、"线性标注"、"角度标注"、"半径标注"、"直径标注"、"坐标标注"和"引线和公差"等选择项,分别使新定义的样式适用于对应的标注。确定新样式的名称和有关设置后,单击"继续"按钮,AutoCAD 弹出"新建标注样式"对话框,对话框中有"直线"、"符号和箭头"、"文字"、"调整"、"主单位"、"换算单位"和"公差"7 个选项卡,按提示设置各选项卡

续表

项　目	功能说明
"修改"按钮	修改已有的标注样式。从"样式"列表框中选择要修改的标注样式，单击"修改"按钮，AutoCAD弹出的"修改标注样式"对话框。此对话框与"新建标注样式"对话框相似，也由7个选项卡组成
"替代"按钮	设置当前样式的替代样式。单击"替代"'按钮，AutoCAD弹出与"修改标注样式"类似的"替代当前样式"对话框，通过该对话框设置即可
"比较"按钮	用于对两个标注样式进行比较，或了解某一样式的全部特性。利用该功能，用户可快速比较不同标注样式在标注设置上的区别

3. 创建一组新样式

(1) 创建新标注样式

执行 DIMSTYLE 命令，AutoCAD 弹出"标注样式管理器"对话框。选择"新建"按钮，打开"创建新标注样式"对话框，如图 1-27 所示，输入新的样式名称、选择基础样式和指定用于何种标注类型，按要求完成各项设置。单击"继续"按钮，显示"新建标注样式"对话框，如图 1-28 所示。

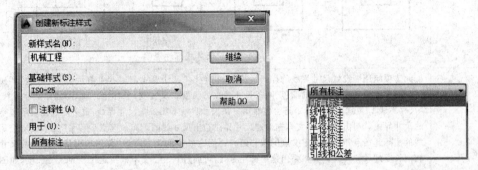

图 1-27　"创建新标注样式"对话框

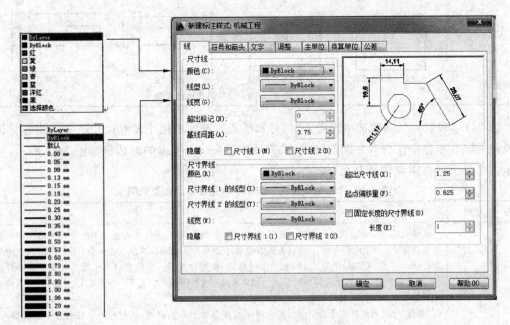

图 1-28　"新建标注样式"对话框

（2）新建标注样式

在图 1-28 所示的"新建标注样式：机械工程"对话框的上方有 7 个选项卡按钮，分别是"线"、"符号和箭头"、"文字"、"调整"、"主单位"、"换算单位"和"公差"。单击任何一个选项卡按钮，都将打开一个对应的系列参数选项设置对话框。

①"线"参数选项设置。"线"选项卡，用于设置尺寸线和尺寸界线的格式与属性。有"尺寸线"、"尺寸界线"设置区域及"预览窗口"。选项卡中主要项的功能说明见表 1-9。

表 1-9　"线"选项卡中主要项的功能说明

序号	组别	功　能　说　明
1	"尺寸线"选项组	此选项组用于设置尺寸线的样式。其中，"颜色"、"线型"和"线宽"下拉列表框分别用于设置尺寸线的颜色、线型以及线宽；"超出标记"文本框设置，当尺寸"箭头"采用斜线、建筑标记、小点、积分或无标记时，尺寸线超出尺寸界线的长度；"基线间距"文本框设置，当采用基线标注方式标注尺寸时，各尺寸线之间的距离；与"隐藏"项对应的"尺寸线 1"和"尺寸线 2"复选框分别用于确定是否在标注的尺寸上省略第一段尺寸线、第二段尺寸线以及对应的箭头，如图 1-29 所示 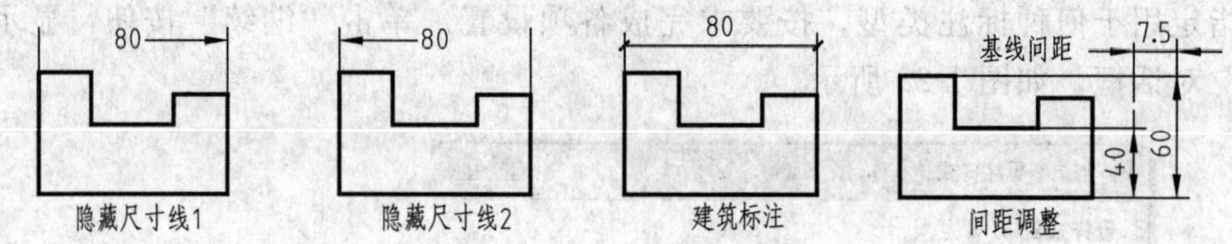 图 1-29　尺寸线标注说明
2	"尺寸界线"选项组	此选项组用于设置尺寸界线的样式。其中"颜色"、"尺寸界线 1"、"尺寸界线 2"和"线宽"下拉列表框分别用于设置尺寸界线的颜色、两条尺寸界线的线型以及线宽；与"隐藏"项对应的"尺寸界线 1"和"尺寸界线 2"复选框分别确定是否省略第一条尺寸界线和第二条尺寸界线，选中复选框表示省略对应的尺寸界线，"超出尺寸线"文本框确定尺寸界线超出尺寸线的距离；"起点偏移量"文本框确定尺寸界线的实际起始点相对于其定义点的偏移距离；"固定长度的尺寸界线"复选框可使所标注的尺寸采用相同长度的尺寸界线。如果采用这种标注方式，可通过"长度"文本框指定尺寸界线的长度，如图 1-30 所示 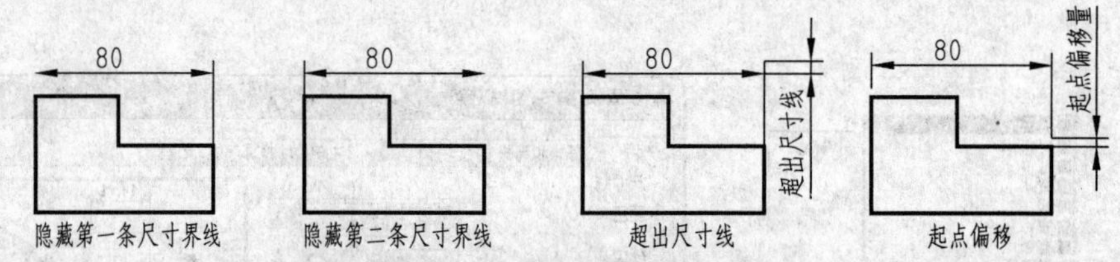 图 1-30　尺寸界线标注说明

②"符号和箭头"参数选项设置。"符号和箭头"选项卡用于设置尺寸箭头、圆心标记、弧长符号以及半径标注折弯方面的格式。"符号和箭头"选项卡的对话框如图 1-31 所示。选项卡中主要项的功能说明见表 1-10。

表 1-10　"符号和箭头"选项卡中主要项的功能说明

序号	组别	功　能　说　明
1	"箭头"选项组	此选项组用于确定尺寸线两端的箭头样式。其中，"第一个"下拉列表框用于确定尺寸线在第一端点处的样式。单击"第一项"下拉列表框右边的小箭头，AutoCAD 弹出下拉列表（图 1-31），列表中列出了 AutoCAD 允许使用的尺寸线起始端的样式，供用户选择。当用户设置了尺寸线第一端的样式后，尺寸线的另一端也采用同样的样式。如果希望尺寸线两端的样式不一样，可通过"第二个"下拉列表框设置尺寸线另一端的样式 "引线"下拉列表框用于确定引线标注时引线在起始点处的样式，从对应的下拉列表中选择即可。"箭头大小"文本框用于确定尺寸箭头的长度

续表

序号	组别	功能说明
2	"圆心标记"选项组	此选项组用于确定当对圆或圆弧执行圆心标记操作时，圆心标记的类型与大小。用户可在"无"（无标记）、"标记"（显示标记）和"直线"（即显示为直线）之间选择（图1-31） "圆心标记"选项组中，"大小"文本框用于确定圆心标记的大小。在文本框中输入的值是圆心标记在圆心处的短十字线长度的一半。例如，在"大小"文本框中将值设为2.5，那么圆心标记在圆心处的短十字线长度则为5
3	"弧长符号"选项组	此选项组用于圆弧标注长度时，控制圆弧符号的显示。其中，"标注文字的前缀"表示要将弧长符号放在标注文字的前面；"标注文字的上方"表示要将弧长符号放在标注文字的上方；"无"表示不显示弧长符号，如图1-32所示 弧长符号放在标注文字前面　　弧长符号放在标注文字上方　　无弧长符号 图1-32　弧长标注示例
4	"半径折弯标注"选项组	半径折弯标注通常用在所标注圆弧的中心点位于较远位置时。"折弯角度"文本框确定折弯半径标注中，尺寸线的横向线段的角度，如图1-33所示 图1-33　半径折弯标注示例
5	"线性折弯标注"选项组	线性折弯标注用于控制线性标注折弯的显示。当标注不能精确表示实际尺寸时，常将折弯线添加到线性标注中。通常，实际尺寸比所需值小。线性折弯大小是通过形成折弯的角度的两个顶点之间的距离确定折弯高度，如图1-34所示 图1-34　线性折弯标注示例

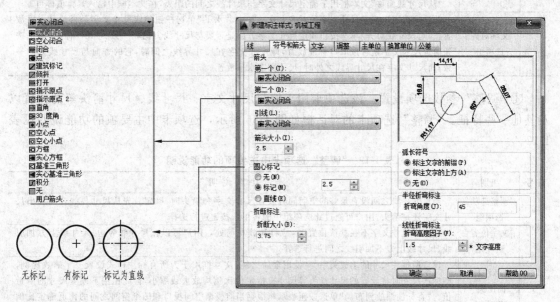

无标记　　有标记　　标记为直线

图1-31　"符号和箭头"选项卡的对话框

③"文字"参数选项设置。"文字"选项卡用于设置尺寸文字的外观、位置以及对齐方式。"文字"选项卡的对话框，如图1-35所示。选项卡中主要项的功能说明见表1-11。

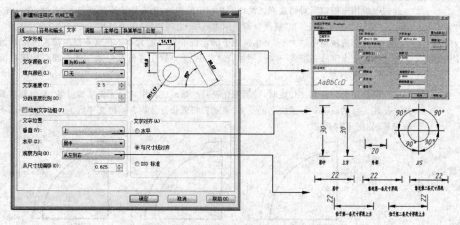

图1-35 "文字"选项卡的对话框

表1-11 "文字"选项卡中主要项的功能说明

序号	组别	功能说明
1	"文字外观"选项组	此选项组用于设置尺寸文字的样式等。其中，"文字样式"、"文字颜色"下拉列表框分别用于设置尺寸文字的样式与颜色；"填充颜色"下拉列表框用于设置文字的背景颜色；"文字高度"文本框用于确定尺寸文字的高度；"分数高度比例"文本框用于设置尺寸文字中的分数相对于其他尺寸文字的缩放比例，AutoCAD将该比例值与尺寸文字高度的乘积作为所标记分数的高度（只有在"主单位"选项卡中选择了"分数"作为单位格式时，此选项才有效），"绘制文字边框"复选框用于确定是否对尺寸文字加边框
2	"文字位置"选项组	此选项组用于设置尺寸文字的位置。其中，"垂直"下拉列表框控制尺寸文字相对于尺寸线在垂直方向的放置形式。用户可通过下拉列表在"置中"、"上方"、"外部"和JIS之间选择。"水平"下拉列表框用于确定尺寸文字相对于尺寸线方向的位置。用户可通过下拉列表在"置中"、"靠近第一条尺寸界线"、"靠近第二条尺寸界线"、"位于第一条尺寸界线上方"和"位于第二条尺寸界线上方"之间选择 "从尺寸线偏移"文本框用于确定尺寸文字与尺寸线之间的距离，在文本框中输入具体值即可
3	"文字对齐"选项组	此选项组用于确定尺寸文字的对齐方式。其中，"水平"单选按钮确定尺寸文字是否总是水平放置。"与尺寸线对齐"单选按钮确定尺寸文字方向是否与尺寸线方向相一致。"ISO标准"单选按钮确定尺寸文字是否按ISO标准放置，即尺寸文字在尺寸界线之间时，它的方向与尺寸线方向一致；而尺寸文字在尺寸界线之外时，尺寸文字水平放置

④"调整"参数选项设置。该选项卡用于控制尺寸文字、尺寸线、尺寸箭头等的位置以及其他一些特征。"调整"选项卡的对话框如图1-36所示，选项卡中主要项的功能说明见表1-12。

表1-12 "调整"选项卡中主要项的功能说明

序号	组别	功能说明
1	"调整选项"选项组	当尺寸界线之间没有足够的空间同时放置尺寸文字和箭头时，确定首先从尺寸界线之间移出尺寸文字还是箭头，用户可通过此选项组中的各单选按钮进行选择
2	"文字位置"选项组	确定当尺寸文字不在默认位置时，应将其放在何处。用户可以在尺寸线旁边、尺寸线上方加引线、尺寸线上方不加引线之间进行选择
3	"标注特征比例"选项组	设置所标注尺寸的缩放关系。"使用全局比例"文本框用于为所有标注样式设置一个缩放比例，即标注尺寸时将设置的尺寸箭头等尺寸按指定的比例均放大或缩小，但此比例不改变尺寸的测量值。"将标注缩放到布局"单选按钮表示将根据当前模型空间视口和图纸空间之间的比例确定比例因子

续表

序号	组别	功 能 说 明
4	"优化"选项组	设置标注尺寸时是否进行附加调整。其中,"手动放置文字"复选框确定是否使 AutoCAD 忽略对尺寸文字的水平设置,以便将尺寸文字放在用户指定的位置;"在尺寸界线之间绘制尺寸线"复选框确定当尺寸箭头放在尺寸线外时,是否在尺寸界线内绘出尺寸线

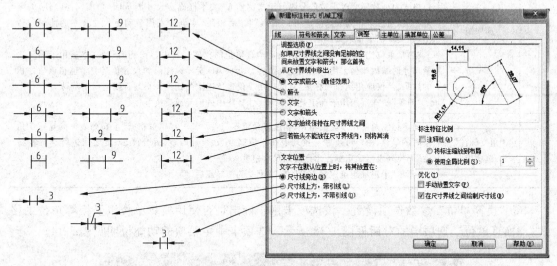

图 1-36 "调整"选项卡的对话框

⑤"主单位"参数选项设置。该选项卡用于设置主单位的格式、精度以及尺寸文字的前缀和后缀。"主单位"选项卡的对话框如图 1-37 所示,选项卡中主要项的功能说明见表 1-13。

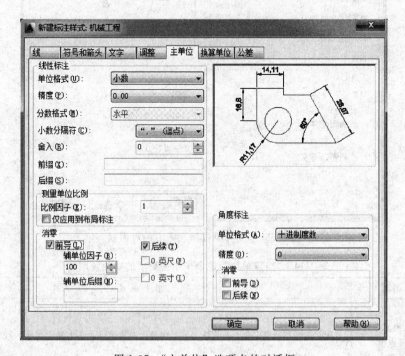

图 1-37 "主单位"选项卡的对话框

表 1-13　"主单位"选项卡中主要项的功能说明

序号	组别	功 能 说 明
1	"线性标注"选项组	设置线性标注的格式与精度。其中,"单位格式"下拉列表框设置除角度标注外其余各标注类型的尺寸单位,用户可通过下拉列表在科学、小数、工程、建筑、分数等之间进行选择;"精度"下拉列表框确定标注除角度尺寸之外的其他尺寸时的精度,通过下拉列表选择即可;"分数格式"下拉列表框确定当单位格式为分数形式时的标注格式;"小数分隔符"下拉列表框确定当单位格式为小数形式时小数的分隔符形式;"舍入"文本框确定尺寸测量值(角度标注除外)的测量精度,通过下拉列表选择即可;"前缀"和"后缀"文本框分别用于确定尺寸文字的前缀和后缀,在文本框中输入具体内容即可 　　"测量单位比例"子选项组用于确定测量单位的比例。其中,"比例因子"文本框用于确定测量尺寸的缩放比例。用户设置比例值后,AutoCAD 实际标注出的尺寸值是测量值与该值之积的结果。"仅应用到布局标注"复选框用于设置所确定的比例关系是否仅适用于布局 　　"消零"子选项组用于确定是否显示尺寸标注中的前导或后续零
2	"角度标注"选项组	确定标注角度尺寸时的单位、精度以及消零与否。其中,"单位格式"下拉列表框确定标注角度时的单位,用户可通过下拉列表在十进制度数、度/分/秒、百分度、弧度之间进行选择;"精度"下拉列表框确定标注角度时的尺寸精度 　　"消零"子选项组确定是否消除角度尺寸的前导或后续零

　　⑥"换算单位"参数选项设置。该选项卡用于确定是否使用换算单位以及换算单位的格式,"换算单位"选项卡的对话框图 1-38 所示,选项卡中主要项的功能说明见表 1-14。

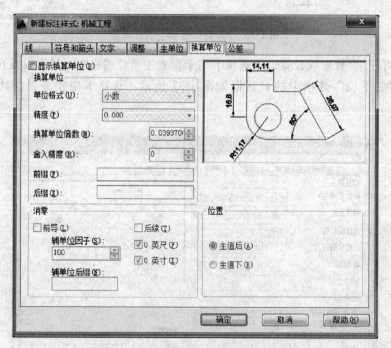

图 1-38　"换算单位"选项卡的对话框

表 1-14　"换算单位"选项卡中主要项的功能说明

序号	组别	功 能 说 明
1	"显示换算单位"复选框	此复选框用于确定是否在标注的尺寸中显示换算单位。选中复选框显示,否则不显示

续表

序号	组别	功 能 说 明
2	"换算单位"选项组	当显示换算单位时,设置除角度标注之外的所有标注类型的当前换算单位格式。其中,"单位格式"下拉列表框用于设置换算单位的单位格式;"精度"下拉列表框指定一个乘数,以作为主单位和换算单位之间的换算因子;"舍入精度"组合框设置除角度标注之外的所有标注类型的换算单位的舍入规则。"前缀"、"后缀"文本框分别用于确定在换算标注文字中包含的前缀与后缀
3	"消零"选项组	确定是否消除换算单位的前导或后续零
4	"位置"选项组	确定换算单位的位置。用户可在"主值后"与"主值下"之间进行选择

⑦"公差"参数选项设置。该选项卡用于确定是否标注公差,如果标注公差的话,以何种方式标注,"公差"选项卡的对话框图 1-39 所示,选项卡中主要项的功能说明见表 1-15。

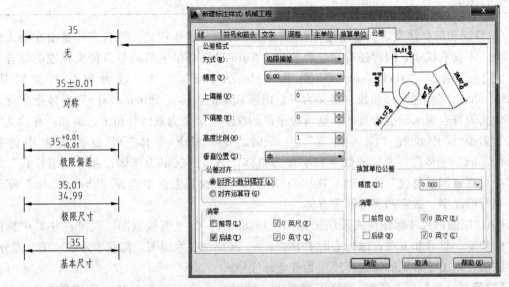

图 1-39 "公差"选项卡的对话框

表 1-15 "公差"选项卡中主要项的功能说明

序号	组别	功 能 说 明
1	"公差格式"选项组	确定公差的标注格式。其中,"方式"下拉列表框用于确定以何种方式标注公差。用户可通过下拉列表在"无"、"对称"、"极限偏差"、"极限尺寸"和"基本尺寸"之间选择 "精度"下拉列表框用于设置尺寸公差的精度,从下拉列表中选择即可;"上偏差"、"下偏差"文本框设置尺寸的上偏差、下偏差值;"高度比例"文本框确定公差文字的高度比例因子;"垂直位置"下拉列表框控制公差文字相对于尺寸文字的位置,可通过下拉列表在"上"、"中"、"下"之间选择 "消零"子选项组用于确定是否消除公差值的前导或后续零
2	"换算单位公差"选项组	当标注换算单位时,确定换算单位公差的精度和消零与否

四、设置符合机械 CAD 制图的文字与标注样式

【工作任务】 设置企业在 A3 图幅中所用符合国家机械 CAD 制图标准的文字与标注

样式。

【信息与咨询】 企业图纸上文字与尺寸标注应符合其相应的标准。符合国家机械 CAD 制图标准的文字与标注样式就是要遵守 GB/T 14691—1993《技术制图　字体》、GB 4458.4—2003《机械制图　尺寸注法》、GB/T 14665—2012《机械工程　CAD 制图规则》等国家标准。

在 GB/T 14665—2012《机械工程　CAD 制图规则》中，对用 CAD 软件绘制机械图样的字体在计算机中作了规定，见表 1-16。

表 1-16　CAD 制图中的图幅与字体高

字体高　图幅	A0	A1	A2	A3	A4
汉字	5mm			3.5mm	
字母与数字					

CAD 制图的标注文字就是创建符合国家标准的综合字体样式。综合字体是指在输入的文本中，不仅有汉字，同时还有字母和数字。AutoCAD 提供了两种符合国家标准的综合字体，它们分别是"gbeitc.shx"字体和"gbenor.shx"字体。两种字体的区别是："gbeitc.shx"字体把字母和数字定义为符合国家标准的斜体，"gbenor.shx"字体把字母和数字定义为符合国家标准的直体。这两种字体的汉字均定义为直体长仿宋。例如：在"文字样式"对话框中设置"倾斜角度"为 0 时，在"SHX 字体"下拉列表框中选择"gbeitc.shx"字体后，书写的数字和字母为斜体，书写的汉字为直体；在"文字样式"对话框中设置"倾斜角度"为 0 时，在"SHX 字体"下拉列表框中选择"gbenor.shx"字体后，书写的汉字、数字和字母都是直体。

CAD 制图的尺寸标注样式采用国标 GB 4458.4—2003《机械制图　尺寸注法》中标注尺寸的规定、符号和方法，国标 GB/T 16675.2—2012《技术制图　简化表示法　第 2 部分：尺寸注法》列出了常见的简化标注法和其他标注形式。

【决策与计划】 A3 图幅 CAD 工程图中，采用"gbeitc.shx"字体，字体高为 3.5mm。A3 图幅的尺寸标注样式设为"机械 35"。完成工作任务的计划步骤为：打开 AutoCAD、定义文字样式、更改尺寸标注样式名、设置尺寸标注样式。

① 双击桌面的快捷图标，启动 AutoCAD 2014。

② 设置符合 CAD 制图的标注文字样式。A3 图幅中的字体高是 3.5mm，以"工程字 35"为文件样式名。参照【例 1-1】进行设置，点击"应用"，即完成了符合国家标准的 3.5 号综合字体的创建，如图 1-40 所示。

③ 设置符合 CAD 制图的尺寸标注样式。

a. 变更样式名。选择下拉菜单"格式→标注样式"，弹出"标注样式管理器"对话框后，将标注样式"ISO-25"更名为"机械 35"。

b. 设置"线性"标注样式。在"标注样式管理器"对话框中，单击"新建"按钮，弹出"创建新标注样式"对话框，新样式名为"线性"，基础样式为机械 35，单击"继续"按钮，设置标注样式选项卡的各参变量，主要参数的值有尺寸基线距离 7、尺寸界线超出尺寸线 2、尺寸界线起点偏移量 0、箭头大小 3.5、半径折弯标注折弯角度 45°、文字高度 3.5、文字位置从尺寸线偏移 1、尺寸文字与尺寸线对齐、主单位为句号等，如图 1-41 所示。

图 1-40 "工程字 35"的设置

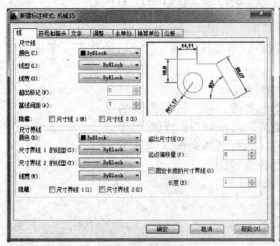

(a) 设置线选项卡

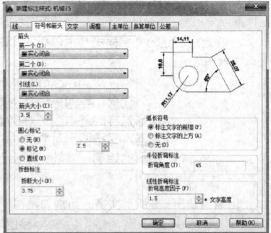

(b) 设置符号和箭头选项卡

(c) 设置文字选项卡

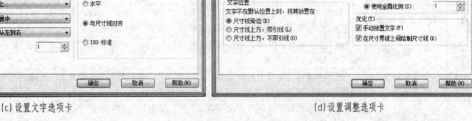

(d) 设置调整选项卡

图 1-41 "线性"标注样式设置

c. 设置"角度"标注样式。点击"新建"按钮，弹出"创建新标注样式"对话框，新样式名为"角度",基础样式为机械35,单击"继续"按钮,设置标注样式选项卡的各参变量与线性基本相同,不同的是尺寸文字对齐为水平。

d. 设置"直径"标注样式。点击"新建"按钮,弹出"创建新标注样式"对话框,新样式名为"直径",基础样式为机械35,单击"继续"按钮,设置标注样式选项卡的各参变量与线性基本相同。

e. 设置"半径"标注样式。点击"新建"按钮,弹出"创建新标注样式"对话框,新样式名为"半径",基础样式为机械35,单击"继续"按钮,设置标注样式选项卡的各参变量与线性基本相同,不同的是尺寸文字对齐为 ISO。

同样的方式可创建引线等标注样式。

【上机操作】

1. 定义新文字样式,要求:文字样式名为"黑体样式",字体采用黑体,字高为 3.5,然后用 DTEXT 命令标注题图 1-1 所示的文字。

根据计算得以下结果：X=45，Y=100±0.01

题图 1-1　标注文字

2. 在题 1 创建的文字样式名中,用 MTEXT 命令标注题图 1-2 所示的文字。字体为宋体,字高为 3.5。

AutoCAD 绘图功能简介
任何二维图形均是由诸如直线、圆、圆弧、椭圆、
矩形这样的基本图形对象组成的。AutoCAD 提供了绘
制基本二维图形对象的功能。只有熟练掌握这些基本
图形的绘制,才能绘制出各种复杂图形。

题图 1-2　修改文字

3. 编辑题图 1-2 所示文字,结果如题图 1-3 所示。

AutoCAD **绘图功能简介**
任何二维图形均是由诸如直线、圆、圆弧、椭圆、
矩形这样的基本图形对象组成的。AutoCAD 提供了绘
制基本二维图形对象的功能。只有熟练掌握这些基本
图形的绘制,才能绘制出各种复杂图形。

题图 1-3　修改文字

4. 定义名为"尺寸 5"尺寸标注样式,具体要求见题表 1-1。

题表 1-1　"尺寸 5"线性标注设置要求

序号	项目	要求
1	尺寸文字样式	"当前文字样式"名为"工程字 5","SHX 字体"为 gbeitc. shx,"大字体"为 gbcbig. shx,字高为 5,使用大字体,宽度比例为 1,其余采用基础样式 ISO-25 的设置
2	"线"选项卡	"线"选项卡具体设置:"基线间距"为 7.5,"超出尺寸线"为 3,"起点偏移量"为 0,其余采用基础样式 ISO-25 的设置
3	"符号和箭头"选项卡	"符号和箭头"选项卡具体设置:"箭头大小"、"圆心标记"均设为 5,"半径折弯标注"的"折弯角度"为 30,其余采用基础样式 ISO-25 的设置
4	"文字"选项卡	"文字"选项卡具体设置:"文字样式"为工程字 5;"文字高度"为 5;"从尺寸线偏移"为 1.5,其余采用基础样式 ISO-25 的设置
5	"主单位"选项卡	"主单位"选项卡具体设置:"小数分隔符"为"."(句号),"测量单位比例"中"比例因子"为 1,"后续"消零,其余采用基础样式 ISO-25 的设置

项目二
绘制图幅

一、基本绘图设置

用 AutoCAD 绘制图形时，通常需要进行一些基本绘图设置，如设置单位格式、图形界限、图层等。

1. 设置绘图单位

命令：UNITS；菜单："格式→单位"。

设置绘图单位格式是指定义绘图时使用的长度单位、角度单位的格式以及它们的精度。

在我国的机械制图中，长度尺寸一般采用"小数"格式。角度尺寸一般采用"度/分/秒"格式。

选择下拉菜单"格式→单位"，执行 UNITS 命令，AutoCAD 弹出"图形单位"对话框，如图 2-1 所示。"图形单位"对话框主要项的功能说明见表 2-1。

图 2-1 "图形单位"对话框

表 2-1 "图形单位"对话框主要项的功能说明

主要项目		功能说明	
"长度"选项组	"类型"下拉列表框	确定长度单位的格式。下拉列表中有"分数"、"工程"、"建筑"、"科学"和"小数"5 种选择。其中"工程"和"建筑"格式提供英尺和英寸显示，并假设每个图形单位表示 1 英寸；其他格式则可以表示任何真实世界的单位，如图 2-2 所示	图 2-2 长度单位的类型
	"精度"下拉列表框	设置长度单位的精度，如"小数"单位格式的小数位数。根据需要从列表中选择即可，如图 2-3 所示	图 2-3 长度单位的精度
"角度"选项组	"类型"下拉列表框	设置角度单位的格式。下拉列表中有"百分度"、"度/分/秒"、"弧度"、"勘测单位"和"十进制度数"5 种选择，默认设置为"十进制度数"，如图 2-4 所示。AutoCAD 用不同的标记表示不同的角度单位：十进制度用十进制数表示；百分度以字母"g"为后缀；度/分/秒格式用字母"d"表示度、用符号"'"表示分、用符号""表示秒；弧度则以字母 r 为后缀	图 2-4 角度单位的类型

主要项目	功能说明	
"角度"选项组	"精度"下拉列表框	设置角度单位的精度,从对应的列表中选择即可,如图2-5所示	
	"顺时针"复选框	确定角度的正方向。如果不选中此复选框,表示逆时针方向是角度的正方向,为AutoCAD的默认角度正方向。如果选中此复选框,则表示顺时针方向为角度正方向	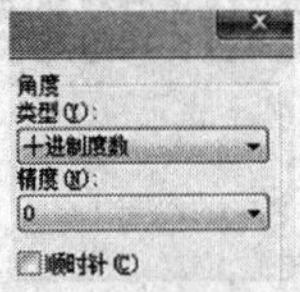 图2-5 角度单位的精度
	"方向"按钮	确定角度的0°方向。需重新确定角度的0°方向时,单击该按钮,AutoCAD弹出"方向控制"对话框,如图2-6所示。对话框中"东、北、西和南"单选按钮分别表示以东、北、西或南方向作为角度的0°方向。如果选中"其他"单选按钮,则表示以其他某一方向作为角度的0°方向	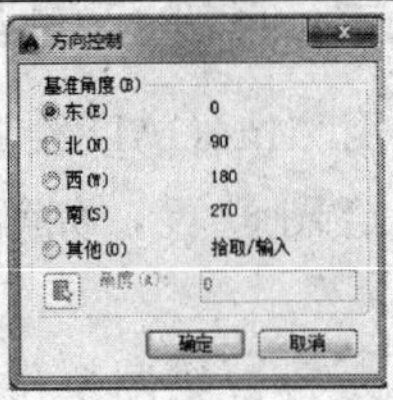 图2-6 角度的0°方向确认

2. 设置图层

图层是用 AutoCAD 绘图时常用的工具之一,也是与手工绘图有所区别的地方。

(1) 图层的特点

可以将图层想象成一些没有厚度且互相重叠在一起的透明薄片,用户可以在不同的图层上绘图。AutoCAD 的图层有以下几个特点。

① 用户可以在一幅图中指定任意数量的图层。AutoCAD 对图层的数量没有限制,对各图层上的对象数量也没有任何限制。

② 每一个图层有一个名字。每当开始绘一幅新图形时,AutoCAD 自动创建一个名为 0 的图层,这是 AutoCAD 的默认图层,其余图层需用户定义。

③ 图层有颜色、线型以及线宽等特性。一般情况下,同一图层上的对象应具有相同的颜色、线型和线宽,这样做便于管理图形对象、提高绘图效率。可以根据需要改变图层的颜色、线型以及线宽等特性。

④ 虽然 AutoCAD 允许建立多个图层,但用户只能在当前图层上绘图。因此,如果要在某一图层上绘图,必须将该图层置为当前层。

⑤ 各图层具有相同的坐标系、图形界限、显示缩放倍数。可以对位于不同图层上的对象同时进行编辑操作(如移动、复制等)。

⑥ 可以对各图层进行打开、关闭、冻结、解冻、锁定与解锁等操作,以决定各图层的可见性与可操作性(后面将介绍它们的具体含义)。

(2) 创建、管理图层

命令:LAYER;菜单:"格式→图层";工具栏:"图层"按钮  （图层特性管理器）;快捷键:LA。

单击按钮 ,执行 LAYER 命令,AutoCAD 弹出"图层特性管理器"对话框,如图 2-7 所示。对话框中有树状图窗格(位于对话框左侧的大矩形框)、列表视图窗格(位于对

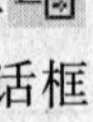

话框右侧的大矩形框）以及多个按钮等。"图层特性管理器"对话框中主要项的功能说明见表 2-2。

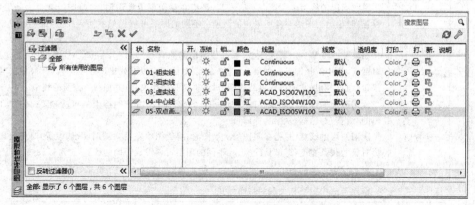

图 2-7 "图层特性管理器"对话框

表 2-2 "图层特性管理器"对话框中主要项的功能说明

项 目		功 能 说 明
树状图窗格		显示图形中图层和过滤器的层次结构列表。顶层节点"全部"可显示图形中的所有图层。"所有使用的图层"过滤器是只读过滤器。用户可通过按钮（新特性过滤器）等创建过滤器，以便在列表视图窗格中显示满足过滤条件的图层
列表视图窗格	"状态"列	通过图标显示图层的当前状态。当图标为 ✔ 时，该图层为当前层 图 2-7 所示的对话框中，03-虚线线图层是当前图层
	"名称"列	显示各图层的名称。图 2-7 所示对话框说明当前已有名为 0（系统提供的图层）、"01、02、03、04、05"的图层（笔者创建的图层）
	"开"列	显示图层打开还是关闭。如果图层被打开，可以在显示器上显示或在绘图仪上绘出该图层上的图形。被关闭的图层仍然是图形的一部分，但关闭图层上的图形并不显示出来，也不能通过绘图仪输出到图纸。用户可根据需要打开或关闭图层 在列表视图窗格中，与"开"对应的列是小灯泡图标。通过单击小灯泡图标可以实现打开或关闭图层的切换。如果灯泡颜色是黄色，表示对应图层是打开层；如果是灰色，则表示对应图层是关闭层 如果要关闭当前层，AutoCAD 会显示出对应的提示信息，警告正在关闭当前图层，但用户可以关闭当前图层。很显然，关闭当前图层后，所绘图形均不能显示出来
	"冻结"列	显示图层冻结还是解冻。如果图层被冻结，该图层上的图形对象不能被显示出来，不能输出到图纸，而且也不参与图形之间的运算。被解冻的图层正好相反 在列表视图窗格中，与"冻结"对应的列是太阳或雪花图标。太阳表示对应的图层没有冻结，雪花则表示图层被冻结。单击这些图标可实现图层冻结与解冻的切换
	"锁定"列	显示图层锁定还是解锁。锁定图层后并不影响该图层上图形对象的显示，即锁定图层上的图形仍可以显示出来，但用户不能改变锁定图层上的对象，不能对其进行编辑操作。如果锁定图层是当前层，用户仍可在该图层上绘图 在列表视图窗格中，与"锁定"对应的列是关闭或打开的小锁图标。锁打开表示该图层是非锁定层；锁关闭则表示对应图层是锁定层。单击这些图标可实现图层锁定与解锁的切换
	"颜色"列	说明图层的颜色。与"颜色"对应的列上的各小图标的颜色反映了对应图层的颜色，同时还在图标的右侧显示出颜色的名称。如果要改变某一图层的颜色，单击对应的图标，AutoCAD 会弹出"选择颜色"对话框，从中选择即可 所谓图层的颜色，是指当在某图层上绘图时，将绘图颜色设为随层（默认设置）时所绘出的图形对象的颜色

续表

项目		功 能 说 明
列表视图窗格	"线型"列	说明图层的线型。所谓图层的线型,是指在某图层上绘图时,将绘图线型设为随层(默认设置)时绘出的图形对象所采用的线型。不同的图层可以设成不同的线型,也可以设成相同线型 如果要改变某一图层的线型,单击该图层的原有线型名称,AutoCAD弹出的"选择线型"对话框,从中选择即可。如果在"选择线型"对话框中没有列出所需要的线型,应单击"加载"按钮,通过弹出的"加载或重载线型"对话框选择线型文件,并加载所需要的线型
	"线宽"列	说明图层的线宽。如果要改变某一图层的线宽,单击该图层上的对应项,AutoCAD会弹出的"线宽"对话框,从中选择即可 所谓图层的线宽,是指在某图层上绘图时,将绘图线宽设为随层(默认设置)时所绘出的图形对象的线条宽度(即默认线宽)。不同的图层可以设成不同的线宽,也可以设成相同线宽 单击状态栏上的 ＋ 按钮,可实现是否使所绘图形按指定的线宽来显示的切换
	"打印样式"列	修改与选中图层相关联的打印样式
	"打印"列	确定是否打印对应图层上的图形,单击相应的按钮可实现打印与否的切换。此功能只对可见图层起作用,即对没有冻结且没有关闭的图层起作用
"建立新图层"按钮 ≥		该按钮用于建立新图层。单击按钮 ≥ (新建图层),可创建出名为"图层 n"的新图层,并将其显示在列表视图窗格中。新建的图层一般与当前在列表视图窗格中选中的图层具有相同的颜色、线型、线宽等设置。用户可以根据需要更改新建图层的名称、颜色、线型以及线宽等
"删除图层"按钮 ✗		该按钮用于删除指定的图层。删除方法为:在列表视图窗格内选中对应的图层行,单击 ✗ (删除图层)即可
"置为当前"按钮 ✓		如果要在某一图层上绘图,必须首先将该图层置为当前图层。将图层置为当前层的方法是:在列表视图窗格内选中对应的图层行,单击按钮 ✓ 置为当前层即可。将某图层置为当前层后,在列表视图窗格中,与"状态"列对应的地方上会显示出符号 ✓ ,同时在对话框顶部的右侧显示出"当前图层:图层名",以说明当前图层。此外,在列表视图窗格内某图层行上双击与"状态"列对应的图标,可直接将该图层置为当前层
"新特性过滤器"按钮 ⭍		该按钮用于基于一个或多个图层特性创建图层过滤器。单击此按钮,AutoCAD弹出"图层过滤器特性"对话框,从中设置即可
"新组过滤器"按钮 ⬚		该按钮用于创建一个图层组过滤器,该过滤器中包含用户选定并添加到该过滤器的图层

　　我国制图标准对不同的绘图线型均有对应的线宽要求。国家标准 GB/T 4457.4—2002《机械制图　图线》中,对机械制图中使用的各种图线的名称、线型以及在图样中的应用给出了具体的规定。在国家标准 GB/T 14665—2012《机械工程　CAD 制图规则》中,对CAD 制图常用的部分线型作了具有的规定,见表 2-3。

表 2-3　CAD 制图中的线型与颜色

图 线 类 型			屏幕上的颜色
粗实线	————————	A	绿色
细实线	————————	B	白色
波浪线	～～～～	C	
双折线	——∿——∿——	D	
虚线	— — — — —	F	黄色
细点画线	—·—·—·—·—	G	红色
双点画线	—··—··—··	K	粉红

3. 设置新绘图形对象的颜色、线型与线宽

用户可以单独为新图形对象设置颜色、线型与线宽。

(1) 设置颜色

命令：COLOR；菜单："格式→颜色"。

用户可以单独设置新绘图形对象的颜色。

选择下拉菜单的"格式→颜色"，执行 COLOR 命令，AutoCAD 弹出"选择颜色"对话框，如图 2-8 所示。

对话框中有"索引颜色"、"真彩色"和"配色系统"3 个选项卡，分别用于以不同的方式确定绘图颜色。在"索引颜色"选项卡中，可以将绘图颜色设为 ByLayer（随层）或某一具体颜色，其中 ByLayer 指所绘对象的颜色总是与对象所在图层设置的图层颜色一致，这是最常用到的设置。

如果通过"选择颜色"对话框设置了某一具体颜色，那么在此之后所绘图形对象的颜色总为该颜色，不再受图层颜色的限制。但我们建议读者将绘图颜色设为 ByLayer（随层）。

(2) 设置线型

命令：LINETYPE；菜单："格式→线型"；快捷键 LT。

用户可以单独设置新绘图形对象的线型。

选择下拉菜单的"格式→线型"，执行 LINETYPE 命令，AutoCAD 弹出"线型管理器"对话框，如图 2-9 所示。

图 2-8 "选择颜色"对话框

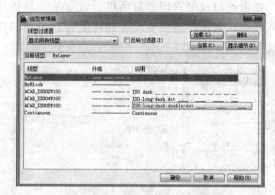

图 2-9 "线型管理器"对话框

如果用户得到的对话框与图 2-9 所示不完全一样，单击"显示细节"按钮（此按钮与"隐藏细节"按钮是同一个按钮的两种不同状态）。

对话框中，位于中间位置的线型列表框中列出了当前可以使用的线型。对话框中主要项的功能说明见表 2-4。

表 2-4 "线型管理器"对话框主要项的功能说明

项目	功 能 说 明
"线型过滤器"选项组	设置过滤条件。可通过其中的下拉列表框在"显示所有线型"和"显示所有使用的线型"等选项之间选择。设置过滤条件后，AutoCAD 在线型列表框中只显示满足条件的线型。"线型过滤器"选项组中的"反向过滤器"复选框用于确定是否在线型列表框中显示与过滤条件相反的线型
"当前线型"标签框	显示当前绘图时使用的线型

续表

项目		功能说明
"线型"列表框		列表显示出满足过滤条件的线型,供用户选择。其中,"线型"列显示线型的设置或线型名称,"外观"列显示各线型的外观形式,"说明"列显示对各线型的说明
"加载"按钮		加载线型。如果线型列表框中没有列出所需要的线型,则应加载该线型。单击"加载"按钮,AutoCAD弹出"加载或重载线型"对话框
"删除"按钮		删除不需要的线型。删除过程为:在线型列表中选择线型,单击"删除"按钮即可。要删除的线型必须是没有使用的线型,即当前图形中没有用到该线型,否则AutoCAD拒绝删除此线型,并给出对应的提示信息
"当前"按钮		设置当前绘图线型。设置过程为:在线型列表框中选择某一线型,单击"当前"按钮。设置当前线型时,可通过线型列表框在"随层"、某一具体线型等之间选择,其中"随层"表示绘图线型始终与图形对象所在图层设置的图层线型一致,这是最常用到的线型设置
"隐藏细节"按钮		单击该按钮,AutoCAD在"线型管理器"对话框中不再显示"详细信息"选项组部分。同时按钮变成了"显示细节"
"详细信息"选项组(左键单击"显示细节"按钮)	"名称"、"说明"文本框	显示或修改指定线型的名称与说明。在线型列表中选择某一线型,它的名称和说明会分别显示在"名称"和"说明"文本框中
	"全局比例因子"文本框	设置线型的全局比例因子,即所有线型的比例因子。用各种线型绘图时,除连续线外,一种线型一般由实线段、空白段、点等组成。线型定义中定义了这些小段的长度。当在屏幕上显示或在图纸上输出的线型不合适时,可通过改变线型比例的方法放大或缩小所有线型的每一小段的长度。全局比例因子对已有线型和新绘图形的线型均有效。改变线型比例后,各图形对象的总长度不会因此改变
	"当前对象缩放比例"文本框	设置新绘图形对象所用线型的比例因子。通过该文本框设置了线型比例后,在此之后所绘图形的线型比例均为此线型比例

如果通过线型管理器对话框设置了某一具体线型,那么在此之后所绘图形对象的线型总为该线型,与图层的线型没有任何关系。但我们建议读者将绘图线型设为Bylayer(随层)。

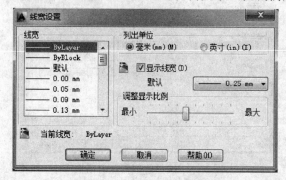

图2-10　"线宽设置"对话框

（3）设置线宽

命令:LWEIGHT;菜单:"格式→线宽";快捷键LW。

用户可以单独设置新绘图形对象的线宽。

选择下拉菜单的"格式→线宽",执行LWEIGHT命令,AutoCAD弹出"线宽设置"对话框,如图2-10所示。对话框中各主要项的功能说明见表2-5。

表2-5　"线宽设置"对话框中各主要项的功能说明

项目	功能说明
"线宽"列表框	设置绘图线宽。列表框中列出了AutoCAD提供的20余种线宽,用户可以选择"随层"或某一具体线宽。Bylayer(随层)表示绘图线宽始终与图形对象所在图层设置的图层线宽一致,这是常用到的设置
"列出单位"选项组	确定线宽的单位。AutoCAD提供了毫米和英寸两种单位,供用户选择
"显示线宽"复选框	确定是否按用户设置的线宽显示所绘图形(也可以通过单击状态栏上的线宽按钮,实现是否使所绘图形按指定的线宽来显示的切换)
"默认"下拉列表框	设置AutoCAD的默认绘图线宽
"调整显示比例"滑块	确定线宽的显示比例,通过对应的滑块调整即可

如果通过线宽设置对话框设置了某一具体线宽,那么在此之后所绘图形对象的线宽总是

该线宽，与图层的线宽没有任何关系。

4. "特性"工具栏

AutoCAD 提供了图 2-11 所示的"特性"工具栏，利用它可以快速、方便地设置绘图颜色、线型以及线宽。"特性"工具栏上主要项的功能说明见表 2-6。

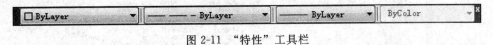

图 2-11 "特性"工具栏

表 2-6 "特性"工具栏上主要项的功能说明

项目	功能说明	
"颜色控制"下拉列表框	设置绘图颜色。单击此列表框，AutoCAD 弹出下拉列表，如图 2-12 所示。用户可通过该列表设置绘图颜色(一般应选择随层)或修改当前图形的颜色。修改图形对象颜色的方法是：首先选择图形，然后通过图 2-12 所示的颜色控制列表选择对应的颜色即可	图 2-12 颜色显示下拉列表框
"线型控制"下拉列表框	设置绘图线型。单击此列表框，AutoCAD 弹出下拉列表，如图 2-13 所示。可通过该列表设置绘图线型(一般应选择随层)或修改当前图形的线型。修改图形对象线型的方法是：选择对应的图形，然后通过图 2-13 所示的线型控制列表选择对应的线型	图 2-13 线型显示下拉列表框
"线宽控制"列表框	设置绘图线宽。单击此列表框，AutoCAD 弹出下拉列表，如图 2-14 所示。可通过该列表设置绘图线宽(一般应选择随层)或修改当前图形的线宽。修改图形对象线宽的方法是：选择对应的图形，然后通过图 2-14 所示的线宽控制列表选择对应的线宽	图 2-14 线宽显示下拉列表框

可以看出，利用"特性"工具栏，可以方便地设置或修改绘图的颜色、线型与线宽。

通过"特性"工具栏设置了具体的绘图颜色、线型或线宽，而不是采用"随层"设置，那么在此之后用 AutoCAD 绘制出的新图形对象的颜色、线型或线宽均会采用新的设置，不再受图层颜色、图层线型和图层线宽的限制。

5. 快捷键

使用键盘快捷键绘图，不仅可加快绘图速度，而且能提高绘图的准确性。选择菜单"工具→自定义→界面"，打开"自定义用户界面"对话框。在所有 CUI 文件中的自定义中单击"键盘快捷键"节点，展开键盘快捷键，已有快捷键的表达在快捷方式的"主键"栏已给出了快捷键的组合，如图 2-15 所示。在快捷方式中没有的命令功能可自己定义和修改某操作命令的快捷键，按 F1 键，打开"AutoCAD 2014 帮助"，在"搜索"中输入"自定义临时替代键"，则显示"自定义临时替代键"的操作步骤，按其操作步骤就能设置各个操作命令的快捷键，如图 2-16 所示。

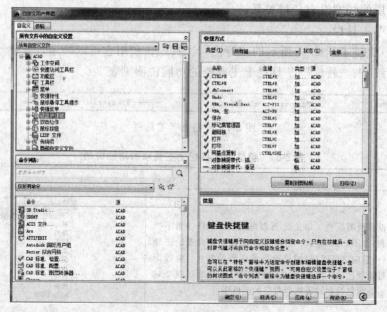

图 2-15　键盘快捷键展开

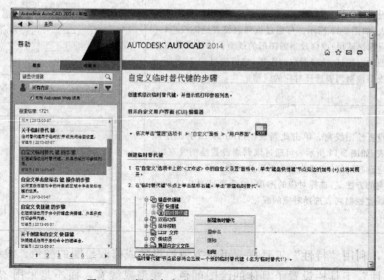

图 2-16　帮助中自定义临时替代键的步骤

二、绘制直线（直线、构造线）

1. 绘制直线段

命令：LINE；菜单："绘图→直线"；工具栏："绘图"按钮 ╱；快捷键 L。

单击按钮 ╱，执行 LINE 命令，AutoCAD 系统要求指定所绘直线段的起点和所绘直线的所有端点。若用回车键响应"指定下第一点："提示，系统会把上次绘线（或弧）的终点作为本次操作的起始点。在"指定下一点"提示下，用户可以指定多个端点，从而绘出多条直线段。每一段直线是一个独立的对象，可以进行单独的编辑操作。绘制两条以上直线段后，若用"C"响应"指定下一点"提示，系统会自动链接起始点和最后一个端点，从而绘出封闭的图形。若用"U"响应提示，则擦除最近一次绘制的直线段。

2. 绘制构造线

命令：XLINE；菜单："绘图→构造线"；工具栏："绘图"按钮，快捷键 XL。

单击按钮，执行 XLINE 命令，AutoCAD 系统会要求指定点或输入各种条件选项点绘制构造线。

构造线是沿两方向无限延长的直线，一般用于绘制辅助线。

三、绘制矩形和正多边形

1. 绘制矩形

命令：RECTANG；菜单："绘图→矩形"；工具栏："绘图"按钮；快捷键 REC。

单击按钮，执行 RECTANG 命令，AutoCAD 系统要求指定所绘矩形的第一个角点或其他形式选项的矩形，如图 2-17 所示。

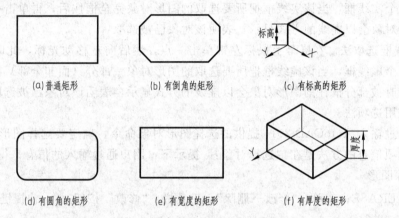

图 2-17 各种绘图形式的矩形

【例 2-1】 绘制 100mm×80mm 的矩形。

操作步骤如下：

① 单击按钮，在绘图屏幕适当位置用鼠标拾取一点作为矩形的左下角。

② 在系统"指定下一点"的提示下，输入@100，80。完成矩形绘制。

2. 绘制正多边形

命令：POLYGON；菜单："绘图→多边形"；工具栏："绘图"按钮；快捷键 POL。

在 AutoCAD 中的多边形是具有 3～1024 条等边长的封闭二维图形。

单击按钮，执行 POLYGON 命令，AutoCAD 系统要求输入多边形的边数以及多边形的中心点或边长等来完成正多边形的绘制。正五边形的内接正多边形、外切正多边形、边（长）多边形的三种绘制方法如图 2-18 所示。

四、选择对象与删除图形

1. 选择对象

AutoCAD 把绘制的单个图形对象定义为对象。在绘图中进行编辑操作和一些其他操作时，必须指定操作对象，即选择目标。

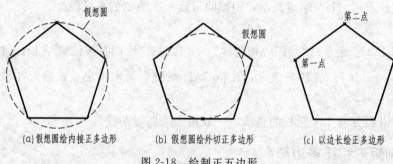

图 2-18　绘制正五边形

（1）用鼠标直接获取法

① 单击法。移动鼠标指针到所要选取的对象上，单击左键，则该目标以虚线的方式显示，表明该对象已被选取。

② 实线框选取法。在屏幕上鼠标左键单击一点，然后向右移动光标，此时光标在屏幕上会拉出一个实线框，当该实线框把所要选取的图形对象完全框住后，再单击一次，此时被框住的图形对象会以虚线的方式显示，表明该对象已被选取。

③ 虚线框选取法。在屏幕上鼠标左键单击一点，然后向左移动光标，此时光标在屏幕上会拉出一个虚线框，当该虚线框把所要选取的图形对象一部分（而非全部）框住后，再点击一次，此时被部分框住的图形对象会以虚线的方式显示，表明该对象已被选取。

（2）使用选项法

这是通过输入 AutoCAD 2014 提供的选择图形对象命令，确定要选择图形对象的方法。获取此种选项信息的方法是在"选择对象："提示下，用户通过输入的信息来得到。

2. 删除图形

命令：ERASE；菜单："修改→删除"；工具栏："修改"按钮　；快捷键 E。

单击按钮　，执行 ERASE 命令，AutoCAD 系统要求选择删除的对象。当选择多个对象，多个对象都被删除；若选择的对象属某个对象组，则该对象组的所有对象均被删除。

五、分解、偏移与修剪对象编辑

1. 分解对象

命令：EXPLODE；菜单："修改→分解"；工具栏："修改"按钮　；快捷键 X。

分解命令用于分解组合对象，组合对象是由 AutoCAD 基本对象组合而成的复杂对象，例如多段线、标注、块、面域、多面网格、三维网格以及三维实体等。

单击按钮　，执行 EXPLODE 命令，AutoCAD 系统要求选择分解的对象。

2. 偏移对象

命令：OFFSET；菜单："修改→偏移"；工具栏："修改"按钮　；快捷键 O。

偏移操作用于平行复制，通过该命令可创建同心圆、平行线或等距曲线。

单击按钮　，执行 OFFSET 命令，AutoCAD 系统要求选择偏移的对象，输入偏移的距离或指定通过的点，确认偏移等进行操作。

【例 2-2】　对图 2-19 所示的圆弧、直线进行偏移。要求圆弧向外偏移的距离是 10mm，共 3 次；直线的偏移需通过点 1、点 2。

操作步骤如下。

① 单击按钮 ，输入偏移距离 10，选择已有的圆弧作为偏移对象，圆弧为虚线显示，光标放在圆弧外侧，单击鼠标左键，完成第一次偏移；点选刚刚偏移的圆弧作为偏移对象，选择的圆弧为虚线显示，光标放在圆弧外侧，单击鼠标左键，完成第二次偏移；如此重复完成第三次偏移，如图 2-20 所示。

② 单击按钮 ，输入 T（通过），选择已有的直线作为偏移对象，直线为虚线显示，光标放在点 1 上，单击鼠标左键，完成第一次偏移；继续选择已有的直线作为偏移对象，直线为虚线显示，光标放在点 2 上，单击鼠标左键，完成第二次偏移，如图 2-20 所示。

图 2-19 已有的图形　　　　　　　　图 2-20 偏移的结果

3. 修剪对象

命令：TRIM；菜单："修改→修剪"；工具栏："修改"按钮 ；快捷键 TR。

修剪对象是指用某些定义的修剪边来修剪指定对象，就像用剪刀剪掉对象的某一部分一样，修剪边也可同时作为被修剪的对象。AutoCAD 2014 允许用线、构造线、圆、圆弧、椭圆、椭圆弧、多段线、样条曲线、云形线以及文字等对象作为修剪边来修剪对象。

单击按钮 ，执行 TRIM 命令，AutoCAD 系统要求首先选择作为修剪边的对象，再按要修剪的要求依次选择被修剪的对象。

【例 2-3】 对图 2-21 所示的图形进行修剪。要求将两圆弧中间的直线除掉，矩形外的直线要求与矩形同长。

图 2-21 已有的图形　　　　　　　　图 2-22 修剪的结果

操作步骤如下：

① 单击按钮 ，选择两个圆作为修剪边，再选择两圆弧之间的直线段，修剪掉两个圆弧中间的直线段，如图 2-22 所示。

② 单击按钮 ，选择两条水平线作为修剪边，确认后，输入 E（边的选项），再输入 E（确认为边的延伸模式），选取修剪直线的两个端点，完成直线的修剪，如图 2-22 所示。

六、样板文件

当使用 AutoCAD 创建一个图形文件时，通常需要先进行图形的一些基本的设置，诸如绘图单位、角度、区域等。

　　样板文件（Template Files）是一种包含有特定图形设置的图形文件（其扩展名为".dwt"）。通常在样板文件中的设置包括：单位类型和精度；图形界限；捕捉、栅格和正交设置；图层组织；标题栏、边框和徽标；标注和文字样式；线型和线宽等。

　　如果使用样板来创建新的图形，则新的图形继承了样板中的所有设置。这样就避免了大量的重复设置工作，而且也可以保证同一项目中所有图形文件的统一和标准。新的图形文件与所用的样板文件是相对独立的，因此新图形中的修改不会影响样板文件。

　　AutoCAD 中为用户提供了风格多样的样板文件，这些文件都保存在 AutoCAD 主文件夹的"Template"子文件夹中。如果用户使用缺省设置创建图形，则通常使用"acad.dwt"样板文件（以英寸为单位）或"acadiso.dwt"样板文件（以毫米为单位）。

　　除了使用 AutoCAD 提供的样板文件，用户也可以创建自定义样板文件，任何现有图形都可作为样板。如果用户要使用的样板文件没有存储在"Template"文件夹中，则可选择"Browse…（浏览）"打开"Select File（选择文件）"对话框来查找样板文件。

七、绘制 A3 图幅的样板文件

　　【工作任务】　绘制企业所用符合国家标准的 A3 图幅样板文件。

　　【信息与咨询】　企业所用符合国家标准的 A3 图幅的样板义件主要包含有三个方面的内容：①图纸幅面大小；②特定图形设置的图形文件；③企业的图纸管理要求。在绘制时应遵守的国家标准有 GB/T 14689—2008《技术制图　图纸幅面和格式》、GB/T 10609.2—2009《技术制图　明细栏》、GB/T 14692—2008《技术制图　投影法》、GB/T 4457.4—2002《机械制图　图样画法　图线》、GB 4458.4—2003《机械制图　尺寸注法》、GB/T 14665—2012《机械工程　CAD 制图规则》等。

　　在 GB/T 14665—1998《机械工程　CAD 制图规则》中，对用 CAD 软件绘制机械图样的图线、字体、尺寸线的终端形式及图样中各种线型在计算机中的分层作了规定，见表2-7～表 2-9。

表 2-7　CAD 制图中的线型组别

组别	1	2	3	4	5	用途
线宽 /mm	2.0	1.4	1.0	0.7	0.5	粗实线、粗点画线
	1.0	0.7	0.5	0.35	0.25	细实线、细点画线、双点画线、虚线、波浪线、双折线

表 2-8　CAD 制图中的线型与颜色

图线类型			屏幕上的颜色
粗实线	————	A	绿色
细实线	————	B	白色
波浪线	∿∿∿	C	
双折线	─⊥─⊥─	D	
虚线	– – – – –	F	黄色
细点画线	—·—·—	G	红色
双点画线	—··—··—	K	粉红

表 2-9 CAD工程图的图层

层号	描　述	层号	描　述
01	粗实线、剖切面的粗剖切线	08	尺寸线、投影连线、符号细实线
02	细实线、细波浪线、细折断线	09	参考圆,包括引出线和终端
03	粗虚线	10	剖面符号
04	细虚线	11	文本、细实线
05	细点画线	12	尺寸字和公差
06	粗点画线	13	文本,粗实线
07	细双点画线	14、15、16	用户选用

A3图幅样板文件中,不仅对各种线型所在的图层作了规定,而且对图样中的字体、尺寸标注等都作了明确规定。

【决策与计划】 按国家标准,GB/T 14689—1993《技术制图　图纸幅面和格式》规定取A3图纸,幅面大小为420mm×297mm。参照GB/T 14665—1998《机械工程　CAD制图规则》设置A3图幅的图层、图线,其中CAD制图中的线型组别为第四组,CAD制图中的线型与颜色见表2-8,CAD工程图的图层取01、02、04、05、08、10、11层,见表2-9;CAD工程图的各图层字体采用"gbeitc. shx",其字体高为3.5mm。A3图幅的尺寸标注样式设为"机械35"。完成工作任务的计划步骤如图2-23所示。

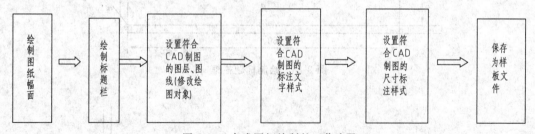

图 2-23　完成图幅绘制的工作步骤

1. 绘制图纸幅面

① 启动AutoCAD软件,在"工作空间"下拉列表单里选择"AutoCAD经典"。

② 绘制纸边界线。单击按钮 ▭ ,输入矩形的第一角点为 (0,0),另一角点为 (420,297),绘制图纸的边框。

③ 绘制图框线。单击按钮 ▭ ,输入矩形的第一角点为 (25,5),另一角点为 (415,292),绘制图幅的图框线。如图2-24所示。

2. 绘制标题栏

① 绘标题栏框。单击按钮 ▭ ,打开对象捕捉,以图框线右下角的端点作为矩形的第一角点,输入另一角点相对坐标为 (@-180,56),绘标题栏外框。如图2-25所示。

② 单击按钮 ,选择刚绘标题栏外框为分解的对象。

③ 绘制签字区。

a. 偏移直线。单击按钮 ,选择水平线3,输入偏移距离7,向下偏移8次;继续执行偏移命令,选择纵向直线1,分别输入偏移距离12、12、16、12、12、16、50,进行偏移，如图 2-26 所示。

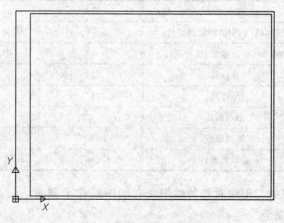

图 2-24　图纸的边界及图框线

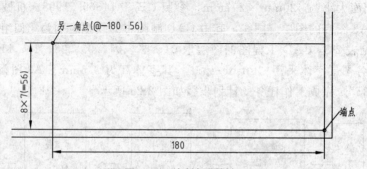

图 2-25　绘制标题栏框

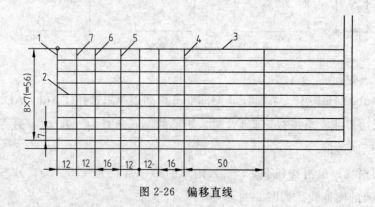

图 2-26　偏移直线

b. 修剪直线。单击按钮 ┤ ，以直线 2 为修剪边，修剪直线 2 上边的 5、6、7 铅直线；以直线 4 为修剪边，修剪直线 4 右边的偏移所有水平线，如图 2-27 所示。

④ 绘制更改区。

a. 偏移直线。单击按钮 ，选择纵向直线 1，分别输入偏移距离 10、10、16，使直线向右边进行偏移，如图 2-28 所示。

b. 修剪直线。单击按钮 ┤ ，以直线 2 为修剪边，修剪直线 2 下边的 5、6、7 铅直线，如图 2-29 所示。

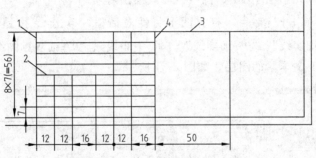

图 2-27 修剪直线

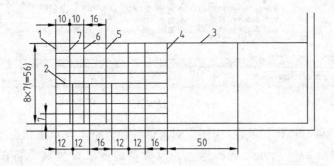

图 2-28 偏移直线

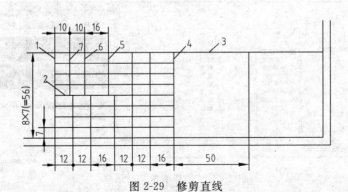

图 2-29 修剪直线

用偏移、修剪命令完成名称及代号区域、其他区域的绘制，其尺寸及结果如图 2-30 所示。

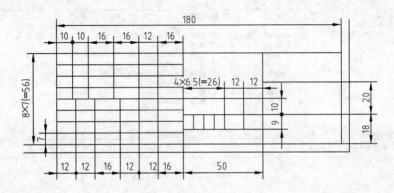

图 2-30 标题栏的尺寸（参考）

3. 设置符合 CAD 制图的图层、图线（修改绘图对象）

① 设置图层。单击按钮 ![icon]，打开图形特性对话框，单击 ![icon] 按钮，分别设置名称为"01-粗实线"、"02-细实线"、"04-细虚线"、"05-中心线"、"07-细双点画线"、"08-尺寸线"、"10-剖面符号"、"11-文本"的图层，如图 2-31 所示。

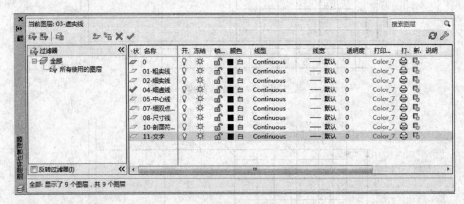

图 2-31　设置图层

② 设置图层颜色。将指针放在 01 图层对应的颜色方框上，单击鼠标左键，打开"选择颜色"对话框，如图 2-32 所示，选择绿色。以类似的方法设置其他各图层的颜色，如图 2-33所示。

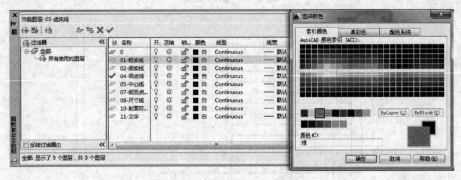

图 2-32　"选择颜色"对话框

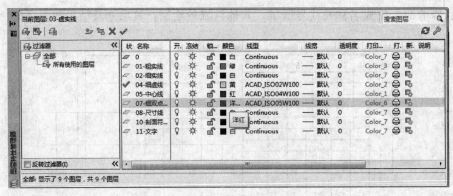

图 2-33　设置图层颜色

③ 设置图层线型。将指针放在 04 图层对应的线型名称上，单击鼠标左键，打开"选择

线型"对话框，选择 加载(L)... ，弹出"加载或重载线型"对话框，选择所需线型"ACAD
ISO02W100"，选择两次"确认"，设置 04 图层的线型，如图 2-34 所示。以同样的方法设置
其他各图层的线型，如图 2-35 所示。

图 2-34 加载图层线型

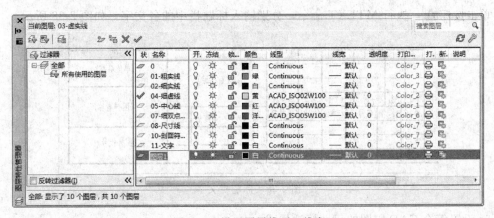

图 2-35 设置图层线型、线宽

以设置图层线型类似的方法与步骤，确定各图层的线宽。

④ 修改 A3 图纸边界线、图框线的图层。选择 A3 图纸边界线，边界线虚线显示，选取
图层标签的下拉箭头，选择 02 层，于是将图纸边界线设置到了第二层，如图 2-36 所示；图
层的"特性"都设为"ByLayer（随层）"。用同样的方法将图框线设置到 01 层。

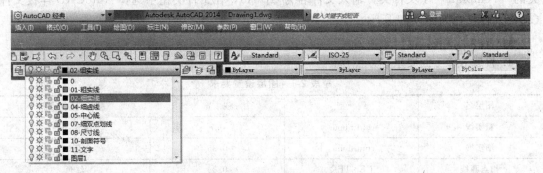

图 2-36 线型的图层设置

⑤ 修改标题栏各图线的图层。用上一步的方法，对标题栏的图线进行层的修改，修改
完成后，单击 线宽 按钮，其显示如图 2-37 所示。

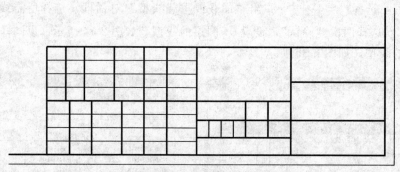

图 2-37   标题栏各图线的图层与显示

4. 设置符合 CAD 制图的标注文字样式

A3 图幅中的字体高是 3.5mm，以工程字 35 为文件样式名，创建符合国家标准的综合字体的步骤和方法见项目 1 的有关部分。设置符合 CAD 制图的标注文字样式后，填写标题栏。单击按钮 **A**，执行 MTEXT 命令，分别输入标题栏中的各文字，如图 2-38 所示。

图 2-38   标题栏文字

5. 设置符合 CAD 制图的尺寸标注样式

A3 图幅中符合国家标准 CAD 制图的尺寸标注样式为"机械 35"。创建符合尺寸标注样式为"机械 35"的步骤和方法见项目 1 的有关部分。

6. 保存为样板文件

选择"文件→另存为"下拉菜单，弹出"图形另存为"对话框，选择 AutoCAD 主文件夹的"Template"子文件夹，输入文件名为 GB-A3，在文件类型中选择 AutoCAD 样板文件（.dwt）存盘，如图 2-39 所示。

【上机操作】

1. 按题表 2-1 的要求建立图层。

题表 2-1   图层设置要求

图层名	线 型	线 宽	颜色（颜色号）
粗实线	continuous	0.7	绿色（3）
细实线	continuous	0.35	白色（7）
细点画线	CENTER	0.35	红色
虚线	DASHED	0.35	黄色
波浪线	continuous	0.35	青色
文字	continuous	0.35	绿色

图 2-39 保存为样板文件

2. 新建企业所用符合国家标准的 A4 图幅样板文件。对该样板文件的主要要求：文件名为 A4.dwt，图纸幅面为 210mm×297mm，其余设置、工作任务与绘制 A3 图幅的样板文件相同。

项目三
绘制操作件

一、绘制曲线对象

1. 绘制圆

命令：CIRCLE；菜单："绘图→圆"；工具栏："绘图"按钮⊙；快捷键 C。

单击按钮⊙，执行 CIRCLE 命令，AutoCAD 系统会要求根据提示，采用不同的选项绘制圆。绘圆的选项如图 3-1 所示。常见的几种绘制圆的方式如图 3-2 所示。

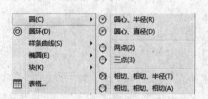

图 3-1　绘制圆菜单

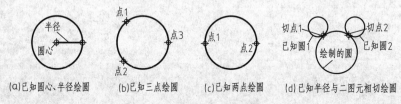

(a)已知圆心、半径绘圆　　(b)已知三点绘圆　　(c)已知两点绘圆　　(d)已知半径与二图元相切绘圆

图 3-2　常见的几种绘制圆的方式

2. 绘制圆弧

命令：ARC；菜单："绘图→圆弧"；工具栏："绘图"按钮　；快捷键 A。

单击按钮　，执行 ARC 命令，AutoCAD 系统会要求根据提示，采用不同的选项绘制圆弧。绘圆弧的选项如图 3-3 所示。常见的几种绘制圆弧的方式如图 3-4 所示。

3. 绘制椭圆

命令：ELLIPSE；菜单："绘图→椭圆"；工具栏："绘图"按钮○；快捷键 EL。

单击按钮○，执行 ELLIPSE 命令，AutoCAD 系统会要求根据提示，采用不同的选项绘制椭圆。绘制椭圆的方式如图 3-5 所示。

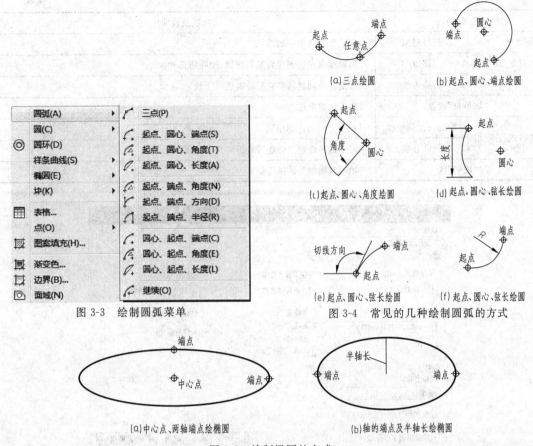

图 3-3 绘制圆弧菜单

图 3-4 常见的几种绘制圆弧的方式

图 3-5 绘制椭圆的方式

二、块与属性

将图形中的某些对象组合成一个对象集合,并赋名存盘,这个对象集合被称作块。可以随时将图块作为单一对象插入到当前图形中指定的位置,插入时还可以指定不同的比例缩放系数和旋转角度。可以为图块定义属性,在插入时填写不同的属性信息。用户还可以将块分解为一个个的单独对象进行修改编辑,并重新定义块。块具有如下功能:用来建立图形库、节省存储空间、便于图形的修改、具有属性等特点。

1. 块(创建块、外部块)

命令:BLOCK;菜单:"绘图→块→创建";工具栏:"绘图"按钮 ；快捷键 B/W。

单击按钮 ,执行 BLOCK 命令,弹出"块定义"对话框,如图 3-6 所示。

"块定义"对话框中主要项的功能说明见表 3-1。

表 3-1 "块定义"对话框中主要项的功能说明

主 要 项 目	功能及说明
"名称"下拉列表框	输入块名或从当前块名中选择一个块名
"基点"选项组	指定块的插入点。插入点是该块插入时的基准点,也是旋转和缩放的基准点。为作图方便,应根据图形的结构特点选择插入点。如果用户不指定插入点,则系统以坐标原点为插入点

主要项目		功能及说明
"对象"选项组	选择对象	指定所定义块中的对象
	保留	可以指定在块创建后是否保留、删除所选对象
	转换为块	指定在块创建后将它们转换成一个块
"块单位"设置		确定块的单位
"方式"选项组	按统一比例缩放	x、y 方向的比例相同
	允许分解	用于选择块定义后能否被分解命令分解
"说明"区		填写与块相关的描述信息

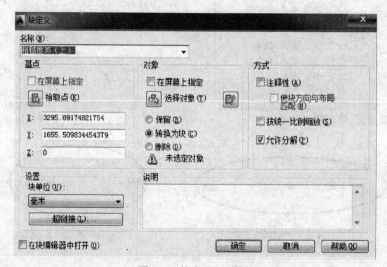

图 3-6　块定义对话框

用命令 BLOCK、菜单"绘图→块→创建"、"绘图"按钮 定义的块属于内部块，它从属于定义块时所在的图形。AutoCAD 提供了定义外部块的功能，即将块以单独的文件保存，创建外部块的命令为 WBLOCK。

【例 3-1】　创建名为"粗糙度 35（上）"的块，块的图形如图 3-7 所示。

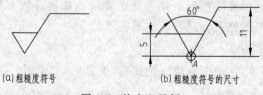

(a)粗糙度符号　　　　　　　(b)粗糙度符号的尺寸

图 3-7　块定义示例

操作步骤如下。

① 绘制图形。按图 3-7（b）中尺寸绘制图形。

② 创建块。单击按钮 ，弹出"块定义"对话框，在对话框中进行对应设置，块的名称"粗糙度 35（上）"、基点为图 3-7（b）中的 A 点、图形为图 3-7（a）所示图形等。

③ 创建外部块。在命令行输入并执行 WBLOCK 命令，弹出"写块"对话框，在对话框中进行对应设置，其中目标是确定块的保存名及保存位置，如图 3-8 所示。

2. 插入块

命令：INSERT；菜单："插入→块"；工具栏："绘图"按钮 。

单击按钮，执行 INSERT 命令，弹出"插入"对话框，如图 3-9 所示。"插入"对话框中主要项的功能说明见表 3-2。

图 3-8 "写块"对话框　　　　　图 3-9 块"插入"对话框

表 3-2 "插入"对话框中主要项的功能说明

主要项目	功能及说明
"名称"下拉列表框	指定所插入块或图形的名称。可以直接输入名称，或通过下拉列表框选择块，也可以单击"浏览"按钮，从弹出的"选择图形文件"对话框中选择图形文件
"插入点"选项组	确定块在图形中的插入位置。可以直接在 X、Y、Z 文本框中输入点的坐标，也可以选中"在屏幕上指定"复选框，以便在绘图窗口中指定插入点
缩放"比例"选项组	确定块的插入比例。可以直接在 X、Y、Z 文本框中输入块在三个坐标轴方向的比例，也可以通过选中"在屏幕上指定"复选框而通过绘图窗口指定比例。需要说明的是，如果在定义块时选择了按统一比例缩放（通过按"统一比例"缩放复选框设置），那么只需要指定沿 X 轴方向的缩放比例
"旋转"选项组	确定块插入时的旋转角度。可以直接在"角度"文本框中输入角度值，也可以选中"在屏幕上指定"复选框而通过绘图窗口指定旋转角度
"块单位"文本框	显示有关块单位的信息
"分解"复选框	利用此复选框，可以将插入的块分解成组成块的各个基本对象。此外，插入块后，也可以用 EXPLODE 命令（菜单："修改→分解"）将其分解

插入块是指将块或已有的图形插入到当前图形中。

3. 属性

（1）定义属性

命令：ATTDEF；菜单："绘图→块→定义属性"；快捷键 ATT。

属性是附加在块对象上的各种文本数据，它是一种特殊的文本对象，可包含用户所需的各种信息。

单击下拉菜单"绘图→块→定义属性"，执行命令 ATTDEF；弹出"属性定义"对话

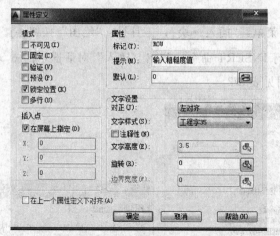

图 3-10　块的"属性定义"对话框

框，如图 3-10 所示。"属性定义"对话框中主要项的功能说明见表 3-3。

表 3-3　"属性定义"对话框中主要项的功能说明

主要项目		功能及说明
"模式"选项组	不可见	设置插入块后是否显示属性值。选中复选框表示属性不可见，即属性值不在块中显示，否则在块中显示出对应的属性值
	固定	设置属性是否为固定值。选中复选框表示属性为固定值(此值应通过"属性"选项组中的"值"文本框给定)。如果将属性设为非固定值，插入块的时候用户可以输入新值
	验证	设置插入块时是否校验属性值。如果选中复选框，插入块时，当用户根据提示输入属性值后，AutoCAD 会再给出一次提示，以便让用户校验所输入的属性值是否正确，否则不要求用户校验
	预设	确定当插入有预设属性值的块时，是否将属性值设成默认值
"属性"选项组	标记	"标记"文本框用于确定属性的标记(用户必须指定该标记)
	提示	"提示"文本框用于确定插入块时 AutoCAD 提示用户输入属性值的提示信息
	默认	"默认"文本框用于设置属性的默认值
"插入点"选项组		确定属性值的插入点，即属性文字排列的参考点。指定插入点后，AutoCAD 以该点为参考点，按照在"文字设置"选项组中"对正"下拉列表框确定的文字对齐方式放置属性值。用户可以直接在 X、Y、Z 文本框中输入插入点的坐标，也可以选中"在屏幕上指定"复选框，以便通过绘图窗口指定插入点
"文字设置"选项组	对正	"对正"下拉列表框确定属性文字相对于在"插入点"选项组中确定的插入点的排列方式。用户可通过下拉列表在左、对齐、调整、中心、中间、右、左上、中上、右上、左中、正中、右中、左下、中下、右下等之间选择
	文字样式	"文字样式"下拉列表框确定属性文字的样式，从对应的下拉列表中选择即可
	文字高度	"文字高度"按钮指定属性文字的高度，但也可以直接在对应的文本框中输入高度值
	旋转	"旋转"按钮指定属性文字行的旋转角度，但也可以直接在对应的文本框中输入旋转值
"在上一个属性定义下对齐"复选框		当定义多个属性时，选中此复选框，表示当前属性将采用前一个属性的文字样式、字高以及旋转角度，并另起一行按上一个属性的对正方式排列。选中"在上一个属性定义下对齐"复选框后，"插入点"与"文字选项"选项组均以灰颜色显示，即不能再通过它们确定具体的值

【**例 3-2**】 定义含有属性的"粗糙度 35（上）"的块，块的图形如图 3-7 所示，属性的标记为"ROU"，提示为"输入粗糙度值"，默认（值）为"3.2"，文字样式为"工程字 35"。

操作步骤如下。

① 绘制图形。按图 3-7（b）中尺寸绘制图形。

② 定义文字样式。参照项目一定义"工程字 35"的文字样式。

③ 定义属性。单击下拉菜单"绘图→块→定义属性"，执行命令 ATTDEF；弹出"属性定义"对话框并进行相应的设置，如图 3-11 所示；单击"属性定义"的"确定"按钮，在 AutoCAD 提示下确定属性在块中的插入点位置，如图 3-12 所示。

图 3-11 设置"属性定义"对话框

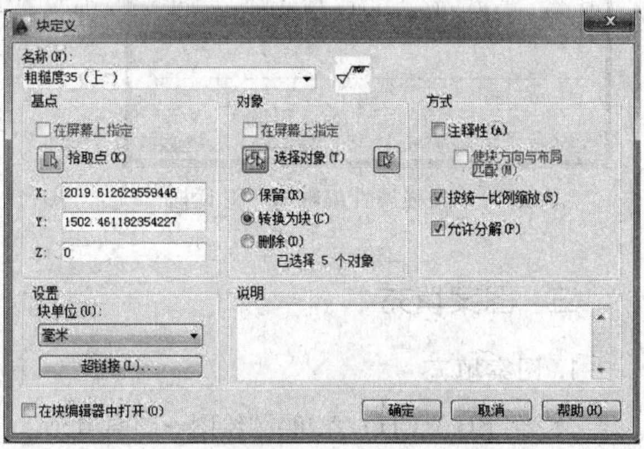

图 3-12 设置"块定义"对话框

④ 创建带有属性的块。单击按钮 ，弹出"块定义"对话框，在对话框中进行对应设置，块的名称"粗糙度 35（上）"、基点为图 3-7（b）中的 *A* 点、图形为图 3-7（a）所示图形等，如图 3-13、图 3-14 所示。

图 3-13 设置"编辑属性"对话框

(a) 含有属性的图形　　　　(b) 含有属性的块

图 3-14 定义含有属性的粗糙度符号块

（2）编辑块的属性

命令：EATTEDIT；菜单："修改→对象→属性→单个"。

单击下拉菜单"修改→对象→属性→单个"，执行 EATTEDIT 命令，在 AutoCAD 提示下选择带有属性块后，弹出"增强属性编辑器"对话框，如图 3-15 所示。对话框中有"属性"、"文字选项"、"特性"3 个选项卡等，它们能对块的属性进行编辑。

"属性"选项卡：在该选项卡中，AutoCAD 列出了当前块对象中各属性的标记、提示及值。选中某一属性，用户就可以在"值"文本框中修改属性的值。

"文字选项"卡：该选项卡用于修改属文字的一些特性，如文字样式、字高等，如图 3-16所示。

"特性"选项卡：在该选项卡中，用户可以修改属性文字的图层、线型及颜色等。

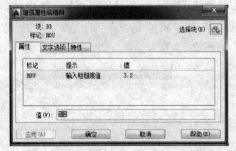

图 3-15　"增强属性编辑器"对话框

图 3-16　"文字选项"选项卡

三、图案填充

1. 图案填充

命令：BHATCH；菜单："绘图→图案填充"；工具栏："绘图"按钮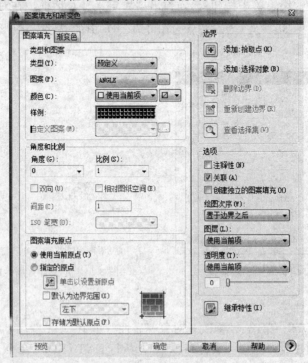；快捷键：H/BH。

单击按钮，执行 BHATCH 命令，弹出"图案填充和渐变色"对话框，如图 3-17 所示。"图案填充和渐变色"对话框中主要项的功能说明见表 3-4。

图 3-17　"图案填充和渐变色"对话框

表 3-4　"图案填充和渐变色"对话框中主要项的功能说明

主 要 项 目		功 能 说 明
"类型和图案"选项组	类型	"类型"下拉列表框设置了图案的类型。列表中有"预定义"、"用户定义"和"自定义"3 种选择。其中,预定义图案是 AutoCAD 提供的图案,这些图案存储在图案文件 acad.pat 或 acadiso.pat 中(图案文件的扩展名为 .pat)。用户定义的图案由一组平行线或相互垂直的两组平行线(即双向线,又称为交叉线)组成,其线型采用图形中的当前线型。自定义图案表示将使用在自定义图案文件(用户可以单独定义图案文件)中定义的图案
	图案	"图案"下拉列表框中列出了有效的预定义图案,供用户选择。只有在"类型"下拉列表框中选择了"预定义"项,"图案"下拉列表框才有效。在列表的顶部会显示出最近使用的 6 个预定义图案。用户可直接通过下拉列表选择图案,也可以单击列表框右侧的按钮,从弹出的"填充图案选项板"对话框中选择图案
	样例	"样例"框显示所选定图案的预览图像。单击该按钮,也会弹出"填充图案选项板"对话框,用于选择图案
"角度和比例"选项组	角度	"角度"组合框指定填充图案时的图案旋转角度,用户可以直接输入角度值,也可以从对应的下拉列表中选择
	比例	"比例"组合框指定填充图案时的图案比例值,即放大或缩小预定义或自定义的图案。用户可直接输入比例值,也可以从对应的下拉列表中选择
	间距	当图案填充类型采用"用户定义"时,可通过"间距"文本框设置填充平行线之间的距离
	双向	通过"双向"复选框确定填充线是一组平行线,还是相互垂直的两组平行线
"图案填充原点"选项组		此选项组用于确定生成填充图案时的起始位置。因为某些图案填充(例如砖块图案)需要与图案填充边界上的一点对齐。在默认情况下,所有图案填充的原点都对应于当前的 UCS 原点 该选项组中,"使用当前原点"单选按钮表示将使用存储在系统变量 HPORIGINMODE 中的设置来确定原点,其默认设置为(0,0)。"指定的原点"单选按钮表示将指定新的图案填充原点,此时从对应的选择项中选择即可
"边界"选项组	"添加:拾取点"按钮	根据围绕指定点所构成封闭区域的现有对象来确定边界。单击该按钮,AutoCAD 临时切换到绘制屏幕,并提示在希望填充的封闭区域内任意拾取一点,AutoCAD 会自动确定出包围该点的封闭填充边界,同时以虚线形式显示这些边界。指定了填充边界后按 Enter 键,AutoCAD 返回到"图案填充和渐变色"对话框
	"添加:选择对象"按钮	根据构成封闭区域的选定对象来确定边界。单击该按钮,AutoCAD 临时切换到绘图屏幕,并提示可以直接选取作为填充边界的对象,还可以通过"拾取内部点(K)"选项以拾取点的方式确定对象。确定了填充边界后按 Enter 键,AutoCAD 返回"图案填充和渐变色"对话框
	"删除边界"按钮	从已确定的填充边界中废除某些边界对象。单击该按钮,AutoCAD 临时切换到绘图屏幕,并提示选择要删除的对象,也可以通过"添加边界(A)"选项确定新边界。删除或添加填充边界后按 Enter 键,AutoCAD 返回"图案填充和渐变色"对话框
"选项"选项组	"关联"复选框	控制所填充的图案与填充边界是否建立关联关系。一旦建立了关联,当通过编辑命令修改填充边界后,对应的填充图案会给予更新,以与边界相适应
	"创建独立的图案填充"复选框	控制当指定了几个独立的闭合边界时,是通过它们创建单一的图案填充对象(即在各个填充区域的填充图案属于一个对象),还是创建多个图案填充对象
	"绘图次序"下拉列表框	为填充图案指定绘图次序。填充的图案可以放在所有其他对象之后、所有其他对象之前、图案填充边界之后或图案填充边界之前等
"继承特性"按钮		选择图形中已有的填充图案作为当前填充图案。单击此按钮,AutoCAD 临时切换到绘图屏幕,并在提示下可继续确定填充边界。如果按 Enter 键,AutoCAD 返回到"图案填充和渐变色"对话框

【例3-3】 对图3-18（a）所示图形进行图案填充，半圆内填充图案为ANSI31，矩形内填充图案为ANSI32，其比例为0.5，角度为90°。

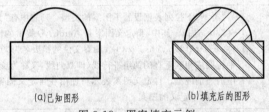

(a)已知图形   (b)填充后的图形

图3-18 图案填充示例

操作步骤如下。

① 单击按钮▨，在弹出的"图案填充和渐变色"对话框中，"类型"下拉列表框设置"预定义"，"图案"下拉列表框选择"ANSI31"，单击"添加：拾取点"按钮，在半圆图形内任选一点，再单击对话框中的"确定"按钮，如图3-18（b）所示。

② 单击按钮▨，在弹出的"图案填充和渐变色"对话框中，"类型"下拉列表框设置"预定义"、"图案"下拉列表框选择"ANSI32"，"角度"框中输入90，"比例"框中输入0.5，单击"添加：拾取点"按钮，在矩形图形内任选一点，再单击对话框中的"确定"按钮，如图3-18（b）所示。

2. 编辑图案

命令：BHATCHEDIT；菜单："修改→对象→图案填充"；工具栏："修改Ⅱ"按钮▨；快捷键BH。

单击按钮▨，执行BHATCHEDIT命令，选择已有的填充图案，弹出"图案填充编辑"对话框，如图3-19所示。对话框中只有以正常颜色显示的项才可以被用户操作。该对

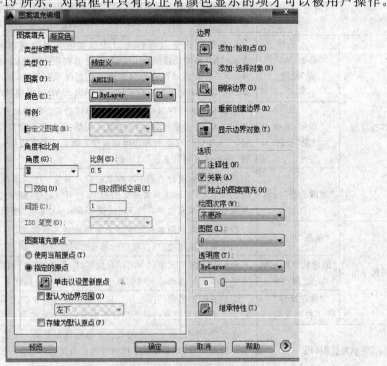

图3-19 "图案填充编辑"对话框

话框中各选项的含义与图 3-17 所示的"图案填充和渐变色"对话框中各对应项的含义相同。利用此对话框，可以对已填充的图案进行诸如更改填充图案、填充比例、旋转角度等操作。

在绘图屏幕直接双击已有的图案，也可以打开图 3-19 所示的"图案填充编辑"对话框对图案进行编辑。

四、镜像、延伸对象与夹点编辑图形

1. 镜像对象

命令：MIRROR；菜单："修改→镜像"；工具栏："修改"按钮 ⚎；快捷键 MI。

单击按钮 ⚎，执行 MIRROR 命令，根据 AutoCAD 系统的提示，选择镜像对象、指定镜像线等。

镜像对象是指将选定的对象相对于镜像线进行镜像复制，如图 3-20 所示。镜像功能特别适合绘制对称的图形。

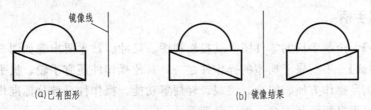

图 3-20　镜像对象示例

2. 延伸对象

命令：EXTEND；菜单："修改→延伸"；工具栏："修改"按钮 ⤙；快捷键：EX。

单击按钮 ⤙，执行 EXTEND 命令，根据 AutoCAD 系统的提示，选择作为边界边的对象、再选择要延伸的对象。

延伸对象是指将指定对象延伸到另一对象（称之为边界边）上，如图 3-21 所示。

图 3-21　延伸对象示例

3. 利用夹点编辑图形

AutoCAD 提供了利用夹点编辑图形对象的功能。如果在没有执行任何命令的时候直接选择图形对象，通常在被选中图形对象上的某些部位出现实心小方框（默认颜色为蓝色），即夹点，如图 3-22 所示。

利用夹点，可以快速实现拉伸、移动、旋转、缩放以及镜像操作。

在图 3-22 中，选取直线 1、2，两直线上显示出夹点；再拾取两直线的交点 A，该点变为另一种颜色（默认为红色，该点称为操作基点），按一次回车键，此时可进行拉伸、复制等操作；输入"@5，12"后按回车键，A 点移动到了 B 点，如图 3-23 所示。

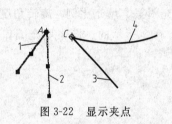

图 3-22　显示夹点

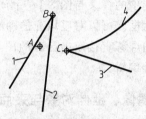

图 3-23　夹点拉伸与旋转

在图 3-22 中，选取直线 3 和圆弧 4，直线与圆弧上显示出夹点；再拾取直线与圆弧的交点 C，该交点 C 变为另一种颜色（默认为红色），按两次回车键，此时可进行旋转操作，输入 30，直线 3 和圆弧 4 就旋转 30°，如图 3-23 所示。

夹点变为另一种颜色（默认为红色）后，按 1 次回车键，可进行拉伸操作；按 2 次回车键，可进行旋转操作；按 3 次回车键，可进行比例缩放；按 4 次回车键，可进行镜像操作。

五、绘制手柄

【工作任务】　绘制手柄的零件图，其投影视图、尺寸、技术要求等如图 3-24 所示。

【信息与咨询】　手柄属于典型的操作件之一，其他操作件还有手轮、扳手等，操作件的结构和外形应满足操作方便、安全、美观、轻便等功能。操作件已部分标准化，大多均可直接外购，有时也需自行绘制图样，加工制造。

该手柄的零件图中用一个视图就表达了其内外结构与形状，零件的最大外形是 125mm×32mm，该零件所采用的材料是碳素钢的棒料，手柄的外形是由标注的尺寸前带有的 ϕ、R、SR 来表达清楚。手柄的视图具有对称性，手柄的外形是由圆弧相切连接的曲线组成，其连接部分的 $\phi9mm×6mm$ 孔的端部锥形是由加工工艺形成。手柄是由除去材料加工而成，在手柄圆弧部分的加工精度较高，且要在表面镀铬；其他要求需满足 JB/T 7277—2014《操作件技术条件》的国家标准。

【决策与计划】　根据手柄零件的最大外形尺寸，选用 A4 图幅绘图，即使用 A4.dwt 样板文件。其绘图环境的设置有单位为 mm，绘图比例 1：1。完成手柄零件图的步骤有：打开 A4 样板文件、绘制图形、标注尺寸、标注技术要求、填写标题栏和存盘。

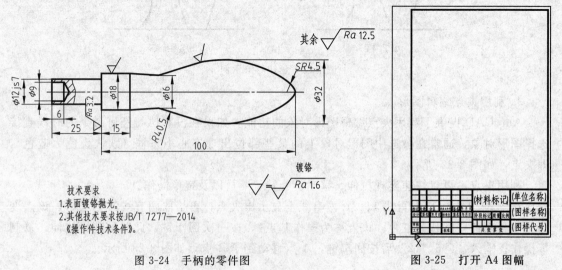

图 3-24　手柄的零件图　　　　　　　图 3-25　打开 A4 图幅

1. 打开 A4 样板文件

在 AutoCAD 工作界面，单击主菜单栏的"文件→新建"，弹出"样板选择"对话框，选择 AutoCAD 主文件夹的"Template"子文件夹中文件名为 GB-A4 文件，单击对话框的"打开"，如图 3-25 所示。建立新文件，将新文件命名为"手柄.dwg"，并保存到指定文件夹。

2. 绘制图形

绘制图形的外轮廓所用的命令见表 3-5。

表 3-5 绘制图形的外轮廓所用的命令

命令	图标	下拉菜单位置	命令	图标	下拉菜单位置
LINE		绘图→直线	XLINE		绘图→构造线
OFFSET		修改→偏移	MIRROR		修改→镜像
CIRCLE		绘图→圆	SPLINE		绘图→样条曲线
TRIM		修改→修剪	BHATCH		绘图→图案填充

(1) 绘制基准线

单击按钮 ，执行 LINE 命令，选择适当的起点，绘制一条水平线和一条铅直线，作为绘图的纵横基准直线，如图 3-26 所示。

图 3-26 绘制纵横基准直线   图 3-27 偏移直线

(2) 偏移直线。单击 按钮，执行 OFFSET 命令，以水平线为起始，分别向上绘制直线，偏移量分别为 4.5mm、6mm、8mm、9mm、16mm；以铅直线为起始，分别向右绘制直线，偏移量分别为 25mm、15mm、95.5（100－4.5＝95.5)mm，如图 3-27 所示。

(3) 绘制 $SR4.5mm$ 的圆弧线。单击按钮 ，执行 CIRCLE 命令，根据 AutoCAD 系统提示，捕捉 A 点为绘图圆心，输入半径 4.5，如图 3-28 所示。

图 3-28 绘制半径为 $R4.5mm$ 的圆弧

(4) 绘制 $R55mm$ 的圆弧线。单击按钮 ，执行 CIRCLE 命令，根据 AutoCAD 系统提示，以"相切、相切、半径"绘制圆；输入 T，以圆 1、直线 2 为切点，输入半径 55，如图 3-29 所示。

(5) 绘制 $R40.5mm$ 的圆弧线。单击按钮 ，执行 CIRCLE 命令，根据 AutoCAD 系统提示，以相切、相切、半径绘制圆；输入 T，以圆 3、直线 4 为切点，输入半径 40.5，如

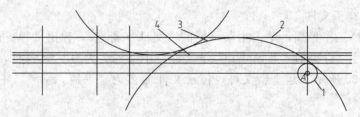

图 3-29 绘制半径为 $R55mm$、$R40.5mm$ 的圆弧

图 3-29 所示。

（6）编辑图形

① 删除直线。单击按钮 ✎，执行 ERASE 命令，根据 AutoCAD 系统提示，选择图3-29中的直线 2、直线 4，删除所选直线。

② 修剪直线。单击按钮 ⊹，执行 TRIM 命令，选择所有圆、圆弧及相关直线，修剪圆弧，如图 3-30 所示。

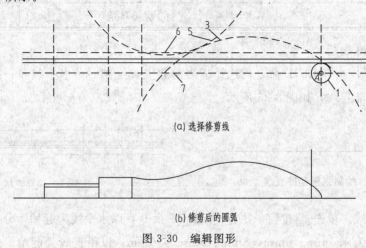

(a) 选择修剪线

(b) 修剪后的圆弧

图 3-30 编辑图形

（7）绘制内孔

① 偏移直线。单击按钮 ⬠，执行 OFFSET 命令，以最左边的铅直线为起始，向右偏6mm 绘制直线，与直线 9 产生交点 10，如图 3-31（a）所示。

② 绘制构造线。单击按钮 ↗，执行 XLINE 命令，输入 A，再输入−60，选择点 10，完成构造线的绘制，如图 3-31（a）所示。

③ 修剪直线。单击按钮 ⊹，执行 TRIM 命令，选择直线 9、构造线、水平基线作为修剪边，修剪直线、构造线等，如图 3-31（b）所示。

（8）镜像轮廓线

单击按钮 ⚊，执行 MIRROR 命令，选择水平中心线以上所有图线为镜像对象，以水平中心线为镜像线，镜像结果如图 3-32 所示。

（9）绘制连接孔部分的剖面符号

① 绘制波浪线。单击按钮 ∿，执行 SPLINE 命令，捕捉线上的最近点，绘制波浪线，如图 3-33 所示。

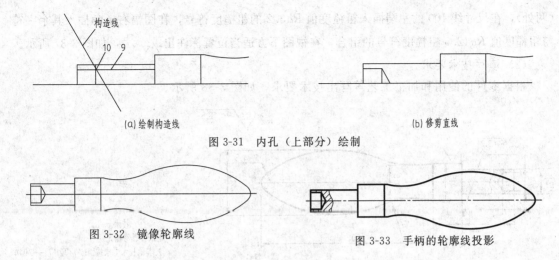

(a) 绘制构造线   (b) 修剪直线

图 3-31 内孔（上部分）绘制

图 3-32 镜像轮廓线

图 3-33 手柄的轮廓线投影

② 绘制剖面符号。单击按钮 ▨，执行 BHATCH 命令，在弹出的"图案填充和渐变色"对话框中，进行相应的设置后，单击对话框中的"确定"按钮，如图 3-33 所示。

选择所有轮廓线，将其图层改变为 01 层（粗实线层）；选择水平线，将图层改变为 05 层；选择波浪线和剖面符号，将其图层改变为 10 层，如图 3-33 所示。

3. 标注尺寸

（1）圆弧尺寸标注

① 选择下拉菜单"标注→半径"，执行 DIMRADIUS 命令，选取 $R4.5\text{mm}$ 的圆弧，输入 T，输入 $SR4.5$，标注手柄右端部的圆弧尺寸，如图 3-34 所示。

② 回车，继续执行 DIMRADIUS 命令，分别选取 $R40.5\text{mm}$、$R55\text{mm}$ 圆弧，标注尺寸，如图 3-34 所示。

（2）水平方向尺寸标注

选择下拉菜单"标注→线性"，执行 DIMLINEAR 命令，选取各标注线段的两个端点，分别标注 6、25、15、100 四个水平方向的尺寸，如图 3-35 所示。

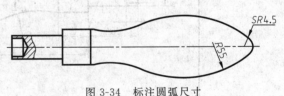

图 3-34 标注圆弧尺寸

（3）纵向方向尺寸标注

选择下拉菜单"标注→线性"，执行 DIMLINEAR 命令，选取各标注线段的两个端点，再输入 T，分别在测量的文字前输入 ％％C（即 ϕ），指定尺寸线位置，分别标注 $\phi9$、$\phi12\text{js}7$、$\phi18$、$\phi16$、$\phi32$ 五个铅直方向的尺寸，如图 3-36 所示。

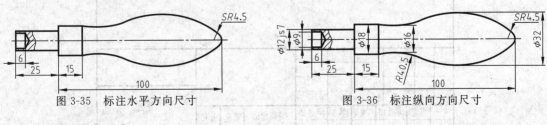

图 3-35 标注水平方向尺寸   图 3-36 标注纵向方向尺寸

4. 标注技术要求

（1）标注表面粗糙度

单击按钮 ▦，执行 INSERT 命令，在零件的上表面不同位置插入表面粗糙度的基本符号

（两处），在尺寸线 100 的左端插入粗糙度值 $Ra3.2$ 的粗糙度符号，在图幅右上角插入其余字符与粗糙度值 $Ra12.5$ 粗糙度符号的组合，在视图下方适当位置标注出 $\sqrt{}=\sqrt{\frac{镀铬}{Ra\,1.6}}$，如图 3-37 所示。

（2）填写技术要求

根据零件的使用和加工工艺等写出技术要求，如图 3-38 所示。

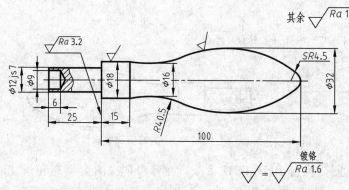

技术要求
1.表面镀铬抛光。
2.其他技术要求按JB/T 7277 — 2014
《操作件技术条件》。

图 3-37　标注表面粗糙度　　　　　　图 3-38　填写技术要求文字内容

5.填写标题栏

根据图纸管理的要求，在标题栏中填写出其相应的内容，如图 3-39 所示。

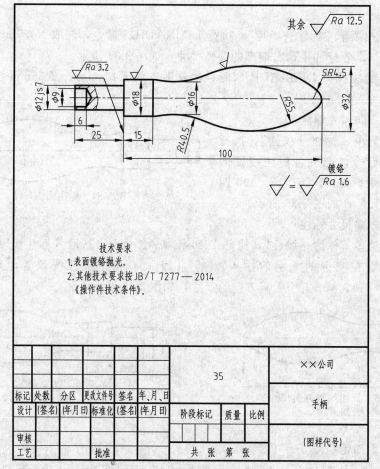

图 3-39　手柄的零件工作图

【上机操作】

1. 绘制材料为 35 钢锥柱手柄的零件图，其投影视图、尺寸、技术要求等如题图 3-1 所示。

提示：锥柱手柄的手柄部分为锥形圆柱体，该部分的绘制需作 110°的构造线。

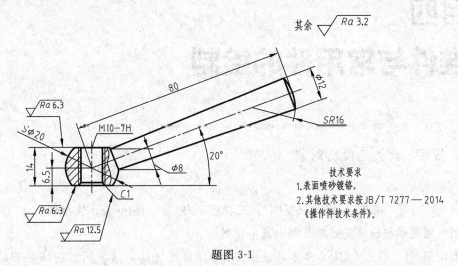

技术要求
1. 表面喷砂镀铬。
2. 其他技术要求按JB/T 7277 — 2014
《操作件技术条件》。

题图 3-1

2. 绘制手柄套的零件图，其投影视图、尺寸、技术要求等如题图 3-2 所示。

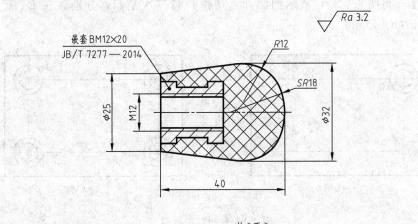

技术要求
技术要求按JB/T 7277 — 2014
《操作件技术条件》。

题图 3-2

项目四
标准件与常用件的绘制

一、复制、阵列与旋转对象

1. 复制对象

命令：COPY；菜单："修改→复制"；工具栏："修改"按钮 🖳；快捷键 CO。

复制对象是指将选定的对象复制到其他位置。

单击按钮 🖳，执行 COPY 命令，根据 AutoCAD 系统的要求提示，选择复制的对象、指定基点和第二个点，连续选择第二点可进行多次复制。

【例 4-1】 将图 4-1（a）所示的圆和六边形进行三次复制，分别放在 B、C、D 的位置，如图 4-1（b）所示。

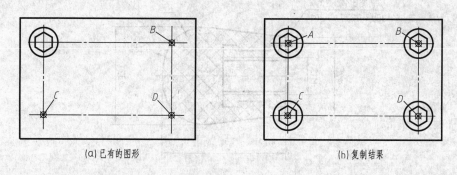

(a) 已有的图形　　　　　　　　　　　(b) 复制结果

图 4-1　复制对象示例

操作步骤如下：

① 单击按钮 🖳，执行 COPY 命令，根据 AutoCAD 系统的要求提示，选择图 4-1（a）所绘的圆和六边形作为复制的对象。

② 选择了复制的对象后，选 A 点为基点，分别选 B、C、D 为第二、三、四个点，连续进行复制，完成的图形如图 4-1（b）所示。

2. 阵列对象

命令：ARRAYCLASSIC；菜单："修改→阵列"；工具栏："修改"按钮 🔡；快捷键 AR。

阵列对象是指将选定的对象以矩阵或环形方式进行多重复制。

单击按钮 🔡，执行 ARRAYCLASSIC 命令，AutoCAD 系统弹出"阵列"对话框，如

图 4-2 所示。"阵列"对话框中主要项的功能说明见表 4-1。

（a）矩形阵列

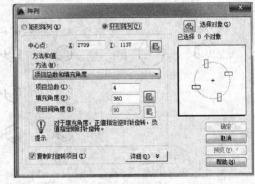
（b）环形阵列

图 4-2　"阵列"对话框

表 4-1　"阵列"对话框中主要项的功能说明

主要项目		功能及说明
矩形阵列	"行数"文本框	用于指定矩形阵列的行数，在文本框中输入对应的值即可
	"列数"文本框	用于指定矩形阵列的列数，在文本框中输入对应的值即可
	"偏移距离和方向"文本框	设置偏移的行间距、列间距以及阵列角度（阵列时还可以旋转指定的角度）。可直接在对应的文本框中输入数值，也可以单击对应的按钮，用指定点的方式确定
	"选择对象"按钮	选择阵列对象。单击该按钮，AutoCAD 临时切换到绘图屏幕，并提示选择要阵列的对象后按 Enter 键或空格键，AutoCAD 又会返回到"阵列"对话框，并在"选择对象"按钮下显示"已选择 n 个对象"
	"预览"按钮	显示满足对话框当前设置的阵列的预览图像。当用户在对话框中修改某一阵列参数后，预览图像会动态更新
	"确定"按钮	"确定"按钮则用于确认阵列设置，即执行阵列
环形阵列	"中心点"文本框	确定环形阵列时的阵列中心点。可直接在文本框中输入坐标值，也可以单击对应的按钮，从绘图屏幕上指定
	"方法和值"选项组	确定环形阵列后的项目总数以及阵列角度范围 ①"方法"下拉列表框：设置定位对象所用的方法。可通过下拉列表在"项目总数和填充角度"、"项目总数和项目间的角度"以及"填充角度和项目间的角度"之间选择。其中项目总数表示环形阵列后的对象个数（包括源对象） ②"项目总数"文本框：设置阵列后所显示的对象数目（包括源对象） ③"填充角度"文本框：设置环形阵列的阵列范围 ④"项目间角度"文本框：设置环形阵列后相邻两对象之间的夹角 这 3 个文本框并不同时起作用，其有效性取决于"方法"下拉列表框中选择的阵列方式
	"复制时旋转项目"复选框	确定环形阵列对象时对象本身是否绕其基点旋转
	"选择对象"按钮	"选择对象"按钮用于确定要阵列的对象
	"预览"按钮	"预览"按钮用于预览阵列效果
	"确定"按钮	"确定"按钮用于确认阵列设置，即执行阵列

【例4-2】 将图4-3（a）所示的圆和六边形进行阵列，结果及相关尺寸如图4-3（b）所示。

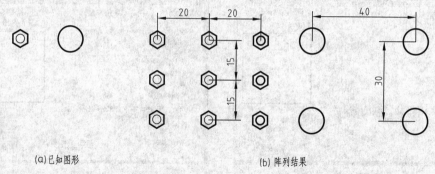

图4-3　矩形阵列示例

操作步骤如下：

① 阵列圆。单击按钮▦（AutoCAD 2014 执行 ARRAYCLASSIC 命令，可出现阵列的对话框），执行 ARRAYCLASSIC 命令，AutoCAD 系统弹出"阵列"对话框，设置阵列为矩形阵列，选择图4-3（a）所示的圆为阵列对象，设置阵列的行数为2、列数为2、行间距为－30（向下偏移）、列间距为40（向右偏移）等，单击确定按钮，完成圆的阵列，如图4-4（a）所示，其"阵列"对话框的设置如图4-4（b）所示。

图4-4　圆的阵列

② 阵列六边形。完成圆的阵列后，按回车键，继续执行 ARRAYCLASSIC 命令，AutoCAD 系统弹出"阵列"对话框，设置阵列为矩形阵列，选择图4-3（a）所示的六边形（含内部的圆）为阵列对象，设置阵列的行数为3、列数为3、行间距为－15（向下偏移）、列间距为－20（向左偏移）等，单击确定按钮，完成六边形的阵列，如图4-5（a）所示，其"阵列"对话框的设置如图4-5（b）所示。

【例4-3】 将图4-6（a）所示的矩形进行环形阵列，中心点为圆的圆心，总个数为8，旋转项目，其结果如图4-6（b）所示。

操作步骤如下。

单击按钮▦，执行 ARRAYCLASSIC 命令，AutoCAD 系统弹出"阵列"对话框，设置阵列为环形阵列，选择图4-6（a）所示的矩形为阵列对象，阵列中心点为捕捉圆的圆心，

(a) 阵列结果　　　　　　　　　　(b) 六边形 "阵列" 对话框设置

图 4-5　六边形的阵列

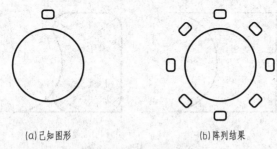

(a) 已知图形　　　　　　　　　　(b) 阵列结果

图 4-6　环形阵列

方法为项目总数和填充角度，其项目总数为 8，填充角度为 360°，选择 "复制时旋转项目" 复选框，单击 "确定" 按钮，完成环形的阵列，如图 4-6（b）所示，其 "阵列" 对话框的设置如图 4-7 所示。

　　当不选择复制时旋转项目，详细选项中的基点为矩形的中心时，其阵列结果如图 4-8 所示。

图 4-7　环形 "阵列" 对话框

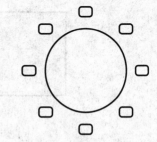

图 4-8　环形阵列时不旋转项目

3. 旋转对象

命令：ROTATE；菜单："修改→旋转"；工具栏："修改" 按钮 ↻；快捷键 RO。

旋转对象是指将选定的对象绕指定的点（基点）旋转指定的角度。

单击按钮 ↻，执行 ROTATE 命令，根据 AutoCAD 系统的要求提示，选择要旋转的对象、指定（旋转）基点和旋转角度。

如以复制形式旋转对象，即创建出旋转对象后仍在原位置保留原对象。执行该选项后，根据提示指定旋转角度即可。

在默认设置下，角度为正时沿逆时针方向旋转，反之，沿顺时针方向旋转。

二、创建圆角和倒角

1. 创建圆角

命令：FILLET；菜单："修改→圆角"；工具栏："修改"按钮 ▱；快捷键 F。

创建圆角是指在两个对象（直线或曲线）之间绘制出圆角。

单击按钮 ▱，执行 FILLET 命令，根据 AutoCAD 系统的要求提示，输入圆角半径、确定修剪模式、选择两相交的对象等，即可绘制出圆角，如图 4-9 所示。

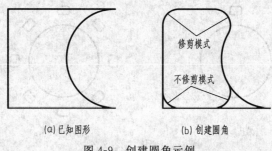

(a) 已知图形　　　　(b) 创建圆角

图 4-9　创建圆角示例

2. 创建倒角

命令：CHAMFER；菜单："修改→倒角"；工具栏："修改"按钮 ▱；快捷键 CHA。

创建倒角是指在两个对象（直线或曲线）之间绘制出倒角。

单击按钮 ▱，执行 CHAMFER 命令，根据 AutoCAD 系统的要求提示，输入倒角距离（两个对象的可不相同）或角度、确定修剪模式、选择两相交的对象等，即可绘制出倒角，如图 4-10 所示。

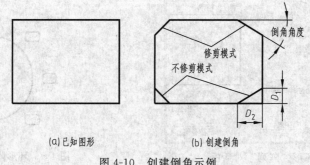

(a) 已知图形　　　　(b) 创建倒角

图 4-10　创建倒角示例

三、创建表格

1. 定义表格样式

命令：TABLESTYLE；菜单："格式→表格"；工具栏："样式"按钮 ▦；快捷键：TS。

与文字样式一样，用户也可以为表格定义样式。

选择下拉菜单"格式→表格"，执行 TABLESTYLE 命令，AutoCAD 弹出"表格样式"对话框，如图 4-11 所示。在此对话框中，"样式"列表框中列出了满足条件的表格样式（图 4-11 中只有一个样式，即 Standard。可通过"列出"下拉列表框确定要列出哪些样式）；"预览"图片框中显示出表格的预览图像，"置为当前"和"删除"按钮分别用于将在"样式"列表框中选中的表格样式置为当前样式、删除对应的表格样式；"新建"、"修改"按钮分别用于新建表格样式、修改已有的表格样式。

（1）新建表格样式

单击"表格样式"对话框中的"新建"按钮，AutoCAD 弹出"创建新的表格样式"对话框，如图 4-12 所示。

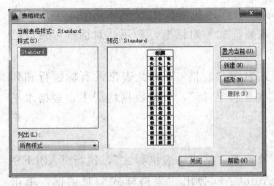

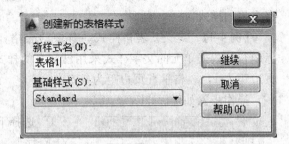

图 4-11 "表格样式"对话框　　　　　　　图 4-12 "创建新的表格样式"对话框

通过对话框中的"基础样式"下拉列表选择基础样式，并在"新样式名"文本框中输入新样式的名称（如输入"表格 1"），单击"继续"按钮，AutoCAD 弹出"新建表格样式"对话框，如图 4-13（a）所示，"新建表格样式"对话框各主要项的功能说明见表 4-2。

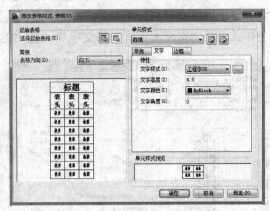

(a)"新建表格样式"对话框　　　　　　　(b)"修改表格样式"对话框

图 4-13 "新建/修改表格样式"对话框

表 4-2 "新建表格样式"对话框各主要项的功能说明

项　　目	功能及说明
"常规"选项组	确定表格的方向是向下还是向上

续表

项　目		功能及说明
"单元样式"选项组	数据	①在"常规"选项卡的"特性"栏中可确定表格的填充颜色、表格单元中文字的对正和对齐方式、表格中的"数据"、"列标题"或"标题"行设置数据类型和格式、将单元样式指定为标签或数据。在"边距"栏中，可控制单元边界和单元内容之间的间距。单元边距设置应用于表格中的所有单元。水平是设置单元中的文字或块与左右单元边界之间的距离。垂直是设置单元中的文字或块与上下单元边界之间的距离
	标题	②在"文字"选项卡的"特性"栏中确定设置文字高度、指定文字颜色、设置文字角度
	表头	③在"边框"选项卡的"特性"栏中确定线宽、线型、颜色、双线、间距等，其单元样式预览显示当前表格样式设置效果的样例

(2) 修改表格样式

在图 4-11 所示对话框中的"表格样式"列表框中选择要修改的表格样式后，单击"修改"按钮，AutoCAD 会弹出图 4-13（b）"修改表格样式"对话框，利用此对话框可修改已有表格的样式。

【例 4-4】　定义新表格样式，其中的表格样式名为"表格 35"，此表格没有标题行和列标题行，数据单元的文字样式采用已定义的样式"工程字 35"，表格数据均居中，表格水平页边距为 1，表格垂直页边距为 0.5。

操作步骤如下。

图 4-14　"创建新的表格样式"对话框

① 选择下拉菜单"格式→表格样式"，执行 TABLESTYLE 命令，AutoCAD 弹出"表格样式"对话框，单击对话框中的"新建"按钮，弹出"创建新的表格样式"对话框，在"新样式名"文本框中输入"表格 35"，如图 4-14 所示。

② 单击"继续"按钮，弹出"新建表格样式"对话框。在"数据"单元样式的基本选项卡中，对齐特性为"正中"，表格水平页边距为 1，表格垂直页边距为 0.5，其余采用默认设置；在"数据"单元样式的文字选项卡中，选择文字样式为"工程字 35"，如图 4-15 所示。

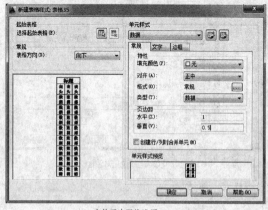

(a) 表格页边距的设置

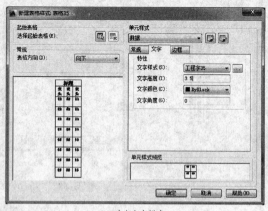

(b) 确定文字样式

图 4-15　数据单元样式

③ 在"新建表格样式"对话框中，选择"标题"单元样式，在"标题"单元样式的基

本选项卡中，对齐特性为"正中"，表格水平页边距为1，表格垂直页边距为0.5；去掉"创建行/列时合并单元"选项的"√"；在"标题"单元样式的文字选项卡中，选择文字样式为"工程字35"，对齐特性为"正中"，其余采用默认设置，如图4-16所示。

(a) 表格页边距的设置

(b) 确定文字样式

图4-16 标题单元样式

④ 单击对话框中的"确定"按钮，返回到"表格样式"对话框，单击该对话框中的"关闭"按钮，完成表格样式的创建。

2. 创建表格

命令：TABLESTYLE；菜单："绘图→表格"；工具栏："绘图"按钮 ▦。

单击按钮 ▦，执行 TABLESTYLE 命令，AutoCAD 弹出"插入表格"对话框，如图4-17所示。"插入表格"对话框中各主要项的功能说明见表4-3。

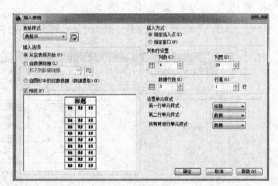

图4-17 "插入表格"对话框

表4-3 "插入表格"对话框中各主要项的功能说明

项 目	功能及说明
"表格样式"设置选项	选择所使用的表格样式。用户可通过"表格样式名称"下拉列表选择对应的样式。还可通过单击下拉列表旁边按钮 ▦ 进行新的表格样式设置
"插入选项"选项组	指定插入表格的方式。"从空表格开始"是指创建可以手动填充数据的空表格。"自数据链接"是从外部电子表格中的数据创建表格。从数据提取开始启动"数据提取"向导
"插入方式"选项组	确定将表格插入图形时的插入方式,其中,"指定插入点"单选按钮表示将通过在绘图窗口指定一点作为表的一角点位置的方式插入表格。如果表格样式将表的方向设置为由上而下读取,插入点为表的左上角点;如果表格样式将表的方向设置为由下而上读取,则插入点位于表的左下角点。"指定窗口"单选按钮表示将通过指定一个窗口来确定表的大小与位置
"列和行设置"选项组	该选项组用于设置表格中的行数、列数以及行高和列宽。通过"插入表格"对话框确定表格数据后,单击"确定"按钮,而后根据提示确定表格的位置,即可将表格插入到图形,且插入后 AutoCAD 弹出"文字格式"工具栏,并将表格中的第一个单元格醒目显示,此时就可以向表格输入文字
"设置单元样式"选项组	对于那些不包含起始表格的表格样式,应指定新表格中行的单元格式。"第一行单元样式"是指定表格中第一行的单元样式。"第二行单元样式"是指定表格中第二行的单元样式。"所有其他行单元样式"是指定表格中所有其他行的单元样式。上述3种情况在默认情况下,使用数据单元样式

插入表格后，单击表格会显示出夹点。可以通过拖动夹点的方式更改行高和列宽，还可以通过对应的快捷菜单进行插入行、删除行、插入列、删除列、合并单元格、更改单元格中数据的对齐方式等操作，这些操作与在 Microsoft Word 中对表格的同名操作相似，此处不再介绍。

【例 4-5】　在【例 4-4】中定义的表格样式"表格 35"的基础上创建表格，其表格内容如图 4-18 所示。

序号	名称	件数	备注
1	螺栓	4	GB 27—88
2	螺母	4	GB 41—86
3	压板	2	发蓝
4	压板	2	发蓝

图 4-18　表格

操作步骤如下。

① 单击按钮▦，执行 TABLESTYLE 命令，AutoCAD 弹出"插入表格"对话框，直接通过"表格样式"下拉列表框设置、"插入选项"设置为从空表格开始、"插入方式"设置为指定插入点等，如图 4-17 所示。

② 单击"确定"按钮，根据提示确定表格的位置，并填写表格，如图 4-19 所示。

图 4-19　填写表格

3. 编辑表格

用户既可以修改已创建表格中的数据，也可以修改已有表格的格式，如更改行高、列宽、合并单元格等。

（1）编辑表格数据

编辑表格数据的方法很简单，双击绘图屏幕中已有表格的某一单元格，AutoCAD 会弹出"文字格式"工具栏，并将表格显示成编辑模式，同时将所双击的单元格醒目显示，其效果与图 4-19 类似。在编辑模式修改表格中的各数据后，单击"文字格式"工具栏中的"确定"按钮，即可完成表格数据的修改。

（2）修改表格

利用夹点功能可以修改已有表格的列宽和行高。更改方法为：选择对应的单元格，AutoCAD 会在该单元格的 4 条边上各显示出一个夹点，通过拖动夹点，就能够改变表格对应行的高度或对应列的宽度。

利用快捷键也可以修改表格。具体方法为：选定对应的单元格（或几个单元格、某列单元格、某行单元格等），单击鼠标右键，AutoCAD 弹出快捷菜单，利用该菜单可以执行各种编辑操作，如插入行、插入列、删除行、删除列、合并单元格等，具体操作与在 Microsoft Word 中对表格的编辑类似，不再介绍。

四、标注尺寸公差与形位公差

利用 AutoCAD 2014，不仅可以标注尺寸，而且还可以标注尺寸公差和形位公差。

1. 标注尺寸公差

利用"新建标注样式"对话框中的"公差"选项卡可进行尺寸公差标注的各种设置。在"公差"选项卡中，"公差格式"选项组用于确定公差的标注格式，通过其可确定将以何种方式标注公差（对称、极限偏差、极限尺寸等）、尺寸公差的精度以及设置尺寸上偏差和下偏差等。通过此选项组进行相应的设置后再标注尺寸，就会标注出对应的公差。

实际上，常用的是通过在位文字编辑器实现公差的标注（利用堆叠功能实现）。下面举例说明。

【例 4-6】 现有图形如图 4-20（a）所示，为其标注尺寸与公差，结果如图 4-20（b）所示。

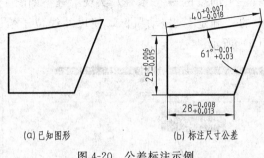

(a) 已知图形　　　　(b) 标注尺寸公差

图 4-20　公差标注示例

操作步骤如下。

（1）标注线性尺寸 $28^{-0.008}_{+0.013}$ 的公差

① 选择下拉菜单"标注→线性"，执行 DIMLINEAR 命令，根据 AutoCAD 系统的提示，选择第一条、第二条尺寸界线，输入 M（多行文字），弹出文字编辑器，如图 4-21 所示。

图 4-21　文字编辑器

② 在文字编辑器中输入对应的尺寸文字"28－0.008^＋0.013"，用鼠标选中"－0.008^＋0.013"，单击文字格式工具栏上的按钮 ﹢ （堆叠）实现堆叠，如图 4-22 所示。

③ 单击文字编辑器中的"确定"，拖动鼠标，使尺寸线位于恰当位置后单击鼠标拾取键，标注结果如图 4-23 所示。

（2）标注角度尺寸 $61°^{-0.01}_{+0.03}$ 的公差

图 4-22　实现文字堆叠

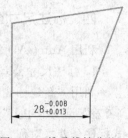

图 4-23　堆叠线性公差

① 选择下拉菜单"标注→角度",执行 DIMLINEAR 命令,根据 AutoCAD 系统的提示,选择第一条、第二条尺寸界线,输入 M(多行文字),弹出文字编辑器,如图 4-21 所示。

② 在文字编辑器中输入对应的尺寸文字"60°-0.01^+0.03",用鼠标选中"-0.01^+0.03",单击文字格式工具栏上的按钮 ⅁（堆叠）实现堆叠,如图 4-24（a）所示。

③ 单击文字编辑器中的"确定",拖动鼠标,使尺寸线位于恰当位置后单击鼠标拾取键,标注结果如图 4-24（b）所示。

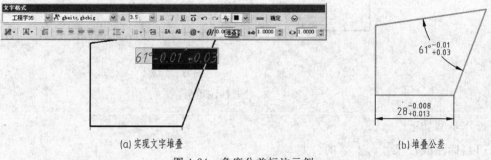

(a) 实现文字堆叠　　　　　　　　　　　　　　(b) 堆叠公差

图 4-24　角度公差标注示例

用类似的方法可完成线性尺寸 $25^{+0.006}_{-0.015}$、对齐尺寸 $25^{+0.006}_{-0.015}$ 的公差标注。

2. 标注形位公差

命令:TOLERANCE;菜单:"标注→公差";工具栏:"标注"按钮 ⊞（公差）;快捷键:TOL。

选择下拉菜单"标注→公差",执行 TOLERANCE 命令,AutoCAD 弹出"形位公差"对话框,如图 4-25 所示。对话框中主要项的功能说明见表 4-4。

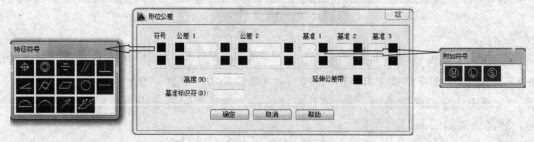

图 4-25　"形位公差"对话框

表 4-4 "形位公差"对话框中主要项的功能说明

项 目	功能及说明
"符号"选项组	确定形位公差的符号,即确定将标注什么样的形位公差。单击选项组中的小方框(黑颜色框),AutoCAD 弹出"特征符号"对话框,如图 4-25 所示。从中选择某一符号后,AutoCAD 返回到"形位公差"对话框,并在"符号"选项组中的对应位置显示出该符号
"公差 1"选项组	确定公差。在对应的文本框中输入公差值即可。此外,可通过单击位于文本框前边的小方框确定是否在该公差值前加直径符号;单击位于文本框后边的小方框,可从弹出的"包容条件"对话框中确定包容条件
"公差 2"选项组	
"基准 1"选项组	确定基准和对应的包容条件
"基准 2"选项组	
"基准 3"选项组	

通过"形位公差"对话框确定要标注的内容后,单击对话框中的"确定"按钮,AutoCAD 转换到绘图屏幕,并提示指定所标注公差的位置。

用 TOLERANCE 标注形位公差时,并不能自动生成引出形位公差的指引线,用 QLEADER 命令(引线标注命令)标注形位公差,则可同时引出对应的指引线。

输入 QLEADER 命令,执行命令;再输入 S,AutoCAD 弹出"引线设置"对话框,如图 4-26 所示;在"注释类型"中选择"公差"选框,单击"确定"按钮,即可进行有指引线形位公差标注。

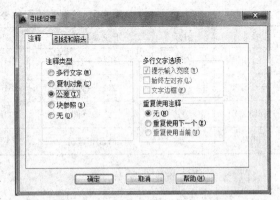

图 4-26 "引线设置"对话框

五、绘制螺栓

【工作任务】 绘制标注为"螺栓 GB/T 5782—2000 M12×80"的螺栓视图。

【信息与咨询】 在各种设备和机器中,经常大量使用螺栓、螺柱、螺钉、螺母、键、销和滚动轴承等连接件。国家标准对它们的结构、尺寸和成品质量都做了明确的规定,这些完全符合标准的零件称为标准件。国家标准还规定了标准件中标准结构要素的画法,在制图过程中,应按规定画法绘制标准件和标准结构要素。常用的螺栓、螺母、垫圈、螺钉及双头螺柱等均已标准化,其形式、结构和尺寸可从有关标准中查得。在应用这些螺纹紧固件时,只需在技术文件上注明其规定标记。螺纹紧固件通常由专业化工厂成批生产,使用时按所需规格购买,无需单独制造。对于使用非标准化的螺栓、螺母、垫圈、螺钉及双头螺柱等,就需自行绘制图样,加工制造。

标注为"螺栓 GB/T 5782—2000 M12×80"的螺栓包含的内容有:螺纹的规格 $d =$ M12、公称长度 80mm、性能等级 8.8 级、表面氧化处理、A 级的六角头螺栓。该螺栓的绘图尺寸查 GB/T 5782—2000《六角头螺栓》标准,具体尺寸见表 4-5。

表 4-5 M12×80 六角头螺栓的绘图尺寸

项目	螺纹规格	b	e_{min}	s_{max}	K
尺寸/mm	M12	30	20.03	18	7.5

【决策与计划】　根据 M12×80 六角头螺栓的外形尺寸，选用 A4 图幅绘图，即使用 A4.dwt 样板文件。其绘图环境的设置有单位为 mm、绘图比例 1∶1。根据 GB/T 5782—2000 标准中的图例及相关结构要素，采用规定的简化画法完成视图的绘制。完成 M12×80 六角头螺栓零件图的步骤有：打开 A4 样板文件、绘制图形、标注尺寸和存盘。

1. 打开 A4 样板文件

在 AutoCAD 工作界面，单击主菜单栏的"文件→新建"，弹出"样板选择"对话框，选择 AutoCAD 主文件夹的"Template"子文件夹中文件名为 GB-A4 文件，单击对话框的"打开"，建立新文件，将新文件命名为"六角头螺栓（M12×80）.dwg"，并保存到指定文件夹。

2. 绘制图形

绘制图形的轮廓所用到的命令见表 4-6。

表 4-6　绘制主视图的外轮廓所用到的命令

命令	图标	下拉菜单位置	命令	图标	下拉菜单位置
LINE		绘图→直线	CHAMFER		修改→倒角
OFFSET		修改→偏移	MIRROR		修改→镜像
CIRCLE		绘图→圆	POLYGON		绘图→正多边形
TRIM		修改→修剪	ERASE		修改→删除

（1）绘制螺纹与螺杆部分

① 绘制基准线。

单击按钮 ✎，执行 LINE 命令，选择适当的起点，绘一条水平线和一条纵向直线，作为绘图的纵横基准直线，如图 4-27 所示。

② 偏移直线。单击按钮 ⚼，执行 OFFSET 命令，以水平线为起始，分别向上绘制直线，偏移量分别为 5.1mm（0.85×6＝5.1）、6mm；以纵向直线为起始，分别向左绘制直线，偏移量分别为 30mm、80mm；如图 4-28 所示。

图 4-27　绘制基准线　　　　　　　　　　　　图 4-28　偏移直线

③ 修剪直线。单击按钮 ⊬，执行 TRIM 命令，选择所有直线作为剪切对象进行修剪，如图 4-29 所示。

④ 镜像图线。单击按钮 ⚏，执行 MIRROR 命令，选择水平中心线以上所有图线为镜像对象，以水平中心线为镜像线，如图 4-30 所示。

图 4-29　修剪直线　　　　　　　　　　　　图 4-30　镜像图线

⑤ 倒端角。单击按钮 🔲，执行 CHAMFER 命令，对右端面外轮廓倒 1×45°的角；单击按钮 ✏️，执行 LINE 命令，绘出倒角处的投影直线，如图 4-31 所示。

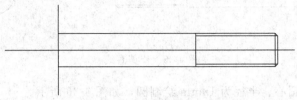

图 4-31　倒端角

（2）绘制六角头部分

① 绘制六角头部分的左视图中心线。单击按钮 ✏️，执行 LINE 命令，绘一条原有的水平线延伸线和一条纵向直线（选择适当的位置），作为绘图的纵横中心线，如图 4-32 所示。

② 绘内接圆。单击按钮 ⊙，执行 CIRCLE 命令，根据 AutoCAD 系统提示，以中心线交点为圆心、半径为 9（$s/2$）绘制圆，如图 4-33 所示。

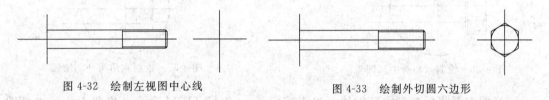

图 4-32　绘制左视图中心线

图 4-33　绘制外切圆六边形

③ 绘六边形。单击按钮 ⬠，执行 POLYGON 命令，根据 AutoCAD 系统提示，输入 6，以中心线交点为圆心，输入 C，绘制六边形，如图 4-33 所示。

④ 偏移直线。单击按钮 ⧉，执行 OFFSET 命令，以纵向直线 1 为起始，分别向左绘制直线，偏移量分别为 0.8mm、7.5mm，如图 4-34 所示。

⑤ 绘制六边形投影线。单击按钮 ✏️，执行 LINE 命令，打开正交模式，分别以左视图中的四个角点向主视图绘投影直线，如图 4-34 所示。

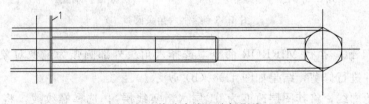

图 4-34　偏移直线和绘投影线

⑥ 修剪直线。单击按钮 ⊢⊣，执行 TRIM 命令，选择主视图上所有直线偏移与绘制的直线作为剪切对象进行修剪，其结果如图 4-35 所示。

⑦ 绘制六角头圆弧。

a. 偏移直线。单击 ⧉ 按钮，执行 OFFSET 命令，以最左边的纵向直线为起始，向右绘制直线，偏移量为 18mm（$1.5D$），如图 4-36 所示。

b. 绘制圆。单击按钮 ⊙，执行 CIRCLE 命令，根据 AutoCAD 系统提示，以上步偏移

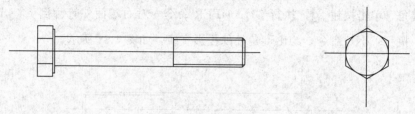

图 4-35　修剪直线

直线与中心线交点为圆心、半径为 18mm 绘制圆，如图 4-36 所示。

　　c. 作辅助直线。单击按钮 ╱，执行 LINE 命令，打开正交模式，以圆弧和直线的交点作辅助直线 2。

　　d. 绘制圆弧。选择下拉菜单"绘图→圆弧→三点"，执行命令，以交点、中点、交点三点绘图弧，如图 4-37 所示。

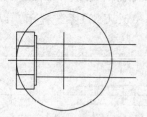

图 4-36　绘制六角头中部圆弧

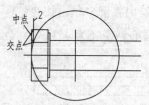

图 4-37　绘制六角头外部圆弧

　　e. 修剪中部圆弧并删除辅助线。单击按钮 -/--，执行 TRIM 命令，修剪六角头中部圆弧；单击按钮 ✐，执行 ERASE 命令，删除偏移直线及辅助相线，如图 4-38（a）所示。

(a) 修剪中部圆弧并删除辅助线　　　　　　(b) 镜像外侧圆弧

图 4-38　绘制六角头圆弧

　　f. 单击按钮 ⚑，执行 MIRROR 命令，选择六角头外部圆弧为镜像对象，以水平中心线为镜像线，并进行修剪，结果如图 4-38（b）所示。

　　选择所有轮廓线，将其图层改变为 01 层（粗实线层）；选择螺纹线，将图层改变为 02（细实线层）；选择水平中心线，将图层改变为 05 层，其结果如图 4-39 所示。

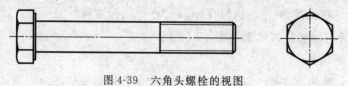

图 4-39　六角头螺栓的视图

3. 标注尺寸

参照 GB/T 5782—2000《六角头螺栓》进行尺寸标注，其标注尺寸为所有的绘图尺寸，如图 4-40 所示。

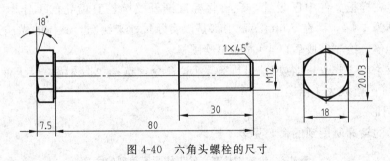

图 4-40 六角头螺栓的尺寸

六、绘制圆柱直齿轮工作图

【工作任务】 绘制齿数为 82、模数为 6 的标准渐开线圆柱直齿轮的工作图。

【信息与咨询】 工业设备中常用的传动件，如齿轮、蜗轮、蜗杆、弹簧等，它们在结构和尺寸上都有相应的国家标准。凡重要结构符合国家标准的零件称为常用件，其符合国家标准的结构，称为标准结构要素。国家标准还规定了常用件中标准结构要素的画法，在制图过程中，应按规定画法绘制标准结构要素。齿轮一般由轮体及轮齿圈两部分组成，轮体部分根据设计要求有实体式、腹板式、轮辐式等，轮齿部分的轮廓曲线可以是渐开线、摆线、阿基米德螺旋线或圆弧，目前我国最常用的为渐开线齿形。轮齿的方向有直齿、斜齿、人字齿等。

轮齿有标准与变位之分，具有标准轮齿的齿轮称为标准齿轮。

齿轮的轮齿部分，一般不按真实投影绘制，而是按规定画法画工程图。

齿数为 82、模数为 6 的标准渐开线圆柱直齿轮的分度圆直径为 $\phi492$mm，齿顶圆直径为 $\phi504$mm，查阅机械设计手册，齿轮的结构形式为平辐板锻造齿轮，结构各部分的尺寸由设计手册和生产要求确定。该直齿轮工作图的主要结构尺寸见表 4-7。

表 4-7 渐开线圆柱直齿轮（齿数 82、模数 6）的主要结构尺寸

代号	d	D_0	D_1	D_2	d_0	b	h
尺寸/mm	70	440	120	280	80	128	13.5

【决策与计划】 根据齿数为 82、模数为 6 的标准渐开线圆柱直齿轮的齿顶圆直径 $\phi504$mm 及厚度 128mm，选用 A3 图幅绘图，即使用 A3.dwt 样板文件。其绘图环境的设置有单位为 mm、绘图比例 1:4。该圆柱直齿轮工作图用两个视图表达，主视图半剖以表达平辐板的结构形状，左视图以表达主体结构的形状，其主要参数与精度用表在右上角表达。完成圆柱直齿轮工作图的步骤有：打开 A3 样板文件、设置绘图比例、绘制图形、填写参数表、标注尺寸、标注技术要求、填写标题栏和存盘。

1. 打开 A3 样板文件

在 AutoCAD 工作界面，单击主菜单栏的"文件→新建"，弹出"样板选择"对话框，选择 AutoCAD 主文件夹的"Template"子文件夹中文件名为 GB-A3 文件，单击对话框的"打开"，建立新文件，将新文件命名为"圆柱直齿轮（Z82、m6）.dwg"，并保存到指定文件夹。

2. 设置绘图比例

绘图环境在样板文件中已设置，现要将标准渐开线圆柱直齿轮的工作图绘在 A3 图纸上，绘图比例为 1:4，而在 AutoCAD 中都是以实际尺寸来绘图，具体的做法是将 A3 图纸的幅面放大 4 倍，绘制完成后以 1:4 输出绘图机。

选取下拉菜单"修改→缩放"，执行 SCALE 命令，选择 A3 图幅，以坐标原点为基点，输入 4，将 A3 图幅放大 4 倍。

3. 绘制图形

绘制图形的轮廓所用到的命令见表 4-8。

表 4-8　绘制圆柱直齿轮工作图所用到的命令

命令	图标	下拉菜单位置	命令	图标	下拉菜单位置
LINE		绘图→直线	CHAMFER		修改→倒角
CIRCLE		绘图→圆	BREAK		修改→打断
ARRAY		修改→阵列	BHATCH		绘图→图案填充…
OFFSET		修改→偏移	TABLESTYLE		绘图→表格…
TRIM		修改→修剪	MOVE		修改→平移
FILLET		修改→倒圆角	INSERT		插入→块

（1）绘制绘图基准线

单击按钮，执行 LINE 命令，选择适当的起点，绘制一条水平线和一条纵向直线，作为绘制主视图的纵横基准直线；绘制另一条纵向直线与同一条水平线相交，作为绘制左视图的纵横基准直线，如图 4-41 所示。

（2）绘制左视图

① 绘制同心圆。单击按钮，执行 CIRCLE 命令，根据 AutoCAD 系统提示，以中心线交点为圆心，绘制直径为 $\phi 70mm$、$\phi 120mm$、$\phi 280mm$、$\phi 440mm$、$\phi 492mm$、$\phi 504mm$ 的圆，如图 4-42 所示。

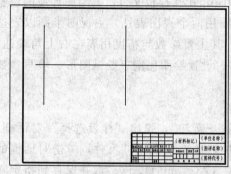

图 4-41　绘制绘图基准线

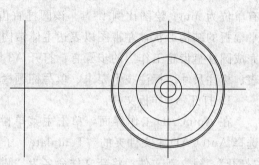

图 4-42　绘制同心圆

② 绘制均布圆。

a. 绘制圆。单击按钮 ⊘，执行 CIRCLE 命令，根据 AutoCAD 系统提示，以纵向直线中心线与 ϕ280mm 圆的交点为圆心、绘制直径为 ϕ80mm 的圆，如图 4-43（a）所示。

b. 阵列圆。单击按钮 品，执行 ARRAYCLASSIC 命令，AutoCAD 系统弹出 "阵列" 对话框，设置阵列为环形阵列，选择 ϕ80mm 的圆为阵列对象，阵列中心点为同心圆的圆心，方法为项目总数和填充角度，其项目总数为 6，填充角度为 360°，选择 "复制时旋转项目" 复选框，单击 "确定" 按钮，完成环形的阵列，如图 4-43（b）所示，其 "阵列" 对话框的设置如图 4-7 所示。

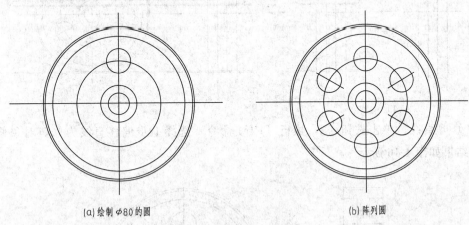

(a) 绘制 ϕ80 的圆　　　　(b) 阵列圆

图 4-43　绘制均布圆

③ 绘制键槽。

a. 偏移直线。单击按钮 ⊕，执行 OFFSET 命令，以纵向直线中心线为起始，分别向左、向右绘制直线，偏移量都为 10mm；以水平中心线为起始，向上绘制直线，偏移量为 39.9mm，如图 4-44（a）所示。

b. 修剪直线与圆。单击按钮 ⁄-，执行 TRIM 命令，选择上步偏移直线及 ϕ70mm 的圆弧为修剪边，修剪直线与圆，如图 4-44（b）所示。

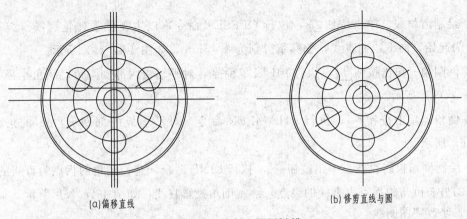

(a) 偏移直线　　　　(b) 修剪直线与圆

图 4-44　绘制左视图键槽

（3）绘制主视图

① 偏移直线。单击按钮，执行 OFFSET 命令，以主视图纵向基准线为起始，分别向右绘制直线，偏移量分别为 44mm、84mm、128mm；以水平中心线为起始，向上绘制直线，偏移量分别为 35mm、39.9mm、60mm、140mm、220mm、246mm、252mm；以水平中心线为起始，向下绘制直线，偏移量分别为 246mm、252mm；以偏移量为 140mm 的直线为起始，分别向上、向下绘直线，偏移量都为 40mm，如图 4-45 所示。

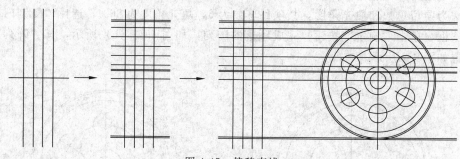

图 4-45　偏移直线

② 修剪直线。单击按钮，执行 TRIM 命令，选择上步偏移直线为修剪对象修剪直线，其结果如图 4-46 所示。

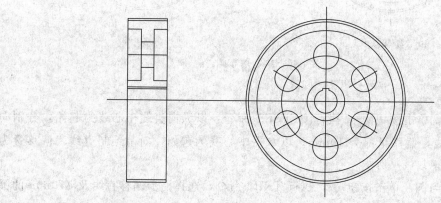

图 4-46　修剪直线

③ 绘制齿根线。单击按钮，执行 OFFSET 命令，以主视图上外轮廓线（齿顶圆投影线）为起始，向下绘制直线，偏移量分别为 8.75mm，如图 4-47 （a）所示。

④ 倒圆角。单击按钮，执行 FILLET 命令，对平辐板内部倒圆角，圆角半径为 $R5$，如图 4-47 （a）所示。

⑤ 倒角。单击按钮，执行 CHAMFER 命令，对平辐板内部倒 $5×45°$ 的角，如图 4-47 （b）所示。

⑥ 绘制倒角投影直线。单击按钮，执行 LINE 命令，选择倒角的拐点为直线的起点，以相应的另一倒角的拐点为直线的终点，绘制倒角投影直线，如图 4-47 （c）所示。

（4）修改视图图线

① 打断中心线。单击按钮，执行 BREAK 命令，将水平中心线在两视图中间的适当位置打断，如图 4-48 （a）所示。

② 夹点编辑。利用夹点，将主视图分度圆投影线向两侧适当延长；将平辐板内的圆孔中心线向内适当缩短，如图 4-48（a）所示。

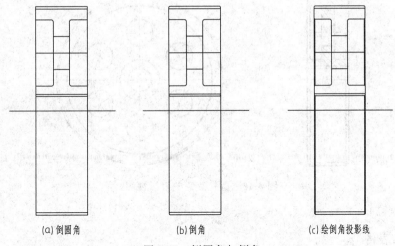

(a) 倒圆角　　　　　　(b) 倒角　　　　　　(c) 绘倒角投影线

图 4-47　倒圆角与倒角

③ 修改图线图层。

a. 选择所有中心线及分度圆投影线，将其所在图层定义到 05（细点画线）层，如图 4-48（b）所示。

b. 选择所有投影轮廓线，将其所在图层定义到 01（粗实线层）层，如图 4-48（b）所示。

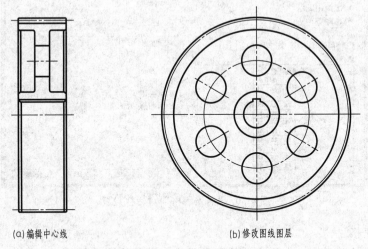

(a) 编辑中心线　　　　　　　　　　(b) 修改图线图层

图 4-48　修改视图图线

（5）绘主视图上的剖面符号

① 将当前图层设为 10（剖面符号）层。

② 单击按钮 █，执行 BHATCH 命令，在弹出的"图案填充和渐变色"对话框中，"类型"下拉列表框设置"预定义"，"图案"下拉列表框选择"ANSI31"，"角度和比例"下拉列表框设置比例为"4"，单击"添加：拾取点"按钮，在主视图的图形内不同位置选一点，即在平辐板内的圆孔投影上、下各选一点，再单击对话框中的"确定"按钮，如图4-49

所示。

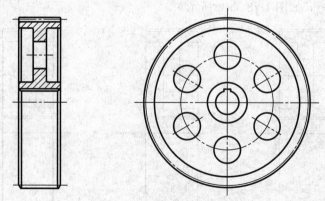

图 4-49　圆柱直齿轮投影视图

4. 填写参数表

（1）插入表格

单击按钮 ⊞，执行 TABLESTYLE 命令，AutoCAD 弹出"插入表格"对话框，表格样式选"表格35"，列和行的设置中列为 3、列宽为 30，数据行为 10、行高为 1，如图 4-50 所示。

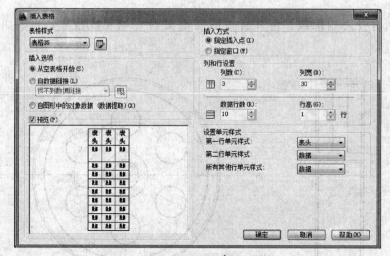

图 4-50　"插入表格"对话框设置

（2）填写表格

双击表格中的单元格，填写齿轮的各种基本参数及检测误差等，如图 4-51 所示。

（3）表格定位

单击按钮 ✥，执行 MOVE 命令，选择表格，以表格右上角为基点，插入圆柱直齿轮视图 A3 图幅的右上角，如图 4-52 所示。

5. 标注尺寸

① 将当前图层设为 08（尺寸）层。

② 标注主视图上的尺寸。主视图上标注尺寸有 $\phi120mm$ 以上圆的直径、齿轮的宽度及平辐板厚度等。选择下拉菜单"标注→线性"，选择各个尺寸的端点进行尺寸标注，如图

4-53所示。

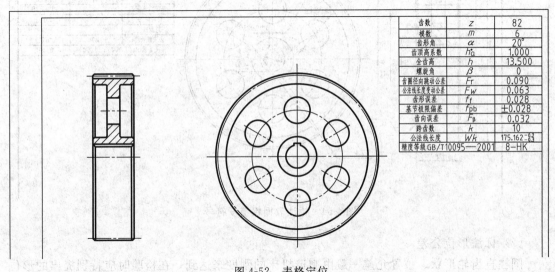

	A	B	C
1	齿数	z	82
2	模数	m	6
3	齿形角	α	20°
4	齿顶高系数	h_a^*	1.000
5	全齿高	h	13.500
6	螺旋角	β	0
7	齿圈径向跳动公差	Fr	0.090
8	公法线长度变动公差	Fw	0.063
9	齿形误差	f_f	0.028
10	基节极限偏差	fpb	±0.028
11	齿向误差	F_j	0.032
12	跨齿数	k	10
13	公法线长度	Wk	$175.162^{-0.2}_{-0.3}$
14	精度等级GB/T 10095—2001		8-HK

图 4-51 填写表格

齿数	z	82
模数	m	6
齿形角	α	20°
齿顶高系数	h_a	1.000
全齿高	h	13.500
螺旋角	β	0
齿圈径向跳动公差	Fr	0.090
公法线长度变动公差	Fw	0.063
齿形误差	f_f	0.028
基节极限偏差	fpb	±0.028
齿向误差	$F_β$	0.032
跨齿数	k	10
公法线长度	Wk	$175.162^{-0.2}_{-0.3}$
精度等级GB/T10095—2001		8-HK

图 4-52 表格定位

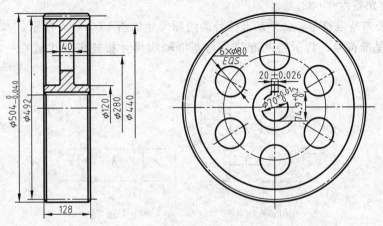

图 4-53 标注尺寸

③ 标注左视图上的尺寸。左视图上标注有 φ80mm 以下圆的直径、键槽的尺寸等。选择下拉菜单"标注→线性",选择各个线性尺寸的端点进行尺寸标注;选择下拉菜单"标注→直径",选择圆的轮廓线进行圆的直径标注,如图 4-53 所示。

6. 标注技术要求

（1）标注表面粗糙度

单击按钮 🖱,执行 INSERT 命令,在圆柱直齿轮主视图上标注四处表面粗糙度,在左视图上标注三处表面粗糙度;粗糙度的标注随该面尺寸线的位置而定,两者不要随意分开;在图幅右上角插入其余字符与粗糙度值 $Ra12.5$ 粗糙度符号的组合,如图 4-54 所示。

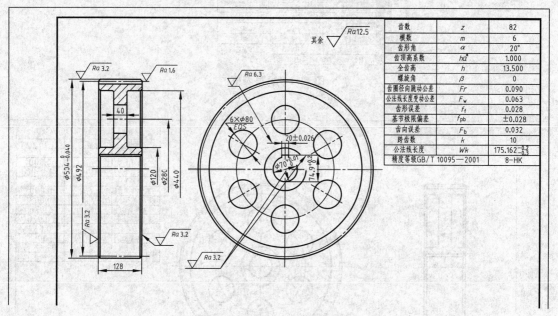

齿数	z	82
模数	m	6
齿形角	α	20°
齿顶高系数	ha^*	1.000
全齿高	h	13.500
螺旋角	β	0
齿圈径向跳动公差	Fr	0.090
公法线长度变动公差	F_w	0.063
齿形误差	f_f	0.028
基节极限偏差	f_{pb}	±0.028
齿向误差	F_b	0.032
跨齿数	k	10
公法线长度	Wk	$175.162^{-0.2}_{-0.3}$
精度等级GB/T 10095—2001		8—HK

图 4-54　标注表面粗糙度符号

（2）标注形位公差

圆柱直齿轮形状、位置允差一般由制造机床的刚度来达到,在检验时应特别提出的形位公差主要有:齿顶圆外表面相对轴心线的径向跳动允差为 0.032,齿轮的两个端面相对轴心线的端面跳动允差为 0.032。

① 绘制公差基准符号。公差基准符号的绘图尺寸如图 4-55（a）所示,本例中的 h 取为 3.5,绘制其基准符号;将所绘基准符号与基准轴线尺寸按规定要求放在一起,如图 4-56 所示。

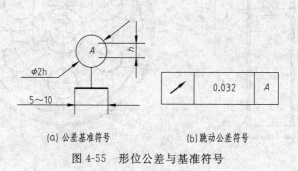

(a) 公差基准符号　　　　(b) 跳动公差符号

图 4-55　形位公差与基准符号

② 绘制跳动公差符号。选择下拉菜单"标注→公差",执行 TOLERANCE 命令,AutoCAD 弹出"形位公差"对话框,在"符号"选项组中选择跳动符号 ，在"公差 1"中输入允差值 0.032,在"基准 1"中输入 A,单击确定按钮,其跳动公差符号如图 4-55(b)所示。

③ 复制跳动公差符号。单击按钮 ，执行 COPY 命令,选择跳动公差符号为复制对象,以其左下角为基点复制到主视图的上、下适当位置,如图 4-56 所示。

④ 增加引线。选择下拉菜单"标注→多重引线",执行 MLEADER 命令,进行选项设置,分别绘出有拐点、无标示的引线,并将指线的箭头指向被测面,箭尾连接到跳动公差符号,如图 4-56 所示。

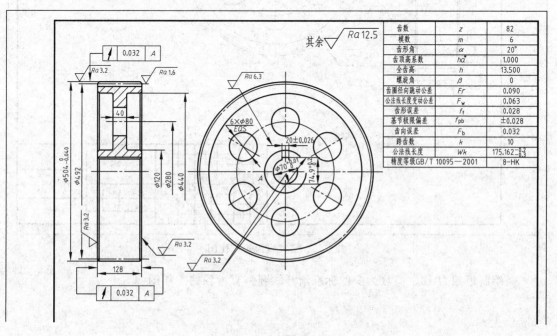

图 4-56 标注形位公差符号

（3）写技术要求

根据零件所选材料进行的热处理工艺、零件表达中统一规范等写出技术要求。单击按钮 **A**,执行 MTEXT 命令,输入"技术要求"的文字,并进行编辑,如图 4-57 所示。

技术要求
1. 材料ZG340-640,正火处理,齿面硬度为170～210HBW。
2. 未注圆角半径为 R5。
3. 未注倒角为C2。

图 4-57 技术要求文字内容

7. 填写标题栏

根据图纸管理的要求,在标题栏中填写出其相应的内容。如图 4-58 所示。

【上机操作】

1. 绘制标注为"螺栓 GB/T 5782—2000　M20×180"的螺栓。

2. 绘制标注为"螺母 GB/T 6170—2000　M20"的螺母。

3. 绘制标注为"垫圈 GB/T 97.1—1985　20"的垫圈。

4. 绘制齿数为 29、模数为 2 的标准渐开线圆柱直齿轮的工作图。

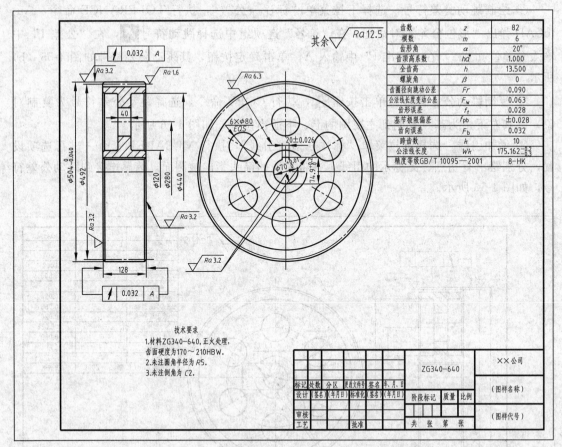

齿数	z	82
模数	m	6
齿形角	α	20°
齿顶高系数	ha^*	1.000
全齿高	h	13.500
螺旋角	β	0
齿圈径向跳动公差	Fr	0.090
公法线长度变动公差	F_w	0.063
齿形误差	f_f	0.028
基节极限偏差	f_{pb}	±0.028
齿向误差	F_b	0.032
跨齿数	k	10
公法线长度	Wk	$175.162^{-0.2}_{-0.3}$
精度等级GB/T 10095—2001		8-HK

技术要求
1. 材料ZG340-640,正火处理,齿面硬度为170～210HBW.
2. 未注圆角半径为 R5.
3. 未注倒角为 C2.

ZG340-640						××公司
						(图样名称)
标记	处数	分区	更改文件号	签名	年,月,日	
设计	(签名)	(年月日)	标准化	(签名)	(年月日)	阶段标记	质量	比例
审核						共 张 第 张	(图样代号)
工艺			批准			

图 4-58　圆柱直齿轮工作图

5. 绘制齿数为 18、模数为 7 的标准渐开线圆锥直齿轮的工作图。

项目五
轴套类零件绘制

一、传动轴的绘制

【工作任务】 完成传动轴的工作图绘制，该传动轴的结构及相关尺寸如图 5-1 所示。

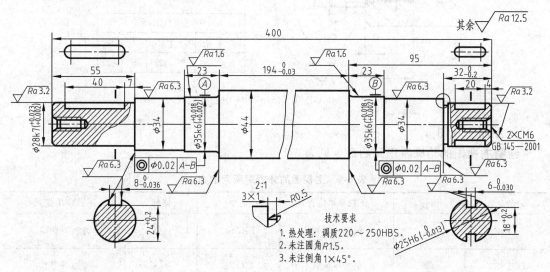

图 5-1 传动轴的零件图

【信息与咨询】 轴主要用来支承传动零件和传递转矩。轴有光轴、阶台轴、空心轴等。套则用于支承和保护转动零件或其他零件。它们多数是由共轴线的数段回转体组成。根据设计和工艺要求，它们常有螺纹、销孔、键槽、退刀槽、砂轮越程槽、挡圈槽、中心孔等结构。这类零件的毛坯多是棒料或锻件；机械加工以车削为主，可能要经过铣、钻、磨等工序。在视图表达上，通常按加工位置选择主视图，配以合适的剖视、剖面、局部放大图。

该传动轴除用一个主视图表达轴是阶台轴及其中心孔的结构之外，另有两个剖面表示键槽断面、两个局部视图表示键槽的形状、一个局部放大图表示砂轮越程槽。在轴的两端有中心孔，中心孔的具体尺寸没有直接给出，需查阅《机械设计手册》确定 CM6 GB/T 145—2001 中心孔的尺寸，如图 5-2 所示。轴的长度为 400mm、最大直径为 ϕ44mm，由于轴中间段 ϕ44mm 较长，此处采用了折断画法。整个轴表面的加工精度较高，对传动支承的轴段提出了同轴度的要求。

【决策与计划】 根据传动轴的整体最大尺寸为 ϕ44mm×400mm，选用 A3 图幅绘图，即使用 A3.dwt 样板文件。其绘图环境的设置有单位为 mm，绘图比例 1∶1。该传动轴采用一个带有局部剖及折断画法的主视图为基本视图，另采用两个剖面表示键槽断面、两个局部视图表示键槽的形状、一个局部放大图表示砂轮越程槽。完成传动轴零件图的步骤有：打开 A3 样板文件、绘制基本视图、绘辅助视图、标注尺寸、标注技术要求、填写标题栏和存盘。

1. 配置绘图环境

根据轴的零件图，图幅选 A3，绘图比例为 1∶1，绘图单位为 mm。

选择主菜单"文件→打开"，在选择文件对话框中选择"Template（图形样板）→A3.dwt"，建立新文件，将新文件命名为"轴.dwg"，并保存到指定文件夹。

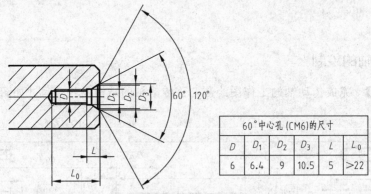

60°中心孔 (CM6) 的尺寸					
D	D_1	D_2	D_3	L	L_0
6	6.4	9	10.5	5	>22

图 5-2　CM6 GB/T 145—2001 中心孔的尺寸

2. 绘制主视图

绘制主视图的轮廓所用到的命令见表 5-1。

表 5-1　主视图的外轮廓所用的命令

命令	图标	下拉菜单位置	命令	图标	下拉菜单位置
LINE		绘图→直线	ERASE		修改→删除
OFFSET		修改→偏移	MOVE		修改→平移
TRIM		修改→修剪	SPLINE		绘图→样条曲线
CHAMFER		修改→倒角	XLINE		绘图→构造线
FILLET		修改→圆角	CIRCLE		绘图→圆
MIRROR		修改→镜像	BHATCH		绘图→图案填充…
EXTEND		修改→延伸	BREAK		修改→打断

（1）绘制外轮廓线

① 将 01（粗实线）图层设为当前图层。

② 绘制主视图的中心线。单击按钮，执行 LINE 命令，打开正交方式，输入（50，180），回车，输入（360，180），回车，绘制的中心线，如图 5-3 所示。

③ 绘制轮廓边界线。单击按钮 ✐ ，执行 LINE 命令，捕捉中心线的左端点，打开正交方式，移动鼠标，使图标位于中心线的上方；输入 30，回车；同法绘制右端的轮廓边界线，绘制的边界线如图 5-3 所示。

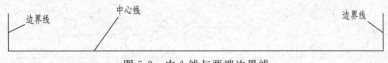

图 5-3　中心线与两端边界线

利用"缩放"按钮 ▦ 和"平移"按钮 ✋ 将视图调整到易于观察的程度。

④ 偏移边界线。单击按钮 ▦ ，执行 OFFSET 命令，以直线 1 为起始，以前一次偏移线为基准依次向右绘制直线 3 至直线 5，偏移增量依次为 55mm、33mm、23mm；以直线 2 为起始，以前一次偏移线为基准依次向左绘制直线 6 至直线 8，偏移增量依次为 32mm、40mm、23mm，如图 5-4 所示。

图 5-4　偏移边界线

⑤ 偏移中心线。单击按钮 ▦ ，执行 OFFSET 命令，以中心线为起始，分别向上绘制直线，偏移量分别为 14mm、17mm、17.5mm、22mm，如图 5-5 所示。

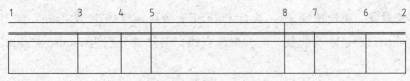

图 5-5　偏移中心线

⑥ 修剪纵向直线。单击按钮 ⊬ ，执行 TRIM 命令，以 4 条横向直线作为剪切边，对 8 条纵向直线进行修剪，如图 5-6 所示。

图 5-6　修剪纵向直线

⑦ 修剪横向直线。单击按钮 ⊬ ，执行 TRIM 命令，以 8 条横向直线作为剪切边，对 4 条纵向直线进行修剪，如图 5-7 所示。

⑧ 端面倒直角。单击按钮 ◿ ，执行 CHAMFER 命令，采用修剪、角度、距离模式，

图 5-7　修剪横向直线

两端面倒 $1\times45°$ 的角，如图 5-8 所示。

⑨ 圆角。单击按钮 ⌐，执行 FILLET 命令，采用不修剪、半径模式，圆 $R1.5$ 角；单击按钮 ⊬，执行 TRIM 命令，修剪圆角后多余的边，结果如图 5-8 所示。

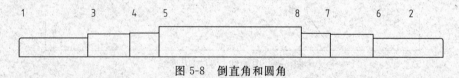

图 5-8 倒直角和圆角

⑩ 作退刀槽的轮廓线。将直线 6 向右偏移 3mm、直线 9 向下偏移 1mm，并进行修剪，如图 5-9 所示。

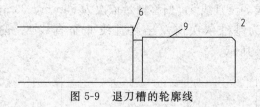

图 5-9 退刀槽的轮廓线

⑪ 镜像成形。单击按钮 ⚠，执行 MIRROR 命令，选择中心线上方的所有轮廓线，以中心线为镜像线，不删除源对象，完成轴的中心线下半部分外轮廓绘制，如图 5-10 所示。

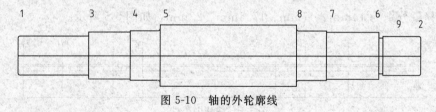

图 5-10 轴的外轮廓线

（2）绘制主视图上的键槽

① 绘制左端键槽线。

a. 将 01（粗实线）图层设为当前图层。

b. 偏移轮廓线。单击按钮 ⬚，执行 OFFSET 命令，以线 10 为起始，向上偏移直线，偏移量为 24mm；以线 11 为起始，向左偏移直线，偏移量分别为 7mm、40mm，如图 5-11 (a) 所示。

c. 修剪纵、横直线。单击按钮 ⊬，执行 TRIM 命令，以 2 条横向直线作为剪切边，对 2 条纵向直线进行修剪；以 2 条纵向直线作为剪切边，对 1 条横向直线进行修剪，如图 5-11 (b) 所示。

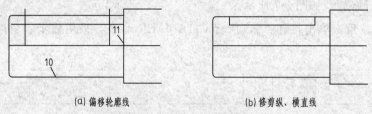

(a) 偏移轮廓线 　　　　　　　(b) 修剪纵、横直线

图 5-11 绘制左端键槽线

② 绘制右端键槽线。

a. 偏移轮廓线。单击按钮 ⬔，执行 OFFSET 命令，以中心线为起始，分别向上、向下偏移直线，偏移量都为 9mm 绘制直线；以线 2 为起始，向左偏绘制直线，移量分别为 4mm、20mm；如图 5-12 (a) 所示。

b. 修剪纵、横直线。单击按钮 -/--，执行 TRIM 命令，以 2 条横向直线作为剪切边，对纵向直线进行修剪；以 2 条纵向直线作为剪切边，对 2 条横向直线进行修剪，如图 5-12 (b) 所示。

c. 延伸纵向直线。单击按钮 --/，执行 EXTEND 命令，以 2 条横向直线作为剪切边，对 2 条纵向直线进行延伸，如图 5-12 (c) 所示。

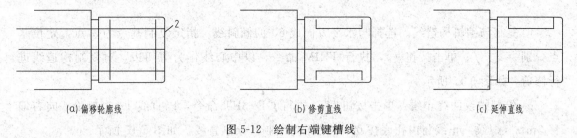

(a)偏移轮廓线　　　　　　　　(b)修剪直线　　　　　　　　(c)延伸直线

图 5-12　绘制右端键槽线

(3) 绘制中心孔

① 绘制右端中心孔。

a. 将 01（粗实线）图层设为当前图层。

b. 偏移直线。按图 5-2 所给中心孔的尺寸，单击按钮 ⬔，执行 OFFSET 命令，以中心线为起始，分别向上偏移绘制直线，偏移量分别为 2.55mm（内孔按螺纹的 0.85 绘制，$6 \times 0.85 \div 2 = 2.55$）mm、3mm、3.2mm、4.5mm、5.25mm，以直线 2 为起始，分别向左偏移 5mm、22mm，如图 5-13 所示。

c. 绘制构造线。单击按钮 ⟋，执行 XLINE 命令，输入字母 A，回车后输入构造线的角度 60°，捕捉点 m，绘制与水平方向成 60° 的倾斜线；同样的方法绘制与水平方向成 30° 的倾斜线，如图 5-14 所示。

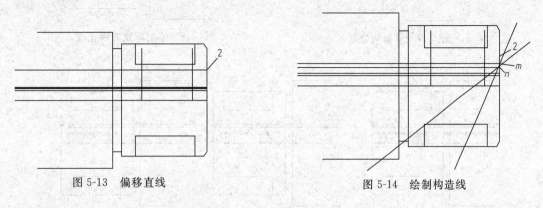

图 5-13　偏移直线　　　　　　　　　　　图 5-14　绘制构造线

d. 修剪构造线。单击按钮 -/--，执行 TRIM 命令，以直线 2mm、1.8mm 偏移线、3.2mm 偏移线作为剪切边，对两条构造线进行修剪，如图 5-15 所示。

e. 作扩孔直线。单击按钮 ✏，执行 LINE 命令，以 C 点为起点作纵向直线12，如图 5-16所示。

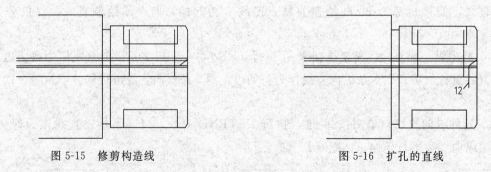

图 5-15　修剪构造线　　　　　　　　　　图 5-16　扩孔的直线

f. 复制与编辑构造线。选择与水平方向成 $60°$ 的倾斜线，指定复制基点为 a 点，定位基点分别为 d、f；单击按钮 ✂，执行 TRIM 命令，以中心线作为剪切边，对复制构造线进行修剪，如图 5-17 所示。

g. 绘制螺纹的终止线。单击按钮 ⬛，执行 OFFSET 命令，以直线 13 为起始，向右偏移 3mm（螺纹终止线与内孔底按 $0.5d$ 的距离绘制）绘制直线，如图 5-18 所示。

h. 修剪螺纹及其内孔线。单击按钮 ✂，执行 TRIM 命令，以 5 条横向直线（含中心线）作为剪切边，对 4 条纵向直线进行修剪，如图 5-19（a）所示；以 4 条纵向直线和构造线作为剪切边，对 4 条横向直线进行修剪，如图 5-19（b）所示；以横向内孔直线作为剪切边，对构造线进行修剪，如图 5-19（c）所示。

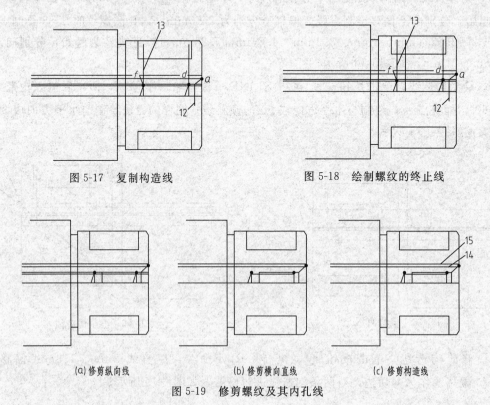

图 5-17　复制构造线　　　　　　　　　　图 5-18　绘制螺纹的终止线

（a）修剪纵向线　　　　　　（b）修剪横向直线　　　　　　（c）修剪构造线

图 5-19　修剪螺纹及其内孔线

i. 编辑中心孔投影直线。单击按钮 ✎，执行 ERASE 命令，选择直线 14、15，将其删除。单击按钮 ✐，执行 LINE 命令，从上步修剪构造线产生的拐点绘纵向直线，如图 5-20 (a) 所示。

g. 镜像中心孔线。单击按钮 ⚏，执行 MIRROR 命令，选择中心孔的轮廓线为镜像对象，中心线为镜像线，进行镜像，如图 5-20 (b) 所示。

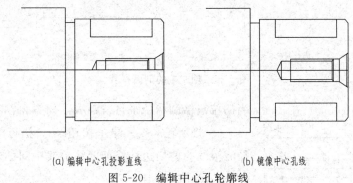

(a) 编辑中心孔投影直线　　　　　(b) 镜像中心孔线

图 5-20　编辑中心孔轮廓线

② 绘制左端中心孔。

a. 镜像中心孔。单击按钮 ⚏，执行 MIRROR 命令，选择中心孔的所有轮廓线为镜像对象，以轴右端面的纵向直线为镜像线，进行镜像，如图 5-21 所示。

b. 平移镜像中心孔。单击按钮 ✛，执行 MOVE 命令，选择上步复制的中心孔为移动对象，以中心孔的端部中心为基准点，将其移动至轴的左端，如图 5-22 所示。

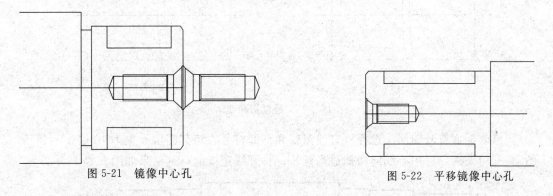

图 5-21　镜像中心孔　　　　　　　　　图 5-22　平移镜像中心孔

（4）绘制剖面符号

① 绘制波浪线。将当前图层修改到图层 10；单击按钮 ∿，执行 SPLINE 命令，在左端中心孔右侧适当的位置绘制波浪线，如图 5-23 (a) 所示。

② 绘制剖面符号。单击按钮 ▨，在弹出的"图案填充和渐变色"对话框中，"类型"下拉列表框设置"预定义"，"图案"下拉列表框选择"ANSI31"，"角度和比例"下拉列表框设置比例为"1"，单击"添加：拾取点"按钮，在主视图的波浪线内不同位置选一点，即在中心线的上、下各选一点，还需在上、下螺纹线投影内各选一点，再单击对话框中的"确定"按钮，如图 5-23 (b) 所示。

③ 使用上述方法绘制轴右端的剖面符号，如图 5-24 所示。

（5）绘制折断线

① 将当前图层修改到图层 02；单击按钮 ∿，执行 SPLINE 命令，在轴投影的中间段适

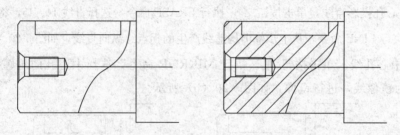

(a) 绘制波浪线　　　　　　　　　(b) 绘制剖面符号

图 5-23　轴左端的剖面符号

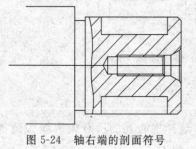

图 5-24　轴右端的剖面符号

当的位置绘制两条平行波浪线，如图 5-25（a）所示。

　　② 打断轮廓线。单击按钮-/-，执行 TRIM 命令，选择波浪线为剪切边，修剪两波浪线中间的轴轮廓线，如图 5-25（b）所示。

　　（6）编辑图线

　　① 修改图线图层。选择中心线，将其图层设置为 05（中心线）层；选择左右两端中心孔螺纹外线，将其图层设置为 02（细实线）层。

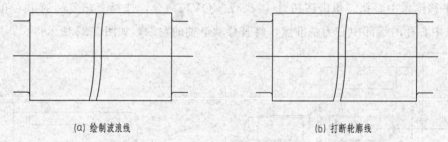

(a) 绘制波浪线　　　　　　　　　(b) 打断轮廓线

图 5-25　绘制折断线

　　② 修改剖面符号图层。选择所有波浪线和剖面符号，将其图层设置为 10 层。

　　③ 利用夹点，将中心线向两侧适当延长；打开线宽按钮，其结果如图 5-26 所示。

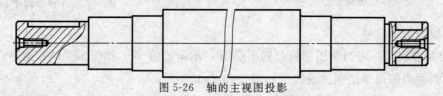

图 5-26　轴的主视图投影

3. 绘制辅助视图

（1）绘制左轴端的断面图

　　① 绘制剖切线。将当前图层设为 0 层；单击按钮／，执行 LINE 命令，在轴的左端适当位置绘制剖切线，注意剖切线的位置不通过中心孔，并将其向下延伸，如图 5-27（a）所示。

　　② 绘制中心线。单击按钮／，执行 LINE 命令，在向下延伸的剖切线适当位置，绘制一条水平线，构成断面图的中心线，如图 5-27（b）所示。

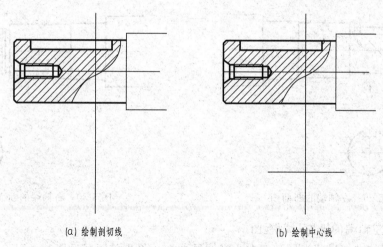

(a) 绘制剖切线　　　　　　　　　　(b) 绘制中心线

图 5-27　绘制左轴端的断面图

③ 绘制断面图。

a. 绘制圆。单击按钮 ⊘，执行 CIRCLE 命令，根据 AutoCAD 系统提示，以上步所绘中心线的交点为圆心、绘制直径为 $\phi 28$ mm 的圆，如图 5-28（a）所示。

b. 偏移直线。单击 ⬛ 按钮，执行 OFFSET 命令，以纵向中心为起始，向左、右分别偏移 4mm 绘制直线；以水平中心线为起始，向上偏移 10mm 绘制直线，如图 5-28（b）所示。

c. 修剪直线。单击按钮 ⊶，执行 TRIM 命令，选择上步偏移直线、圆为剪切边，进行其相互之间的修剪，如图 5-28（c）所示。

(a) 绘制圆　　　　　　　(b) 偏移直线　　　　　　(c) 修剪直线

图 5-28　绘制断面图

d. 打断直线。单击按钮 ▢，将剖切线在适当位置打断成两段。

e. 利用夹点，将主视图中两侧剖切线作适当缩短或延长；将断面图中心线作适当的缩短，如图 5-29 所示。

f. 修改图线图层。选择断面图的轮廓线，将其图层设置为 01（粗实线）层；选择断面图的中心线，将其图层设置为 05（中心线）层，如图 5-29 所示。

（2）绘制右轴端的断面图

绘制右轴端的断面图与绘制左轴端的断面图略有不同，不同点为剖切线通过轴端中心孔、两对称键槽宽度为 6mm、两键槽底的距离为 18mm、在断面图中有螺纹孔的投影，其结果如图 5-30 所示。

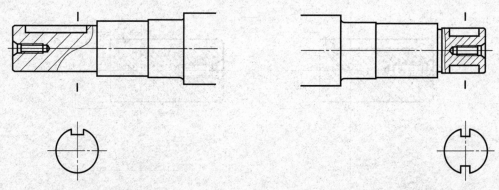

图 5-29　左轴端的断面图　　　　　　　　　　图 5-30　右轴端的断面图

（3）绘制左轴端的键槽局部视图

① 左轴端的键槽局部视图配置在主视图的上方，将当前图层设置为 0 层。

② 绘制水平中心线。单击按钮 ∕ ，执行 LINE 命令，在其轴端主视图上方适当位置，绘制一条水平线；以长对正的方式确定键槽的长度，如图 5-31（a）所示。

③ 偏移直线。单击按钮 ⊾ ，执行 OFFSET 命令，以两端的纵向直线为起始，分别向内偏移 4mm 绘制直线，如图 5-31（b）所示。

④ 绘制圆。单击按钮 ⊘ ，以上步所偏移直线与中心线的交点为圆心、绘制直径为 $\phi 8$mm 的圆，作两圆的外切线，如图 5-31（c）所示。

⑤ 绘制直线。单击按钮 ∕ ，执行 LINE 命令，作上步所绘圆的外切线，如图 5-31（c）所示。

⑥ 修剪图线。单击按钮 ∕ ，执行 TRIM 命令，选择偏移直线为剪切边，对圆进行的修剪，如图 5-31（d）所示。

⑦ 编辑直线。单击按钮 ∕ ，执行 ERASE 命令，选择键槽长对正的直线，将其删除。并利用夹点，将键槽中心线作适当缩短或延长。

⑧ 修改图线图层。选择局部图的轮廓线，将其图层设置为 01（粗实线）层；选择局部图的中心线，将其图层设置为 05（中心线）层，如图 5-31（d）所示。

（4）绘制右轴端的键槽局部视图

绘制右轴端的键槽局部视图与绘制左轴端的键槽局部视图略有不同，不同点为键槽宽度为 6mm，其结果如图 5-32 所示。

（5）绘制退刀槽局部放大图

① 确定放大位置。单击按钮 ⊘ ，在轴主视图退刀槽投影处的适当位置绘制圆，确定放大部分，如图 5-33（a）所示。

② 复制图线。单击按钮 ⊶ ，将上步所绘的圆、圆所包围的及圆穿过的直线复制到主视图下方适当位置，如图 5-33（b）所示。

③ 修剪直线。单击按钮 ∕ ，执行 TRIM 命令，选择圆为剪切边，对圆穿过的直线进行修剪，如图 5-33（c）所示。

④ 放大图形。单击按钮 ▢ ，执行 SCALE 命令，选择修剪后的图形，以圆心为基点，

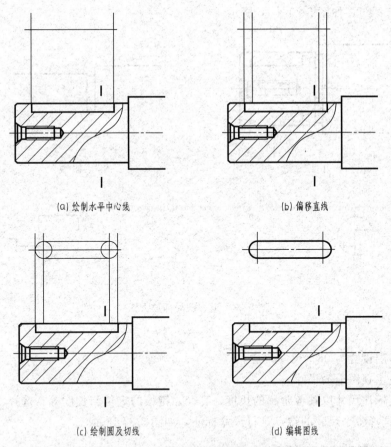

图 5-31　左轴端的键槽局部视图

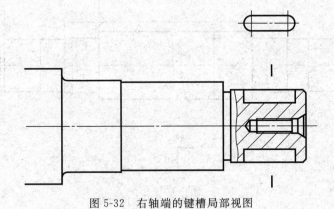

图 5-32　右轴端的键槽局部视图

输入 2，将所选图形放大 2 倍。

⑤ 删除圆。单击按钮 ✎，执行 ERASE 命令，选择圆，将其删除，如图 5-33（d）所示。

⑥ 补画波浪线。单击按钮 〜，执行 SPLINE 命令，在放大图的直线投影之间段绘制波浪线，并将波浪线设置到图层 02，如图 5-33（d）所示。

⑦ 标注局部放大图的比例。单击按钮 **A**，执行 MTEXT 命令，在局部放大图上方适当

位置输入文字 2：1，如图 5-33（d）所示。

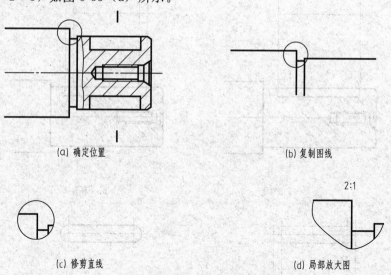

(a) 确定位置　　　　　　　　　　　　(b) 复制图线

(c) 修剪直线　　　　　　　　　　　　(d) 局部放大图

图 5-33　退刀槽局部放大图

4. 标注尺寸

将当前图层设置为 08（尺寸）层。

（1）标注主视图上的尺寸

主视图上标注尺寸以轴各阶梯的长度、直径、键槽的定位与长度等。选择下拉菜单"标注→线性"，选择各个尺寸的端点进行尺寸标注，如图 5-34 所示。

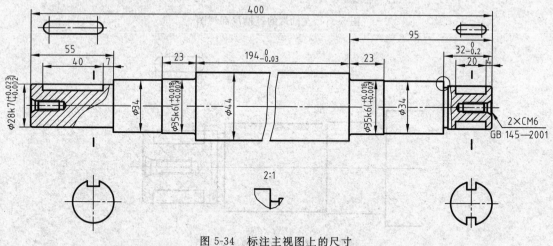

图 5-34　标注主视图上的尺寸

（2）标注各辅助视图上的尺寸

断面图中标注断面表达的键槽尺寸，局部放大图标注退刀槽的尺寸；选择下拉菜单"标注→线性"，选择各个线性尺寸的端点进行尺寸标注；选择下拉菜单"标注→直径"，选择圆的轮廓线进行圆的直径标注，如图 5-35 所示。

5. 标注技术要求

（1）标注表面粗糙度

单击按钮🔲，执行 INSERT 命令，在传动轴主视图上标注有配合面的、粗糙度值大于

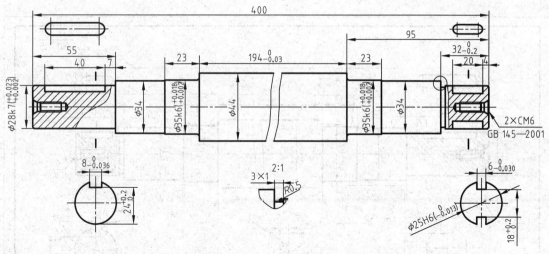

图 5-35　标注辅助视图上的尺寸

6.3（含 6.3）的表面粗糙度（共有 11 处）；在断面图中标注键槽面的表面粗糙度值；在图幅右上角插入其余字符与粗糙度值 $Ra12.5$ 粗糙度符号的组合，如图 5-36 所示。

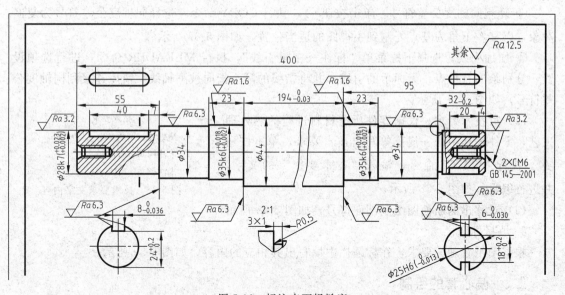

图 5-36　标注表面粗糙度

（2）标注形位公差

传动轴的形状、位置允许一般由制造机床的刚度来达到，为保证传动的平稳、效率高等要求，对轴的支撑表面提出了同轴度要求，其允差为 $\phi0.02$。

① 绘制公差基准符号。单击按钮 ▣，执行 INSERT 命令，插入公差基准符号图块；将所绘基准符号与基准轴线尺寸按规定要求放在一起，如图 5-37 所示。

② 绘制同轴度公差符号。选择下拉菜单"标注→公差"，执行 TOLERANCE 命令，AutoCAD 弹出"形位公差"对话框，在"符号"选项组中选择跳动符号 ◎，在"公差 1"中选择直径符号，输入允差值 0.02，在"基准 1"中输入 $A—B$，单击确定按钮，其同轴度公差符号如图 5-37 所示。

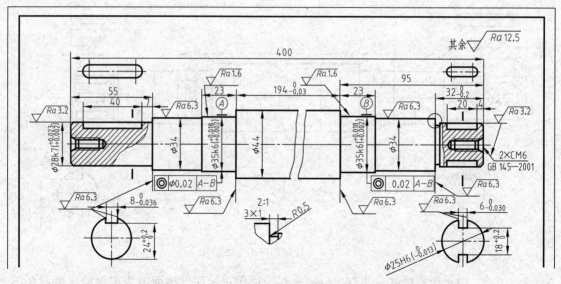

图 5-37　标注形位公差

③ 复制同轴度公差符号。单击按钮 ，执行 COPY 命令，选择同轴度公差符号为复制对象，以其左下角为基点复制到主视图的适当位置，如图 5-37 所示。

④ 增加引线。选择下拉菜单"标注→多重引线"，执行 MLEADER 命令，进行选项设置，分别绘出有拐点、无标示的引线，并将指线的箭头指向被测轴线，箭尾连接到同轴度公差符号，如图 5-37 所示。

（3）写技术要求。根据零件所选材料进行的热处理工艺、零件表达中统一规范等写出技术要求。单击按钮 **A**，执行 MTEXT 命令，输入"技术要求"的文字，并进行编辑，如图 5-38 所示。

技术要求
1. 热处理：调质 220～250HBS。
2. 未注圆角 $R1.5$。
3. 未注倒角 $1×45°$。
图 5-38　技术要求文字内容

（4）对移出的断面图绘制剖面符号，如图 5-39 所示。

6. 填写标题栏

根据图纸管理的要求，在标题栏中填写出其相应的内容，如图 5-39 所示。

二、偏心套的绘制

【工作任务】完成偏心套的工作图绘制，该偏心套的结构及相关尺寸如图 5-40 所示。

【信息与资讯】偏心套属于套类零件，其结构、加工方法等与轴套类零件相似。在视图上，使用两个基本视图来表达其内外结构与形状，通常按加工位置选择主视图，再配以合适的剖视、剖面、局部放大图。

该偏心套为 180°方向对称偏心，偏心距为（8±0.05）mm。用两个视图可表达清楚偏心套的形状与结构，主视图采用单一平面的半剖视，既表达了其外形，也表达了内部的结构；左视图主要表达轴线偏心距离和键槽。

【决策与计划】根据偏心套的整体最大尺寸为 $\phi120mm×90mm$，选用 A3 图幅绘图，即使用 A3. dwt 样板文件。其绘图环境的设置有单位为 mm，绘图比例 1∶1。该偏心套采用两个基本视图，即带有单一平面半剖切的主视图和左视图来表达其内部结构和外部形状。完成

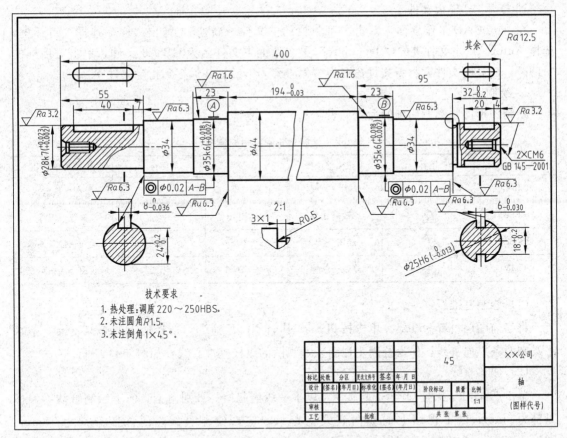

图 5-39 轴的工作图

偏心套零件图的步骤有：打开 A3 样板文件、绘制图形、标注尺寸、标注技术要求、填写标题栏和存盘。

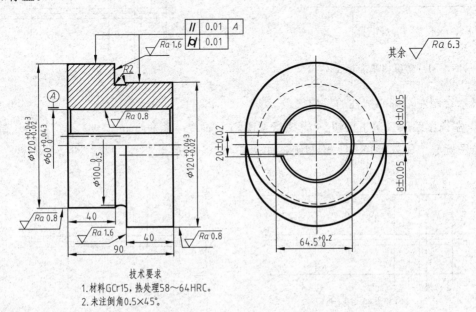

图 5-40 偏心套的视图表达

1. 打开 A3 样板文件

在 AutoCAD 工作界面，单击主菜单栏的"文件→新建"，弹出"样板选择"对话框，选择 AutoCAD 主文件夹的"Template"子文件夹中文件名为 GB-A3 文件，单击对话框的"打开"，建立新文件，将新文件命名为"偏心套.dwg"，并保存到指定文件夹。

2. 绘制图形

绘制图形的轮廓所用到的命令见表 5-2。

表 5-2　绘制外轮廓所用的命令

命令	图标	下拉菜单位置	命令	图标	下拉菜单位置
LINE		绘图→直线	XLINE		绘图→构造线
OFFSET		修改→偏移	MIRROR		修改→镜像
CIRCLE		绘图→圆	SPLINE		绘图→样条曲线
TRIM		修改→修剪	BHATCH		绘图→图案填充

（1）绘制基准线

将当前图层设置为 0 层。单击按钮 ，执行 LINE 命令，选择适当的起点，绘一条水平线和两条纵向直线，作为绘制主视图、左视图的纵横基准直线，如图 5-41 所示。

（2）偏移直线

单击 按钮，执行 OFFSET 命令，以水平线为起始，分别向上、向下绘制直线，偏移量都为 8mm；以主视图上的纵向直线为起始，向右绘制直线，偏移量分别为 40mm、50mm、90mm，如图 5-42 所示。

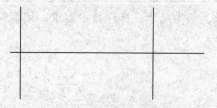

图 5-41　绘纵横基准直线

图 5-42　偏移直线

（3）绘制左端偏心圆柱的轮廓线

① 左视图绘圆。单击按钮 ，执行 CIRCLE 命令，根据 AutoCAD 系统提示，捕捉 A 点为绘图圆心，输入半径 60，绘制圆，如图 5-43（a）所示。

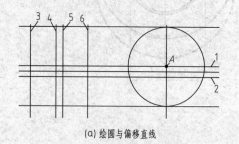

(a) 绘圆与偏移直线　　　　(b) 修剪直线

图 5-43　左端偏心圆柱的轮廓线

② 偏移直线。单击 按钮，执行 OFFSET 命令，以水平直线 1 为起始，分别向上、向下绘制直线，偏移量都为 60mm，如图 5-43 （a）所示。

③ 修剪直线。单击按钮 -/--，执行 TRIM 命令，选择上步偏移的直线及直线 3、4 作为修剪边，相互修剪，如图 5-43 （b）所示。

（4）绘制右端偏心圆柱的轮廓线

① 左视图绘圆。单击按钮 ，执行 CIRCLE 命令，根据 AutoCAD 系统提示，捕捉 B 点为绘图圆心，输入半径 60，绘制圆，如图 5-44 （a）所示。

② 偏移直线。单击 按钮，执行 OFFSET 命令，以水平直线 2 为起始，分别向上、向下绘制直线，偏移量都为 60mm，如图 5-44 （a）所示。

③ 修剪直线。单击按钮 -/--，执行 TRIM 命令，选择上步偏移的直线及直线 5、6 作为修剪边，相互修剪，如图 5-44 （b）所示。

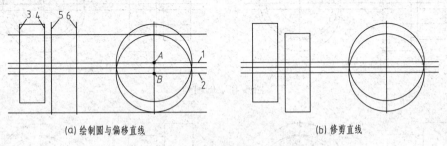

(a) 绘制圆与偏移直线　　　　　　　　　　　(b) 修剪直线

图 5-44　右端偏心圆柱的轮廓线

（5）绘制连接圆柱的轮廓线

① 左视图绘圆。单击按钮 ，执行 CIRCLE 命令，根据 AutoCAD 系统提示，捕捉 C 点为绘图圆心，分别输入半径 30、50，绘制圆，如图 5-45 （a）所示。

② 偏移直线。单击 按钮，执行 OFFSET 命令，以水平中心线为起始，分别向上、向下绘制直线，偏移量分别为 30mm、50mm，如图 5-45 （a）所示。

③ 修剪直线。单击按钮 -/--，执行 TRIM 命令，选择上步偏移的直线及直线 3、4、5、6 作为修剪边，直线 4、5 修剪上步偏移量为 50mm 的直线；直线 3、6 修剪上步偏移量为 30mm 的直线，如图 5-45 （b）所示。

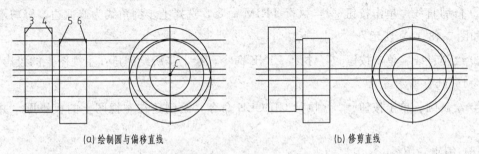

(a) 绘制圆与偏移直线　　　　　　　　　　　(b) 修剪直线

图 5-45　连接圆柱的轮廓线

④ 倒圆角。单击按钮 ，执行 FILLET 命令，设置为不修剪模式，输入半径 2，对连接圆柱与左右两偏心圆柱倒圆角，如图 5-46 （a）所示。

⑤ 修剪直线。单击按钮 -/--，执行 TRIM 命令，选择上步倒圆角的弧线为修剪边，修剪水平直线，如图 5-46（b）所示。

（6）绘制键槽的轮廓线

① 偏移直线。单击 按钮，执行 OFFSET 命令，以水平中心线为起始，分别向上、向下绘制直线，偏移量为 10mm；以左视图纵向中心线为起始，向左绘制直线，偏移量为 34.5mm，如图 5-47（a）所示。

② 修剪直线。单击按钮 -/--，执行 TRIM 命令，选择上步偏移直线、主视图左右轮廓线、左视图 φ60 圆弧作为修剪边，修剪上步偏移的直线，如图 5-47（b）所示。

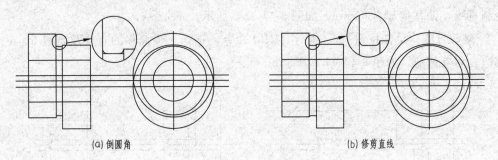

(a) 倒圆角　　　　　　　　　　　　　　　(b) 修剪直线

图 5-46　倒圆角

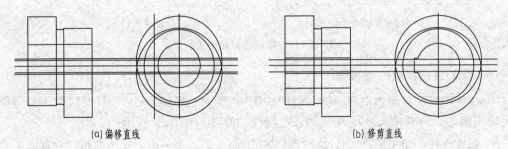

(a) 偏移直线　　　　　　　　　　　　　　(b) 修剪直线

图 5-47　键槽的轮廓线

（7）倒角

① 倒角。单击按钮，执行 CHAMFER 命令，设置为不修剪模式，输入倒角距离 2，对连接圆柱内孔边缘倒角，如图 5-48（a）所示。

② 修剪直线。单击按钮 -/--，执行 TRIM 命令，选择上步倒角线为修剪边，修剪水平直线，如图 5-48（a）所示。

③ 绘制直线。单击按钮，执行 LINE 命令，绘上步所绘倒角在主视图上的投影直线，如图 5-48（b）所示。

④ 绘制圆。单击按钮，执行 CIRCLE 命令，绘倒角在左视图上的投影圆，并进行修剪。

（8）编辑轮廓线

① 编辑中心线。单击按钮，执行 BREAK 命令，将主视图、左视图相连的中心线在适当的位置打断，并利用夹点对中心线的长度进行延长或缩短，将所有中心线的图层设置为 05 层，如图 5-49 所示。

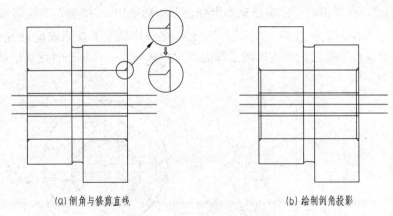

(a) 倒角与修剪直线 　　　　　　　　(b) 绘制倒角投影

图 5-48　倒角的轮廓线

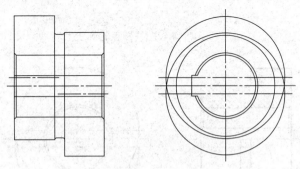

图 5-49　编辑中心线

② 编辑主视图上轮廓线。主视图为单一平面的半剖视图；单击按钮 ⚊ ，执行 TRIM 命令，对相关直线进行修剪，如图 5-50（a）所示。单击按钮 ✎ ，执行 ERASE 命令，删除视图表达多余的图线，如图 5-50（b）所示。将主视图上轮廓线的图层设置为 01 层，如图5-50（c）所示。

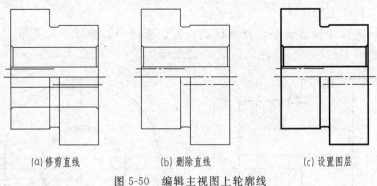

(a) 修剪直线 　　　　　　(b) 删除直线 　　　　　　(c) 设置图层

图 5-50　编辑主视图上轮廓线

③ 编辑左视图上轮廓线。单击按钮 ⚊ ，执行 TRIM 命令，对相关圆弧进行修剪，如图 5-51（a）所示。将左视图上的轮廓线图层设置为 01 层，将直径为 $\phi100$mm 的圆的图层设置为 04 层，如图 5-51（b）所示。

（9）绘制剖面符号

将 10（剖面符号）图层设为当前图层。

单击按钮，在弹出的"图案填充和渐变色"对话框中，"类型"下拉列表框设置"预定义"，"图案"下拉列表框选择"ANSI31"，"角度和比例"下拉列表框设置比例为"1"，单击"添加：拾取点"按钮，在主视图上部适当位置选一点，再单击对话框中的"确定"按钮，如图5-52所示。

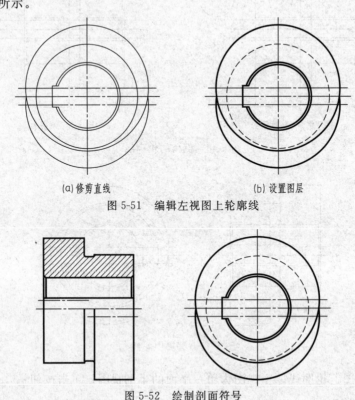

(a) 修剪直线　　　　　　　　(b) 设置图层

图 5-51　编辑左视图上轮廓线

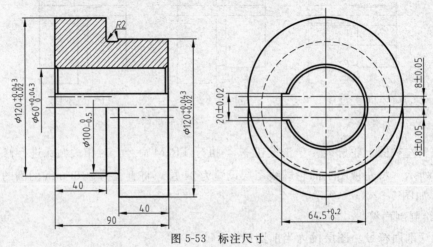

图 5-52　绘制剖面符号

3. 标注尺寸

将 08（尺寸）图层设为当前图层。

（1）标注主视图上的尺寸

主视图上标注尺寸包括偏心套各圆柱的长度、直径等。选择下拉菜单"标注→线性"，选择各个尺寸的端点进行尺寸标注，如图5-53所示。

图 5-53　标注尺寸

（2）标注左视图上的尺寸

左视图上标注尺寸包括偏心大小、键槽尺寸等，选择下拉菜单"标注→线性"，选择各个线性尺寸的端点进行尺寸标注，如图 5-53 所示。

4. 标注技术要求

（1）标注表面粗糙度

单击按钮 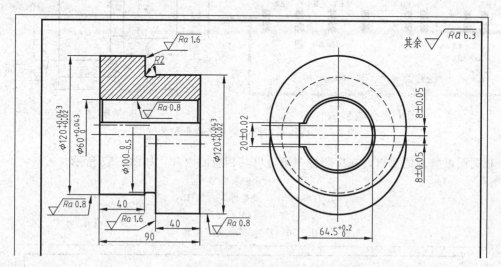 ，执行 INSERT 命令，在偏心套主视图上标注与有配合的面、粗糙度值大于 1.6（含 1.6）的表面粗糙度（共有 5 处）；在图幅右上角插入其余字符与粗糙度值 $Ra6.3$ 粗糙度符号的组合，如图 5-54 所示。

图 5-54　标注表面粗糙度

（2）标注形位公差

为保证偏心套在工作过程中的平稳性，提出了偏心套的左右偏心圆柱表面素线相对连接圆柱中心线的平行度允差为 0.01mm，偏心套的左右偏心圆柱的圆柱度允差为 0.01mm。

① 绘制公差基准符号。单击按钮 ，执行 INSERT 命令，插入公差基准符号图块；将所绘基准符号与基准轴线尺寸按规定要求放在一起，如图 5-55 所示。

② 绘制形位公差符号。选择下拉菜单"标注→公差"，执行 TOLERANCE 命令，AutoCAD 弹出"形位公差"对话框，在"符号"选项组中第一行选择跳动符号 ，在"公差 1"中输入允差值 0.01，在"基准 1"中输入 A；在"符号"选项组中第二行选择跳动符号 ，在"公差 1"中输入允差值 0.01，如图 5-55（a）所示。单击确定按钮，其形位公差符号如图 5-55（b）所示。

③ 增加引线。选择下拉菜单"标注→多重引线"，执行 MLEADER 命令，进行选项设置，分别绘出有拐点、无标示的引线，并将指线的箭头指向被测偏心套的左右偏心圆柱表面，箭尾连接到形位公差符号，如图 5-55（b）所示。

（3）写出技术要求

根据零件所选材料进行的热处理工艺、零件表达中统一规范等写出技术要求。单击按钮 A ，执行 MTEXT 命令，输入技术要求的文字，并进行编辑，如图 5-56 所示。

5. 填写标题栏

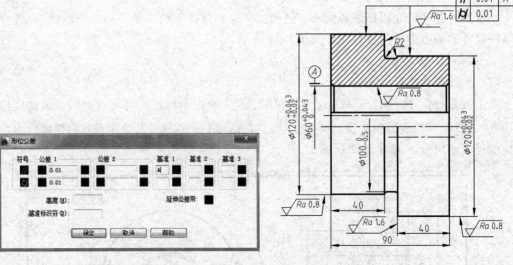

(a) 设置形位公差符号与值   (b) 标注形位公差

图 5-55　标注左右偏心圆柱表面形位公差

根据图纸管理的要求，在标题栏中填写出其相应的内容，如图 5-57 所示。

技术要求

1. 材料 GCr15，热处理 58～64HRC。

2. 未注倒角 0.5×45°。

图 5-56　技术要求文字内容

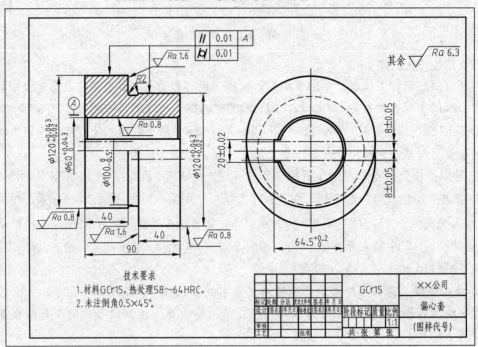

图 5-57　偏心套工作图

【上机操作】

1. 绘制铜合金整体轴套，该轴套的标记为"轴套 GB/T 18324-C80×90×100Y-CuSn8P"。

2. 完成主轴的工作图绘制，该主轴的结构及相关尺寸如题图 5-1 所示。

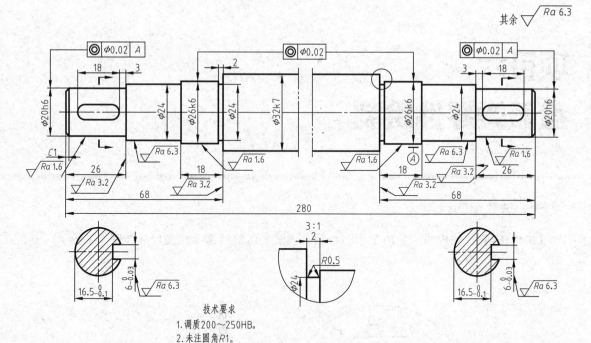

技术要求
1. 调质200～250HB。
2. 未注圆角R1。

题图 5-1　主轴的视图

3. 完成纵轴套的工作图绘制，该纵轴套的结构及相关尺寸如题图 5-2 所示。

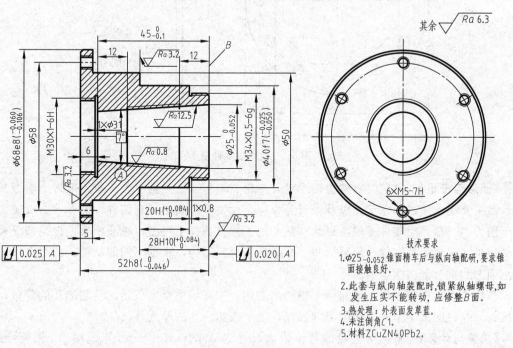

技术要求

1. $\phi25^{0}_{-0.052}$锥面精车后与纵向轴配研，要求锥面接触良好。

2. 此套与纵向轴装配时，锁紧纵轴螺母，如发生压实不能转动，应修整B面。

3. 热处理：外表面发草蓝。

4. 未注倒角C1。

5. 材料ZCuZN40Pb2。

题图 5-2

项目六
盘盖类零件绘制

一、法兰盘的绘制

【工作任务】 完成法兰盘的工作图绘制，该法兰盘的结构及相关尺寸如图 6-1 所示。

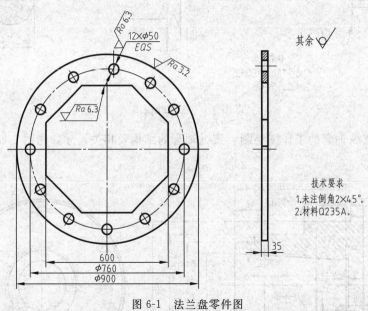

图 6-1　法兰盘零件图

【信息与资讯】 盘盖类零件包括手轮、带轮、端盖、法兰盘等，一般用来传递动力和转矩，盘主要起支撑、轴向定位以及密封等作用。此类零件的毛坯有铸件、锻件等。机械加工以车削为主。盘盖类零件一般按形状特征和加工位置选择主视图，轴线横放，根据情况采用全剖或半剖。盘盖类零件一般采用两个视图来表达其结构，根据不同的结构，还可以采用移出剖面图和重合剖面图表示。

该法兰盘结构较简单，只需两个视图来表达，主视图主要来表达法兰端部孔的分布和外部结构，左视图采用单一平面的半剖视图，主要表达法兰的厚度等。

【决策与计划】 根据法兰盘的整体最大尺寸为 $\phi 900\text{mm} \times 35\text{mm}$，选用 A3 图幅绘图，即使用 A3. dwt 样板文件。其绘图环境的设置有单位为 mm，绘图比例 1:5。该法兰盘采用两个基本视图，即主视图和带有单一平面半剖切的左视图来表达其外部形状和内部结构。完成法兰盘零件图的步骤有：创建绘图环境、绘制图形、标注尺寸、标注技术要求、填写标题栏和存盘。

1. 创建绘图环境

根据法兰盘的零件图，法兰盘的最大线性尺寸为 900mm，如按 1∶1 绘图选用 A0 图幅。采用 1∶1 绘图，一般有以下两种方法。

① 选择下拉菜单"文件→打开"，在选择文件对话框中选择已有的"Template（图形样板）→A0.dwt"建立新文件，将新文件命名为"法兰.dwg"，并保存到指定文件夹。

② 可以打开前面已有的 A3 图纸幅面，单击修改工具栏的按钮 ，删除图中所有的图形；并选择下拉菜单"修改→对象→文字→编辑"，修改标题栏的文字，最后另存为"法兰.dwg"到指定文件夹；单击修改工具栏的按钮 ，选择 A3 图幅框，将其放大 5 倍。再以新文件命名为"法兰.dwg"，并保存到指定文件夹。完成后以 1∶5 输出绘图。

2. 绘制法兰盘视图

绘制法兰盘视图所用到的主要命令见表 6-1。

表 6-1　绘制法兰盘视图所用的命令

命令	图标	下拉菜单位置	命令	图标	下拉菜单位置
LINE		绘图→直线	ARRAY		修改→阵列
POLYGON		绘图→正多边形	CHAMFER		修改→倒角
CIRCLE		绘图→圆	BHATCH		绘图→图案填充…

（1）绘制主视图

① 绘制基准线。

在图层特性管理器，把 05 层（细点画线）设为当前层，打开正交模式，单击"绘图"工具栏的直线命令按钮 ，执行 LINE 命令，在图纸的合适位置绘制两条垂直相交的中心线，如图 6-2 所示。

② 绘制正八边形。

a. 设置当前层。在图层特性管理器，将当前图层设置为 01 层。

b. 绘正多边形。单击绘图工具栏按钮 ，执行 POLYGON 命令，输入边数 8，打开对象捕捉，以中心线的交点作为正八边行的中心点，选择外接于圆模式，输入外接圆直径 $\phi600$，其正八边形图形如图 6-3 所示。

③ 绘制圆。

单击绘图工具栏按钮 ，执行 CIRCLE 命令，以中心线的交点为圆心，在 01 图层绘制直径为 $\phi900$mm 的外轮廓圆。在 05 图层绘制直径为 $\phi760$mm 的小孔分布圆，如图 6-4 所示。

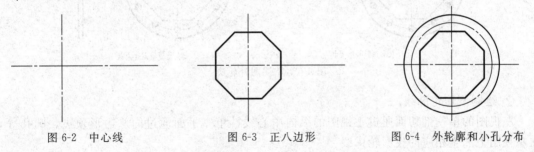

图 6-2　中心线　　　　　图 6-3　正八边形　　　　　图 6-4　外轮廓和小孔分布

④ 绘制均布圆孔。

a. 绘制圆孔。单击绘图工具栏按钮⊘，执行 CIRCLE 命令，以纵向中心线与直径为 $\phi760$mm 圆上方的交点作为圆心，绘一个直径为 $\phi50$mm 的圆，如图 6-5（a）所示。

b. 阵列圆。单击修改工具栏按钮品，在弹出"阵列"对话框中，设置阵列为环形阵列，选择绘制 $\phi50$mm 的圆为阵列对象，阵列中心点为中心线的交点，方法为项目总数和填充角度，其项目总数为 12，填充角度为 360°，选择复制时旋转项目复选框，单击"确定"按钮，完成环形的阵列，如图 6-5（b）所示。

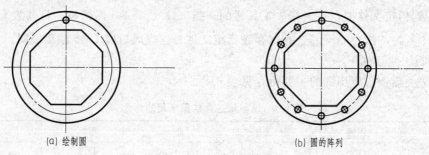

(a) 绘制圆　　　　　　　　　　(b) 圆的阵列

图 6-5　绘制均布圆孔

（2）绘制左视图

① 绘制外轮廓。

a. 设置绘图状态栏。在状态栏中，右键单击"捕捉"、"正交"、"对象捕捉"、"对象追踪"按钮，使其处于下沉执行状态。在状态栏中，右键单击▦（捕捉模式）图标，在弹出的菜单中，左键单击"设置"，打开"草图设置"对话框，在"对象捕捉"选项卡中，勾选端点、交点、圆心等，单击"确定"按钮。

b. 绘轮廓线。单击绘图工具栏按钮╱，执行 LINE 命令，把鼠标移到主视图直径为 $\phi900$ 的圆与纵向中心线交点附近，让系统自动捕捉到交点，于是鼠标往右边移动时出现一条追踪线（呈虚线的线）；然后在左视图合适位置单击直线第一点，输入法兰盘厚度尺寸 35；鼠标向下移，输入 900，如图 6-6（a）所示；鼠标向左移，输入 35；鼠标向上移，输入 900，绘出法兰左视图外轮廓，如图 6-6（b）所示。

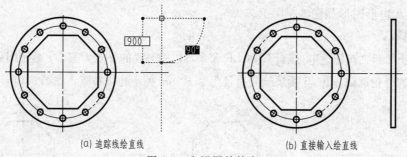

(a) 追踪线绘直线　　　　　　　　(b) 直接输入绘直线

图 6-6　左视图外轮廓

② 绘制剖切轮廓线。

左视图的单一剖切面通过主视图的纵向中心线，单一平面通过内八边形顶边、圆孔等，在左视图上产生相应的投影轮廓线。

a. 投影轮廓线。单击绘图工具栏按钮 ✎，执行 LINE 命令，绘制左视图上部分剖切的投影轮廓线，如图 6-7（a）所示。

b. 绘制中心线。将当前图层设置为 05 层；单击绘图工具栏按钮 ✎，执行 LINE 命令，绘制左视图上部分剖切圆的中心线，如图 6-7（b）所示。

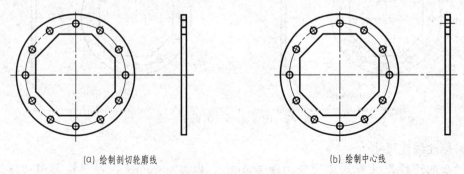

(a) 绘制剖切轮廓线   (b) 绘制中心线

图 6-7 左视图剖视轮廓线

③ 倒角。

a. 倒角。单击修改工具栏按钮 ◁，执行 CHAMFER 命令，选择角度模式，输入直线倒角长度 2 和倒角角度 45°，对左视图上、下拐点进行倒角，如图 6-8（a）所示。

b. 绘制倒角投影线。单击绘图工具栏按钮 ✎，执行 LINE 命令，对左视图水平中心线下部分没有被剖切的部分画倒角投影轮廓直线，如图 6-8（b）所示。

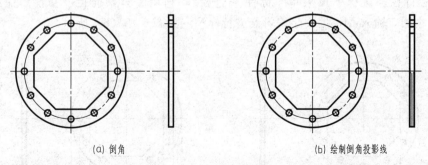

(a) 倒角   (b) 绘制倒角投影线

图 6-8 左视图倒角轮廓线

④ 绘制剖面符号。

a. 设置当前层。在图层特性管理器，将当前图层设置为 10（剖面符号）层。

b. 绘制剖面符号。单击绘图工具栏按钮 ▨，执行 BHATCH 命令，在弹出的"图案填充和渐变色"对话框中，"类型"下拉列表框设置"预定义"，"图案"下拉列表框选择"ANSI31"，"角度和比例"下拉列表框设置比例为"1"，单击"添加：拾取点"按钮，在左视图上部适当位置选点（有两个位置），再单击对话框中的"确定"按钮，对左视图剖切部分绘剖面符号，如图 6-9（a）所示。

⑤ 编辑中心线

a. 打断中心线。单击修改工具栏按钮 ◻，将水平中心线在主视图、左视图中间适当位置打断。

b. 利用夹点对各中心线的长度进行延长或缩短，如图 6-9（b）所示。

3. 标注尺寸

将当前图层设置为 08（尺寸）层。

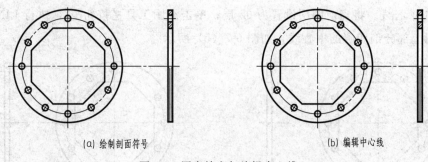

(a) 绘制剖面符号　　　　(b) 编辑中心线

图 6-9　图案填充与编辑中心线

（1）标注线性尺寸

法兰盘的线性尺寸有八边形的边距 600mm、厚度 35mm。选择下拉菜单"标注→线性"，打开"对象捕捉"开关，利用捕捉端点的方法，选择各个尺寸的端点进行尺寸标注；在主视图标注八边形的边距 600、在左视图标注法兰厚度 35 两个线性尺寸，如图 6-10（a）所示。

（2）标注直径尺寸

① 线性标注直径尺寸。选择下拉菜单"标注→线性"，利用"对象捕捉"功能，标注主视图 $\phi760$、$\phi900$ 两个直径尺寸，如图 6-10（b）所示。

② 直径标注。选择下拉菜单"标注→直径"，利用"对象捕捉"功能，捕捉直径为 $\phi50$mm 的小圆，输入 M，用文字编辑器进行标注，如图 6-10（b）所示。

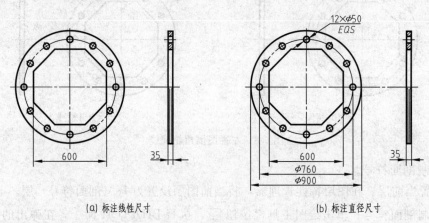

(a) 标注线性尺寸　　　　(b) 标注直径尺寸

图 6-10　标注尺寸

4. 标注技术要求

（1）标注表面粗糙度

① 单击插入块按钮，选择已有带有属性的外部粗糙度图块，利用对象捕捉最近点作为插入点，标注加工表面的表面粗糙度（在主视图有三处地方）。

② 在图幅右上角插入其余字符与不去除材方法的粗糙度符号的组合，如图 6-11 所示。

（2）写技术要求

根据零件所选材料进行的热处理工艺、零件表达中统一规范等写出技术要求。单击工具

栏按钮 **A**，输入技术要求的文字，并进行编辑，如图 6-11 所示。

5. 填写标题栏

根据图纸管理的要求，在标题栏中填写出其相应的内容，如图 6-11 所示。

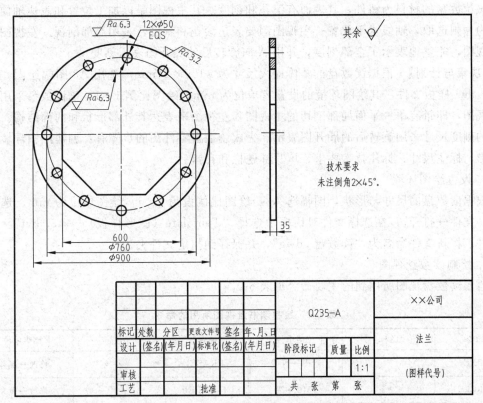

图 6-11 标注技术要求与填写标题栏

二、读数盘的绘制

【工作任务】 完成读数盘的工作图绘制，该读数盘的结构及相关尺寸如图 6-12 所示。

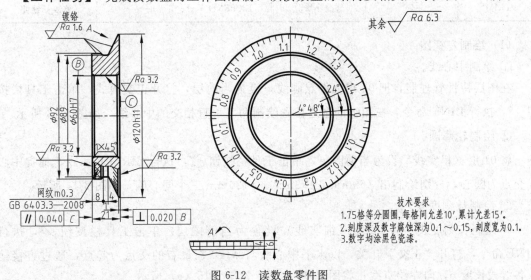

图 6-12 读数盘零件图

【信息与资讯】 读数盘属于盘盖类零件。该类零件一般需要两个主要视图，即一个主视图和一个左视图或右视图。若该类零件是空心的，且各视图均具有对称平面，则可取半剖视图；若无对称平面，则可取全剖视图或局部剖视图。

该读数盘的材料为铸件，其表面有滚花和刻度。其主视图是以加工位置和表达轴向结构形状为原则选取，轴线水平放置；主视图因要表达滚花和刻度，采用局部剖视。左视图采用外形视图，完整地表示了全部刻度，并用 A 向旋转后的展开图表示刻度尺寸。

【决策与计划】 根据读数盘的整体最大尺寸为 $\phi 120 \times 21\text{mm}$，选用 A3 图幅绘图，即使用 A3.dwt 样板文件。其绘图环境的设置有单位为 mm，绘图比例 1∶1。该读数盘采用两个基本视图，即带有单一平面局部剖切的主视图和左视图来表达其外部形状和内部结构。其表盘上的刻度尺寸采用旋转后的展开图表示。完成读数盘零件图的步骤有：创建绘图环境、绘制图形、标注尺寸、标注技术要求、填写标题栏和存盘。

1. 设置绘图环境

根据读数盘的尺寸与形状，图幅选 A3，绘图比例设为 1∶1；绘图单位为 mm。选择主菜单"文件→打开"，在选择文件对话框中选择"Template（图形样板）→A3.dwt"。建立新文件，将新文件命名为"读数盘.dwg"，并保存到指定文件夹。

2. 绘制读数盘视图

绘制读数盘视图所用到的主要命令见表 6-2。

表 6-2　绘制读书盘视图所用的命令

命令	图标	下拉菜单位置	命令	图标	下拉菜单位置
LINE		绘图→直线	ERASE		修改→删除
CIRCLE		绘图→圆	CHAMFER		修改→倒角
MTEXT	A	绘图→多行文字	BHATCH		绘图→图案填充…
ARRAY		修改→阵列	BREAK		修改→打断
XLINE		绘图→构造线	SPLINE		绘图→样条曲线
TRIM		修改→修剪	EXTEND		修改→延伸

（1）绘制左视图

① 绘制中心线。

在图层特性管理器，把 05 层（细点画线）设为当前层，打开正交模式，单击工具栏按钮，执行 LINE 命令，在图纸的合适位置绘制两条垂直相交的中心线，如图 6-13 所示。

② 绘制轮廓圆。

将 01 层（粗实线）设为当前图层，单击工具栏按钮，执行 CIRCLE 命令，捕捉中心线交点为圆心，分别绘制出 $\phi 60\text{mm}$、$\phi 92\text{mm}$、$\phi 120\text{mm}$ 三个同心圆，如图 6-14 所示。

③ 绘制长刻度线。

a. 绘制长刻度线。将 02 层（细实线）设置为当前图层。单击工具栏按钮，执行 LINE 命令，打开"正交"开关，以水平中心线与 $\phi 120$ 在最右的交点为起点，通过直接输入各线段长度 6，向左绘直线；将图层 05 关闭，如图 6-15（a）所示。

图 6-13　绘制中心线

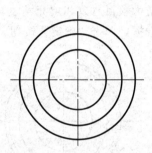
图 6-14　绘制轮廓圆

b. 写刻度文字。单击工具栏按钮 **A**，执行 MTEXT 命令，在上步所绘直线的端部写文字 "0"（注意 0 的字头向右），如图 6-15（a）所示。

c. 阵列刻度线与文字。单击修改工具栏的按钮 ，在弹出 "阵列" 对话框中，设置阵列为环形阵列，选择绘制的长 6mm 直线、文字 "0" 为阵列对象，阵列中心点为 ϕ120 的圆心，方法为项目总数和填充角度，其项目总数为 15，填充角度为－360°，选择复制时旋转项目复选框，单击确定按钮，完成环形的阵列，如图 6-15（b）所示。

d. 编辑文字。双击阵列顺时针的第一个 "0"，文字 "0" 编辑为 "0.1"；用同样的方法，按顺时针方向依次编辑文字，文字数字的大小是依次递升 0.1，如图 6-15（c）所示。

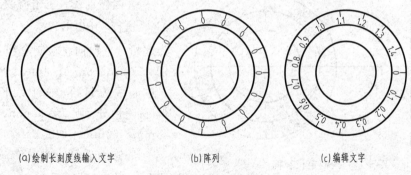
(a)绘制长刻度线输入文字　　　(b)阵列　　　(c)编辑文字
图 6-15　绘制长刻度线

④ 绘制短刻度线。

a. 将图层 05 打开，将 02 层（细实线）设置为当前图层。

b. 绘制构造线。单击绘图工具栏按钮 ，执行 XLINE 命令，输入 A，输入 4.48，以中心线的交点为起点，绘制倾斜 4.48°的构造线，如图 6-16（a）所示。

c. 绘制辅助圆。单击绘图工具栏按钮 ，执行 CIRCLE 命令，捕捉中心线交点为圆心，绘制 ϕ112mm 的圆，如图 6-16（a）所示。

d. 修剪构造线。单击修改工具栏按钮 ，执行 TRIM 命令，选择 ϕ112mm、ϕ120mm 的圆为修剪对象，修剪构造线，如图 6-16（b）所示。

e. 删除辅助圆。单击修改工具栏按钮 ，执行 ERASE 命令，删除辅助 ϕ112mm 的圆，如图 6-16（b）所示。

f. 阵列刻度线。单击修改工具栏的阵列命令按钮 ，在弹出 "阵列" 对话框中，设置阵列为环形阵列，选择前面修剪的构造线（长 4mm）为阵列对象，阵列中心点为 ϕ120 的圆心，方法为项目总数和填充角度，其项目总数为 75，填充角度为 −360°，选择复制时旋转项目复选框，单击"确定"按钮，完成环形的阵列，如图 6-16（c）所示。

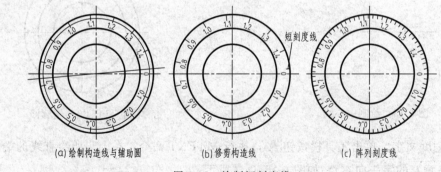

(a) 绘制构造线与辅助圆　　(b) 修剪构造线　　(c) 阵列刻度线

图 6-16　绘制短刻度线

（2）绘制主视图

① 绘制定位纵向线。

关闭状态栏中的线宽，打开正交模式；单击绘图工具栏按钮 ╱，执行 LINE 命令，在图纸的合适位置绘制一条纵向线与水平中心线垂直相交的直线，如图 6-17 所示。

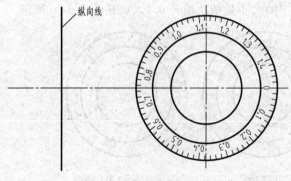

图 6-17　绘制定位纵向线

② 绘制轮廓线。

a. 偏移直线。单击修改工具栏按钮 ⌒，执行 OFFSET 命令，以纵向直线为起始，依次向左绘制直线，偏移量分别为 1mm、8mm、4mm、8mm；以水平中心线为起始，向上、下绘制直线，偏移量分别为 30mm、44.5mm、46mm、60mm；如图 6-18（a）所示。

b. 修剪直线。单击修改工具栏按钮 ╱╱，执行 TRIM 命令，选择上步偏移直线及纵向直线为修剪对象，直线间相互进行修剪，如图 6-18（b）所示。

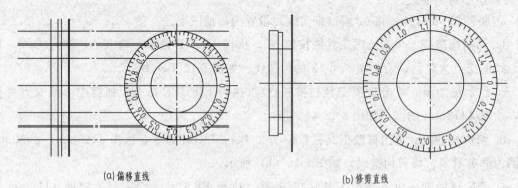

(a) 偏移直线　　　　　　　　(b) 修剪直线

图 6-18　绘制轮廓直线

c. 连接直线。单击绘图工具栏按钮 ╱，执行 LINE 命令，连接 1 与 2、3 与 4 绘直线段，如图 6-19 所示。

d. 设置图层。选择主视图上所有轮廓线，将它们设置为 01 图层。

③ 倒角。

a. 倒角。单击修改工具栏按钮 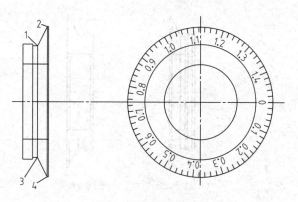，执行 CHAMFER 命令，选择角度模式，输入直线倒角长度 1 和倒角角度 45°，对主视图上拐点进行倒角（最右边的拐点除外），如图 6-20 （a）所示。

b. 绘制倒角投影线。单击绘图工具栏按钮 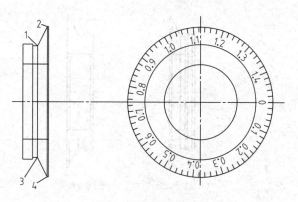，执行 LINE 命令，绘主视图倒角投影轮廓直线，如图 6-20 （b）所

图 6-19　绘制连接线

示。单击"绘图"工具栏的圆命令按钮 ⊘，执行 CIRCLE 命令，以左视图上中心线交点为圆心，绘出倒角圆（直径分别为 $\phi 62$、$\phi 90$），如图 6-20 （b）所示。

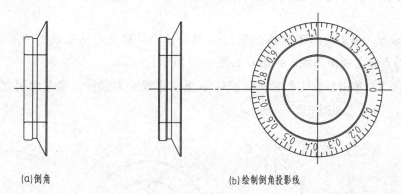

(a)倒角　　　　　　　　　　(b)绘制倒角投影线

图 6-20　倒角

④ 绘制剖面符号。

将当前图层设置为 10 层（剖面符号）。

a. 绘制波浪线。打开线宽模式，单击"绘图"工具栏的按钮 ～，执行 SPLINE 命令，打开对象捕捉，在主视图中心孔投影线的下方适当位置绘制波浪线，如图 6-21 （a）所示。

b. 修剪图线。单击修改工具栏按钮 -/-，执行 TRIM 命令，选择波浪线、主视图中心孔下方投影线以上的横向直线为修剪对象，对纵向直线进行修剪，如图 6-21 （b）所示。

c. 绘制剖面符号。单击绘图工具栏按钮 ▨，在弹出的"图案填充和渐变色"对话框中，"类型"下拉列表框设置"预定义"，"图案"下拉列表框选择"ANSI31"，"角度和比例"下拉列表框设置比例为"1"，单击"添加：拾取点"按钮，在主视图剖切位置选点（有两个位置），再单击对话框中的"确定"按钮，对主视图剖切部分绘剖面符号，如图 6-21 （c）所示。

d. 绘制网纹。方法同上，所不同的是，在"类型"下拉列表框设置"预定义"，"图案"下拉列表框选择"ANSI37"，如图 6-21 （d）所示。

⑤ 绘制刻度线。

主视图上的刻度线是在一个锥面的投影上，应按求锥面素线的投影方法绘制。关闭线宽

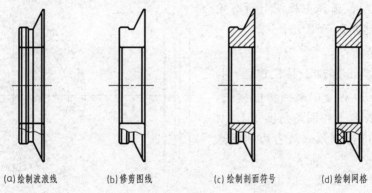

(a)绘制波浪线　　　　(b)修剪图线　　　　(c)绘制剖面符号　　　　(d)绘制网格

图 6-21　绘制剖面符号

模式，将当前图层设置为 02 层。

a. 寻求锥面的顶点。单击修改工具栏按钮--/，执行 EXTEND 命令，选择主视图中心线为延伸的边界，点 3 与 4 连接的直线段为延伸边，其交点 A 即为锥的顶点，如图 6-22 所示。

b. 作投影点。单击绘图工具栏按钮╱，执行 LINE 命令，从左视图的下方外圆 $\phi120$ 上的刻度线的点向主视图直线 5 投影，如图 6-22 所示。

c. 偏移直线。单击修改工具栏按钮▣，以纵向直线 5 为起始，向左绘制直线，偏移量分别为 6mm、4mm，如图 6-22 所示。

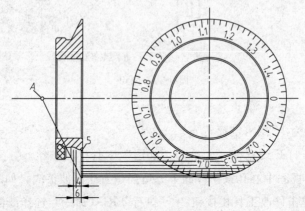

图 6-22　作投影点

d. 作素线投影。单击绘图工具栏按钮╱，执行 LINE 命令，分别连接顶点 A 与纵向直线 5 上的投影点，如图 6-23 所示。

e. 编辑图线。单击修改工具栏按钮-/--，执行 TRIM 命令，选择偏移 4mm 的纵向直线为修剪对象，对左视图短刻度线投影素线进行修剪；选择偏移 6mm 的纵向直线为修剪对象，对左视图长刻度线投影素线进行修剪（只有两条），单击"修改"工具栏按钮╱，删除多余的图线；打开线宽模式，如图 6-24 所示。

⑥ 编辑中心线。

a. 打断中心线。单击修改工具栏按钮▢，执行 BREAK 命令，将水平中心线在主视

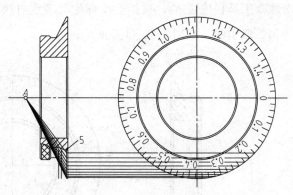

图 6-23 作素线投影

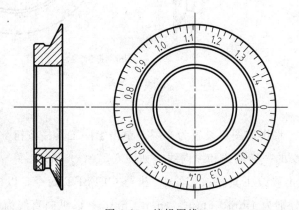

图 6-24 编辑图线

图、左视图中间适当位置打断。

b. 利用夹点对各中心线的长度进行延长或缩短，如图 6-25 所示。

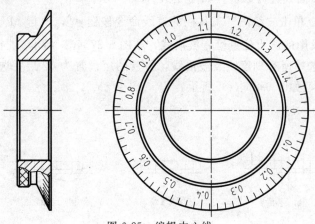

图 6-25 编辑中心线

（3）斜视图

① 斜视图的配置。

a. 选择下拉菜单"标注→多重引线"，执行 MLEADER 命令，在主视图外的适当部位选一点，沿斜视图的方向再单击鼠标选择另一点，输入文字"A"，如图 6-26（a）所示。

b. 编辑引线。单击修改工具栏按钮 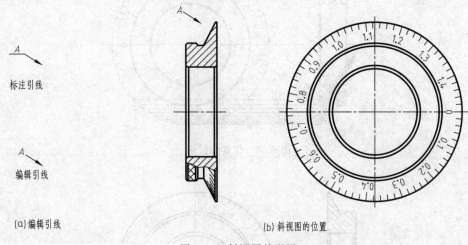，选择上步标注的多重引线，将其分解；单击修改工具栏按钮 ，删除第二段引线，如图6-26（b）所示。

(a)编辑引线

(b)斜视图的位置

图6-26　斜视图的配置

② 绘制斜视图。

a. 绘制相交直线。将当前图层设置为0层。单击绘图工具栏按钮 ，执行LINE命令，在图幅适当位置绘相交的一横向线和纵向线，如图6-27（a）所示。

b. 偏移直线。单击修改工具栏按钮 ，执行OFFSET命令，以横向直线为起始，向下绘制直线，偏移量分别为4mm、6mm、1mm、5mm；以纵向直线为起始，向右绘制直线（9条），偏移量都为5mm（3.14×120÷75＝5），如图6-27（b）所示。

c. 修剪直线。单击修改工具栏按钮 ，执行TRIM命令，选择偏移的横向直线为修剪对象，对斜视图的纵向线进行修剪，如图6-27（c）所示。

d. 绘制波浪线。单击"绘图"工具栏的直线命令按钮 ，执行SPLINE命令，打开对象捕捉，在斜视图投影的适当位置绘制波浪线，如图6-27（d）所示。

e. 设置图层。选择所有刻度线及波浪线，将其图层设置为02层；选择边界投影线，将其图层设置为01层，如图6-27（e）所示。

f. 标注斜视图。

(a)绘制相交直线　　(b)偏移直线　　(c)修剪直线　　(d)绘制波浪线　　(e)设置图层

图6-27　绘制斜视图

3. 标注尺寸

（1）标注主视图上的尺寸

主视图上标注尺寸有盘的直径、厚度等。选择下拉菜单"标注→线性"，选择各个尺寸的端点进行尺寸标注，如图6-28所示。

（2）标注左视图上的尺寸

左视图上标注尺寸有圆盘上刻度线的角度。选择下拉菜单"标注→角度"，选择各个角度尺寸的夹角直线进行尺寸标注，如图 6-28 所示。

（3）标注斜视图上的尺寸

斜视图上标注尺寸有圆盘上刻度线的长度。选择下拉菜单"标注→线性"，选择各个尺寸的端点进行尺寸标注，如图 6-28 所示。

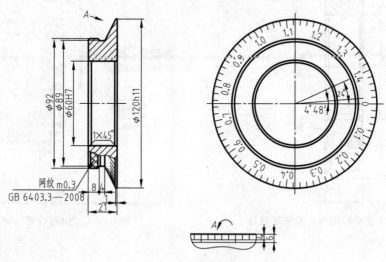

图 6-28　标注尺寸

4. 标注技术要求

（1）标注表面粗糙度

单击按钮，执行 INSERT 命令，在读数盘主视图上标注四处表面粗糙度，其中一处为带有表面处理方法，如图 6-29 所示。

（2）标注形位公差

读数盘在检验时特别提出的形位公差有：底面相对轴心线的垂直度允差为 0.020；上表面相对底面的平行度允差为 0.040。

① 标注公差基准符号。单击按钮，执行 INSERT 命令，插入公差基准符号，其位置分别为 $\phi60mm$ 圆孔的轴线（即圆孔的尺寸线上）、底平面，其符号字母分别为 B、C，如图 6-29 所示。

② 绘制平行度公差符号。输入命令 QLEADER，再输入 S，在"引线设置"对话框中进行设置，其"注释"选项卡中选公差，其"引线和箭头"选项卡中"点数"输入 2，如图 6-30所示；将引线头指向上表面适当位置，显示"形位公差"对话框，在"符号"选项组中选择跳动符号 //，在"公差 1"中输入允差值 0.040，在"基准 1"中输入 C，单击确定按钮，其平行度公差符号如图 6-31 所示。

③ 绘制垂直度公差符号。方法同上，所不同的是，在显示的"形位公差"对话框，在"符号"选项组中选择跳动符号 ⊥，在"公差 1"中输入允差值 0.020，在"基准 1"中输入 B，如图 6-31 所示。

（3）写技术要求

根据零件加工工艺、零件表达中统一规范等写出技术要求。单击按钮 **A**，执行 MTEXT 命令，输入"技术要求"的文字，并进行编辑，如图 6-32 所示。

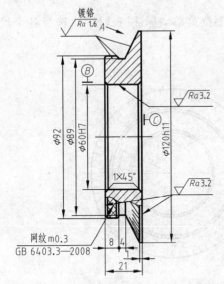

图 6-29　标注表面粗糙度与公差基准符号

图 6-30　"引线设置"对话框

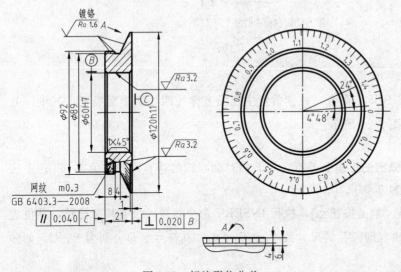

图 6-31　标注形位公差

技术要求

1.75格等分圆周，每格间允差10′，累计允差15′。

2.刻度深及数字腐蚀深为0.1′～0.15，刻度宽为0.1。

3.数字均涂黑色瓷漆。

图 6-32　技术要求内容

5. 填写标题栏

根据图纸管理的要求，在标题栏中填写出其相应的内容，如图 6-33 所示。

【上机操作】

1. 完成普通 V 形带轮的工作图绘制，该 V 形带轮的结构及相关尺寸如题图 6-1 所示。

2. 完成定位压盖的工作图绘制，该定位压盖的结构及相关尺寸如题图 6-2 所示。

提示：如题图 6-2 所示，定位压盖零件图由两个基本视图组成。其中，为了表达零件孔和肋等结构位置，主视图作了旋转剖视。

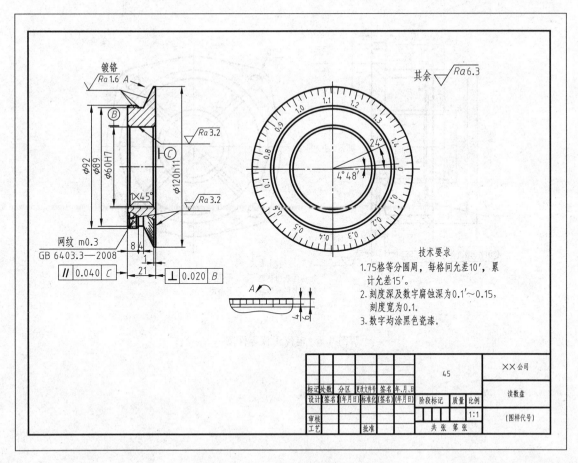

图 6-33 填写标题栏

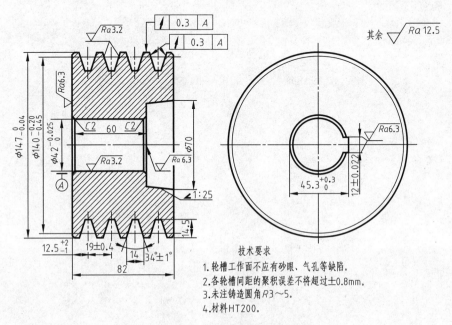

题图 6-1 V 形带轮零件图

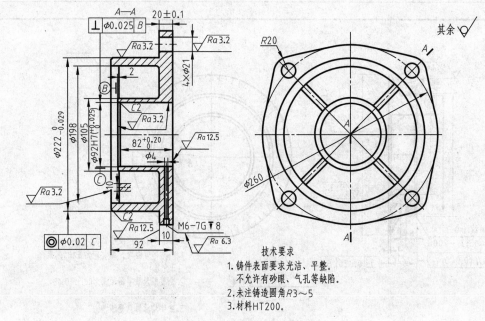

技术要求
1. 铸件表面要求光洁、平整。
   不允许有砂眼、气孔等缺陷。
2. 未注铸造圆角R3～5
3. 材料HT200。

题图 6-2　定位压盖零件图

项目七

薄板类零件绘制

一、摩擦片的绘制

【工作任务】 完成摩擦片的零件图，该摩擦片的结构及相关尺寸如图 7-1 所示。

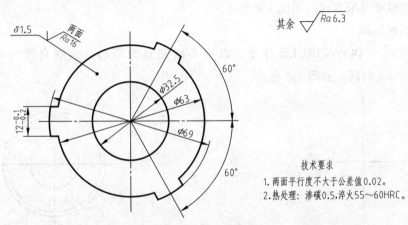

图 7-1 摩擦片零件图

【信息与资讯】 薄板类零件包括各种薄板冲压零件、安装板和各种薄板罩壳等。它们是用冲床或由钣金工加工而成。此类零件的材料是便于成形的铝板或钢板。在加工前根据生产需要和为了便于看图，常要画出它的展开图，即把要弯折成形的薄板零件展开在一个平面上，画出其未弯折前的形状。展开图上常用细实线表示要弯折的位置。亦可用双点画线作为坯料轮廓线来表示展开图。

摩擦片因形状与结构简单，又不需要弯曲，用一个视图来表达，厚度和两面表面粗糙度用引出线注出。

【决策与计划】 根据摩擦片的整体最大尺寸为 $\phi69$mm，选用 A4 图幅绘图，即使用 A4.dwt 样板文件。其绘图环境的设置有单位为 mm，绘图比例 1:1。该摩擦片采用一个基本视图来表达其外部形状和结构，其摩擦片的厚度和两面表面粗糙度用引出线注出。完成摩擦片零件图的步骤有：创建绘图环境、绘制图形、标注尺寸、标注技术要求、填写标题栏和存盘。

1. 创建绘图环境

根据摩擦片的零件图，图幅选 A4，绘图比例为 1:1，绘图单位为 mm。选择主菜单"文件→打开"，在选择文件对话框中选择已有的"Template（图形样板）→A4.dwt"建立新文件，A4.dwt图形样板已经对图层、文字样式和标注样式根据机械制图标准作了必要设置，将新文件命名为"摩擦片.dwg"，并保存到指定文件夹。

2. 绘制摩擦片视图

绘制摩擦片视图所用到的主要命令见表7-1。

表7-1　绘制摩擦片视图所用的命令

命令	图标	下拉菜单位置	命令	图标	下拉菜单位置
LINE	✎	绘图→直线	TRIM	⫬	修改→修剪
CIRCLE	⊘	绘图→圆	ARRAY	⊞	修改→阵列
OFFSET	⬚	修改→偏移			

（1）绘制基准线

单击按钮✎，执行 LINE 命令，选择适当的起点，绘一条水平线和一条纵向直线，作为绘制视图的纵横基准直线，如图7-2所示。

（2）绘制轮廓圆

单击按钮⊘，执行 CIRCLE 命令，以中心线交点为圆心，绘制直径为 $\phi32.5mm$、$\phi63mm$、$\phi69mm$ 的圆，如图7-3所示。

图7-2　绘制基准线　　　　　　　　图7-3　绘制轮廓圆

（3）绘制齿形

① 偏移直线。单击⬚按钮，执行 OFFSET 命令，以水平中心线为起始，向上、向下绘制直线，偏移量均为 6mm，如图7-4（a）所示。

② 修剪直线与圆。单击按钮⫬，执行 TRIM 命令，选择偏移直线、$\phi63mm$ 和 $\phi69mm$ 的圆为修剪对象，修剪直线与圆，如图7-4（b）所示。

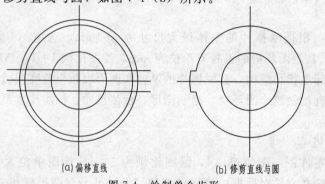

(a)偏移直线　　　　　　　(b)修剪直线与圆

图7-4　绘制单个齿形

③ 阵列齿形。单击按钮 ⊞，执行 ARRAYCLASSIC 命令，在弹出"阵列"对话框中，设置阵列为环形阵列，选择齿形为阵列对象，阵列中心点为同心圆的圆心，方法为项目总数和填充角度，其项目总数为 3，填充角度为 360°，选择复制时旋转项目复选框，单击确定按钮，完成环形的阵列，如图 7-5（a）所示。

④ 修剪圆。单击按钮 ⊸，执行 TRIM 命令，选择阵列的齿形为修剪对象，修剪 $\phi63mm$ 的圆，如图 7-5（b）所示。

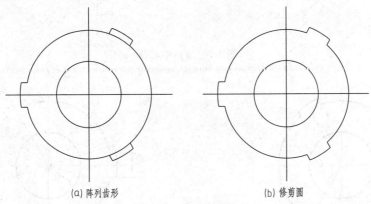

(a) 阵列齿形　　　　(b) 修剪圆

图 7-5　绘制齿形

（4）绘制中心线

① 草图设置。在状态栏中，右键单击 ▦（捕捉模式）按钮，在弹出的菜单中，左键单击"设置（S）"，打开"草图设置"对话框，在"极轴追踪"选项卡中设置"增量角"为 60°，单击"确定"按钮，如图 7-6 所示。此时，打开极轴追踪的功能，执行直线命令时，则光标移动增量达 60°时，就会在极轴显示的虚亮线一侧，按极坐标的方式提示出当前位置的点相对于上一点的距离和角度值，用此方式可以很容易画出以某值为增量斜线。

② 绘制直线。在状态栏中，单击"捕捉"、"对象捕捉"、"对象追踪"按钮，使其处于下沉执行状态。单击按钮 ╱，执行 LINE 命令，以圆心为起点，绘两条与水平线成 60°夹角的倾斜直线，作为绘视图的纵横基准直线，如图 7-7 所示。

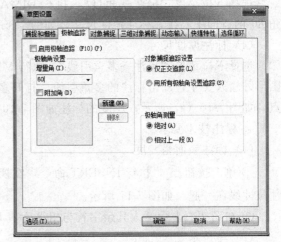

（5）设置图线图层

① 选择所有中心线，将其图层设置为 05 层。

② 选择所有轮廓线，将其图层设置为 01 层，如图 7-8 所示。

3. 标注尺寸

将当前图层设置为 08（尺寸）层。

图 7-6　"极轴追踪"选项卡设置

（1）标注线性尺寸

视图中只有齿形宽是线性尺寸。选择下拉菜单"标注→线性"，执行 DIMLINEAR 命令，选择齿形宽的两端点进行尺寸标注；分解标注尺寸，并进行编辑，如图 7-9 所示。

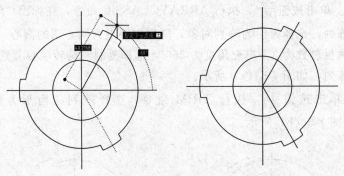

图 7-7 绘制中心线

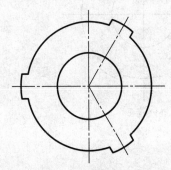

图 7-8 设置图线图层

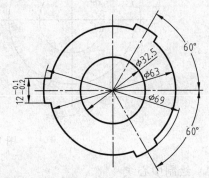

图 7-9 标注尺寸

（2）标注直径尺寸

选择下拉菜单"标注→直径"，执行 DIMDIAMETER 命令，分别选择 ϕ32.5mm、ϕ63mm、ϕ69mm 的圆轮廓线，进行圆的直径标注，如图 7-9 所示。

（3）标注角度尺寸

选择下拉菜单"标注→角度"，执行 DIMANGULAR 命令，分别选择水平中心线、倾角 60°的齿形中心线，标注角度尺寸，如图 7-9 所示。

（4）标注厚度尺寸

选择下拉菜单"标注→多重引线"，执行 MLEADER 命令，在图形内选择第一点，引到图形外输入文字；双击标注的多重引线，打开多重引线的特性管理器，将引线的箭头设置为点，如图 7-10（a）所示；厚度的标注如图 7-10（b）所示。

4. 标注技术要求

（1）标注表面粗糙度

① 单击按钮 ，执行 INSERT 命令，在视图上标注表面粗糙度，表面粗糙度与厚度标注尺寸线在一起，如图 7-11 所示。

② 在图幅右上角插入其余字符与粗糙度值 Ra6.3 粗糙度符号的组合，如图 7-11 所示。

（2）写技术要求

根据零件所选材料进行的热处理工艺、加工工艺要求等写出技术要求。单击按钮 **A**，执行 MTEXT 命令，输入技术要求的文字，并进行编辑，如图 7-12 所示。

5. 填写标题栏

根据图纸管理的要求，在标题栏中填写出其相应的内容，如图 7-13 所示。

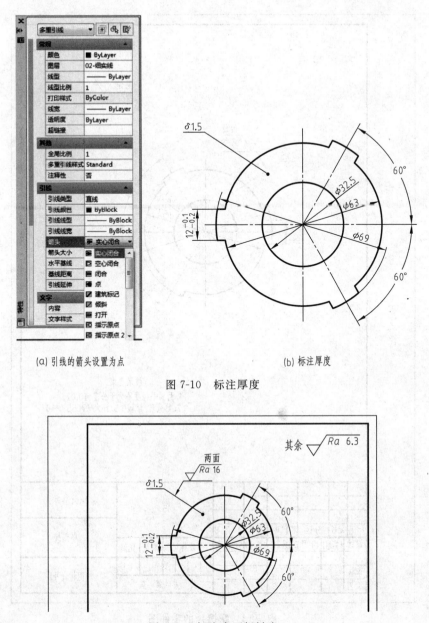

(a) 引线的箭头设置为点　　　　　　　　　　(b) 标注厚度

图 7-10　标注厚度

图 7-11　标注表面粗糙度

二、铁屑槽的绘制

【工作任务】 完成铁屑槽的零件图，该铁屑槽的结构及相关尺寸如图 7-14 所示。

【信息与资讯】 铁屑槽属薄板类零件。该铁屑槽是折弯后焊接而成，其材料采用 Q235 厚 1.5mm 的钢板。铁屑槽的零件图为了生产需要和便于看图，除画出它的视图外，还需画出弯折成形的薄板零件展开图。

该铁屑槽零件图用主视图和带单一剖切平面剖切的左视图表达结构形状。在主视图处用双点画线作出表示坯料形状的展开图。

技术要求

1. 两面平行度不大于公差值0.02。
2. 热处理:渗碳0.5，淬火55～60HRC。

图 7-12　技术要求内容

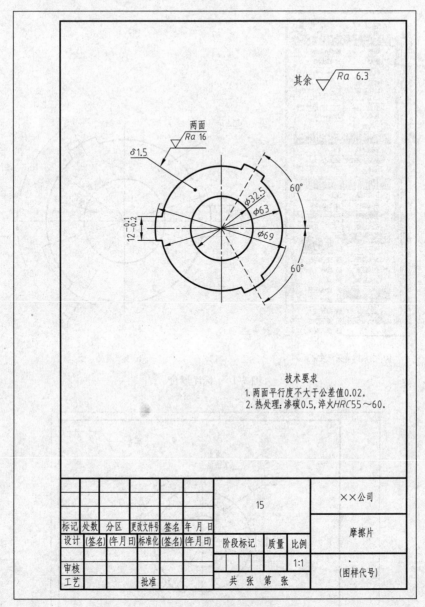

图 7-13　摩擦片的零件图

【决策与计划】　根据铁屑槽的整体最大尺寸为 226mm×127mm，选用 A3 图幅绘图，即使用 A3. dwt 样板文件。其绘图环境的设置有单位为 mm，绘图比例 1∶1。该铁屑槽采用两个基本视图来表达其外部形状和结构，主视图用双点画线作出表示坯料形状的展开图，左视图为带单一剖切平面剖切视图的表达内部结构。完成铁屑槽零件图的步骤有：创建绘图环境、绘制图形、标注尺寸、标注技术要求、填写标题栏和存盘。

1. 创建绘图环境

根据铁屑槽的零件图，图幅选 A3，绘图比例为 1∶1，绘图单位为 mm。选择主菜单"文件→打开"，在选择文件对话框中选择已有的"Template（图形样板）→A3. dwt"建立新文件，将新文件命名为"铁屑槽 . dwg"，并保存到指定文件夹。

2. 绘制铁屑槽视图

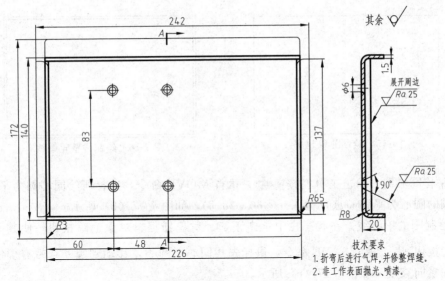

图 7-14 铁屑槽零件图

绘制铁屑槽视图所用到的主要命令见表 7-2。

表 7-2 绘铁屑槽视图所用的命令

命令	图标	下拉菜单位置	命令	图标	下拉菜单位置
RECTANG		绘图→矩形	ARRAY		修改→阵列
OFFSET		修改→偏移	FILLET		修改→圆角
EXTEND		修改→延伸	TRIM		修改→修剪
CIRCLE		绘图→圆	ERASE		修改→删除
MOVE		修改→平移	BHATCH		绘图→图案填充…
LINE		绘图→直线			

（1）绘制主视图

① 绘制外壁轮廓线。

单击按钮□，执行 RECTANG 命令，在 A3 图幅上选择适当的第一角点，再输入（@ 226，140），绘出矩形，如图 7-15 所示。

② 绘制内壁轮廓线

a. 偏移矩形。单击工具栏，执行 OFFSET 命令，选择矩形轮廓线各向内偏移，偏移距离为 1.5mm，如图 7-16 所示。

b. 分解矩形。单击工具栏，执行 EXPLODE 命令，选择所有矩形。

c. 延伸直线。单击工具栏，执行 EXTEND 命令，选择外壁轮廓矩形为延伸边界，延伸偏移矩形的两条横向直线，如图 7-16 所示。

③ 绘制锥形孔的圆。

a. 绘制同心圆。单击工具栏按钮，执行 CIRCLE 命令，以外壁轮廓线左下角点为圆心，分别绘直径为 ϕ6mm、ϕ9mm 的圆，如图 7-17（a）所示。

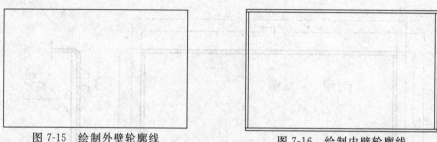

图 7-15　绘制外壁轮廓线　　　　　　图 7-16　绘制内壁轮廓线

b. 平移同心圆。单击工具栏按钮 ✛，执行 MOVE 命令，选择所绘同心圆为平移对象，以同心圆的圆心为平移基点，输入（@60，28.5），如图 7-17（b）所示。

c. 绘制圆的中心线。在状态栏中单击正交、对象捕捉、对象追踪按钮，使其下沉；单击工具栏按钮 ✐，执行 LINE 命令，鼠标先找同心圆圆心，移动到圆外（带有虚线）绘纵向直线和横向直线，如图 7-17（c）所示。

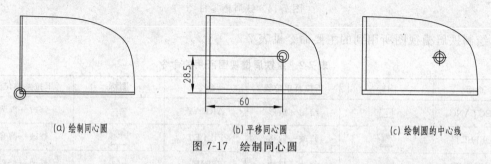

（a）绘制同心圆　　　　　　（b）平移同心圆　　　　　　（c）绘制圆的中心线

图 7-17　绘制同心圆

d. 阵列同心圆。单击工具栏按钮 ⊞，在弹出"阵列"对话框中，设置阵列为矩形阵列，选择同心圆（含中心线）为阵列对象，阵列的行、列都为 2，偏移的行距离为 83，偏移的列距离为 48，单击确定按钮，其对话框设置如图 7-18（a）所示；完成矩形的阵列，如图 7-18（b）所示。

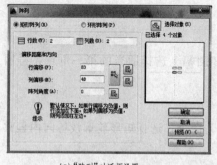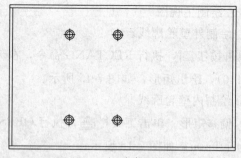

（a）"阵列"对话框设置　　　　　　（b）阵列同心圆

图 7-18　绘制锥形孔的圆

④ 绘制展开轮廓线。

a. 偏移直线。单击工具栏按钮 ⬐，执行 OFFSET 命令，以外壁轮廓线为起始，向外绘制直线，横向方向偏移量为 8mm，纵向方向偏移量为 16mm，如图 7-19（a）所示。

b. 连接直线。以上步偏移直线为延伸边界，延伸外壁矩形的纵向直线、内壁矩形的横向直线，如图 7-19（b）所示。

　　c. 利用夹点对偏移纵向线的长度进行缩短，如图 7-19（b）所示。

　　d. 圆角。单击工具栏按钮 ▢，执行 FILLET 命令，以修剪模式分别倒 $R3\text{mm}$、$R6.5\text{mm}$ 的圆角，如图 7-19（c）所示。

　　e. 延伸直线。单击工具栏 ⊣，执行 EXTEND 命令，选择外壁矩形轮廓的纵向直线为延伸边界，延伸内壁矩形轮廓的横向直线，如图 7-19（d）所示。

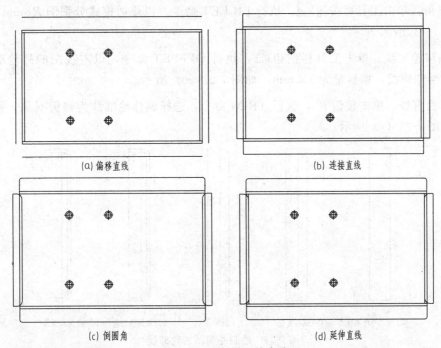

图 7-19　绘制展开轮廓线

　　⑤ 设置图线的图层。

　　a. 选择展开轮廓线，将其图层设置为 07（双点画线）层。

　　b. 选择同心圆的中心线，将其图层设置为 05（细点画线）层。

　　c. 选择内、外壁轮廓线，将其图层设置为 01（粗实线）层，如图 7-20 所示。

（2）绘制左视图

　　① 绘制轮廓线。

　　a. 设置绘图状态栏。在状态栏中，单击"捕捉"、"正交"、"对象捕捉"、"对象追踪"按钮，使其处于下沉执行状态。选择下拉菜单"工具→绘图设置"，打开"草图设置"对话框，在"对象捕捉"选项卡中，勾选端点、交点、圆心等，单击确定按钮。

　　b. 绘制外轮廓线。单击绘图工具栏按钮 ✎，执行 LINE 命令，把鼠标移到

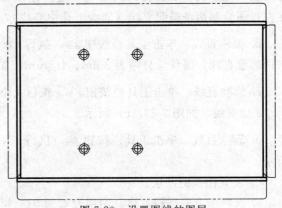

图 7-20　设置图线的图层

主视图外壁轮廓最上的横向直线与最右的纵向直线交点附近，让系统自动捕捉到交点，于是鼠标往右边移动时出现一条追踪线（呈虚线的线）；然后在左视图合适位置单击直线第一点，鼠标向左移，输入槽深 20mm；鼠标向下移，输入 140mm，鼠标向右移，输入槽深 20mm；鼠标向上移，输入 140mm，如图 7-21（a）所示。

c. 偏移直线。单击工具栏按钮，执行 OFFSET 命令，以最左的外轮廓线为起始，向内绘制直线，偏移量为 8mm，如图 7-21（b）所示。

d. 圆角。单击工具栏按钮，执行 FILLET 命令，以修剪模式分别倒 $R8$mm 的圆角，如图 7-21（c）所示。

e. 偏移轮廓线。单击工具栏按钮，执行 OFFSET 命令，以左视图的外轮廓线为起始，向内绘轮廓线，偏移量为 1.5mm，如图 7-21（d）所示。

f. 修剪直线。单击按钮，执行 TRIM 命令，选择偏移轮廓线为修剪对象，修剪纵向直线，如图 7-21（e）所示。

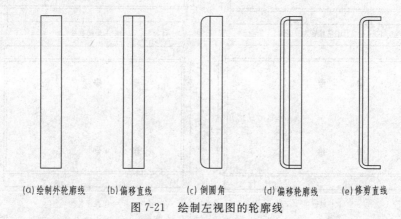

(a)绘制外轮廓线　　(b)偏移直线　　(c)倒圆角　　(d)偏移轮廓线　　(e)修剪直线

图 7-21　绘制左视图的轮廓线

② 绘制剖切轮廓线。

左视图的单一剖切面通过主视图锥形孔的轴线，在左视图上产生锥形孔相应的投影轮廓线。

a. 绘制中心线。单击工具栏按钮，执行 LINE 命令，把鼠标移到主视图锥形孔的圆心附近，让系统自动捕捉到圆心，于是鼠标往右边移动时出现一条追踪线（呈虚线的线）；在左视图绘制两条横向直线（即为锥孔中心线），如图 7-22（a）所示。

b. 偏移直线。单击工具栏按钮，执行 OFFSET 命令，以绘制的锥孔中心线为起始，向两侧绘直线，偏移量分别为 3mm、4.5mm，如图 7-22（b）所示。

c. 绘制直线。单击工具栏按钮，执行 LINE 命令，分别连接 1 与 2、3 与 4、5 与 6、7 与 8 绘斜线，如图 7-22（c）所示。

d. 删除直线。单击工具栏按钮，执行 ERAST 命令，删除偏移直线，如图 7-22（d）所示。

③ 设置图线的图层。

a. 选择所有轮廓线，将其图层设置为 01（粗实线）层。

b. 选择锥形孔的轴线，将其图层设置为 05（细点画线）层，如图 7-23 所示。

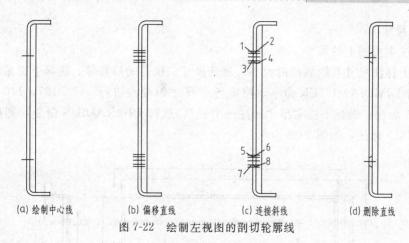

(a) 绘制中心线　　(b) 偏移直线　　(c) 连接斜线　　(d) 删除直线

图 7-22　绘制左视图的剖切轮廓线

④ 绘制剖面符号。

a. 设置图层。在图层管理器中，将当前图层设置为 10 层（剖面符号）。

b. 绘制剖面符号。单击绘图工具栏按钮，在弹出的"图案填充和渐变色"对话框中，"类型"下拉列表框设置"预定义"，"图案"下拉列表框选择"ANSI31"，"角度和比例"下拉列表框设置比例为"1"，单击"添加：拾取点"按钮，在左视图剖切位置选点（有三个位置），再单击对话框中的"确定"按钮，对左视图剖切部分绘剖面符号，如图 7-24 所示。

图 7-23　设置图线的图层　　　　　　图 7-24　绘制剖面符号

⑤ 绘制剖切面符号。

a. 绘制剖切面直线。在图层管理器中，将当前图层设置为 01 层。单击工具栏按钮，执行 LINE 命令，把鼠标移到主视图锥形孔的圆心附近，让系统自动捕捉到圆心，于是鼠标往上、下移动时出现一条追踪线（呈虚线的线）；在主视图绘制两条短的纵向直线（即通过锥孔轴线），如图 7-25 所示。

b. 绘制投影方向。在图层管理器中，将当前图层设置为 10 层（剖面符号）。选择下拉菜单"标注→多重引线"，执行 MLEADER 命令，引线的箭尾与剖切面直线相连，箭头方向向右，输入文字"A"，如图 7-25 所示。

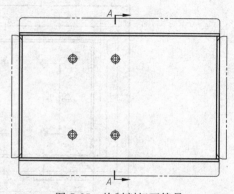

图 7-25　绘制剖切面符号

3．标注尺寸

（1）标注主视图上的尺寸

主视图上标注尺寸有铁屑槽的大小、展开尺寸、锥孔的位置等。选择下拉菜单"标注→线性"，执行 DIMDIAMETER 命令，捕捉各个尺寸的端点进行 242、137、140、172、60、48、83、226 标注；选择下拉菜单"标注→半径"，执行 DIMRADIUS 命令，捕捉各个圆弧进行 $R3$、$R6.5$ 标注，如图 7-26 所示。

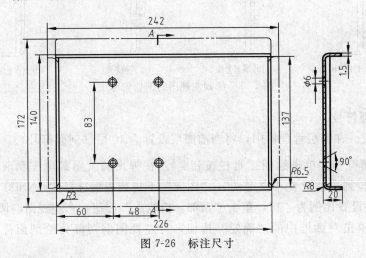

图 7-26　标注尺寸

（2）标注左视图上的尺寸

左视图上标注尺寸有铁屑槽的厚度、高度及锥孔的形状尺寸等。选择下拉菜单"标注→线性"，执行 DIMDIAMETER 命令，捕捉各个尺寸端点进行 20、1.5、$\phi6$ 的标注；选择下拉菜单"标注→角度"，执行 DIMANGULAR 命令，捕捉锥孔的两个边进行 90°的标注；选择下拉菜单"标注→半径"，执行 DIMRADIUS 命令，捕捉圆弧进行 $R8$ 标注，如图 7-26所示。

4．标注技术要求

（1）标注表面粗糙度

① 单击工具栏按钮 ⬚，选择已有带有属性的外部粗糙度图块，利用对象捕捉最近点作为插入点，标注锥孔面、铁屑槽周边的表面粗糙度，并对铁屑槽周边的表面粗糙度进行编辑，如图 7-27 所示。

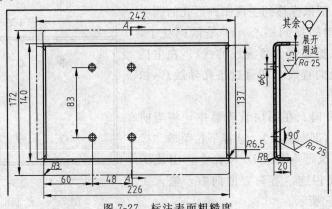

图 7-27　标注表面粗糙度

② 在图幅右上角插入其余字符与不去除材料方法的粗糙度符号的组合，如图 7-28 所示。

（2）写技术要求

根据铁屑槽的加工工艺、表面处理、图形表达中统一规范

等写出技术要求。单击绘图工具栏按钮 **A**，输入"技术要求"的文字，并进行编辑，如图 7-28 所示。

技术要求
1.折弯后进行气焊,并修正焊缝.
2.非工作表面抛光、喷漆.
图 7-28 技术要求的文字内

5. 填写标题栏

根据图纸管理的要求，在标题栏中填写出其相应的内容，如图 7-29 所示。

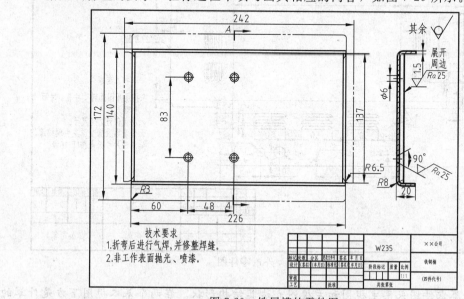

图 7-29 铁屑槽的零件图

【上机操作】

1. 绘制圆螺母用止动垫圈"垫圈 GB/T 858—1988 20"的视图，并标注尺寸。

2. 绘制孔用弹性挡圈"挡圈 GB/T 893.1—1986 50"的视图，并标注尺寸。

3. 绘制前钢板（材料：Q235）零件图，该前钢板的结构形状如题图 7-1 所示。

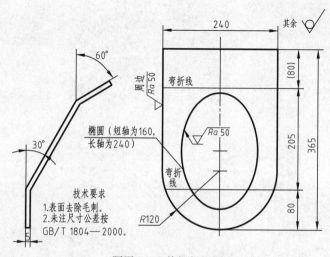

题图 7-1 前钢板视图

4. 绘制外罩零件图，该外罩的结构形状如题图 7-2 所示。

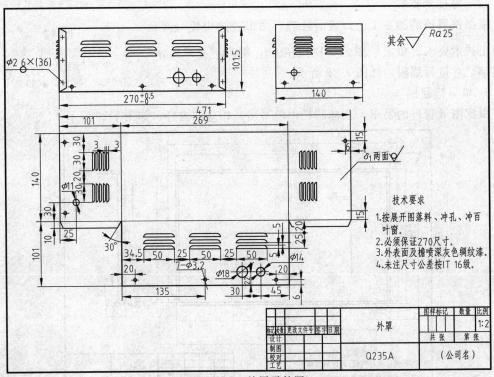

题图 7-2　外罩零件图

提示：外罩零件图采用主视图和左视图表达其结构形状。在两个基本视图下方是外罩的展开图，展开图上用细实线表示要弯折的位置，外罩上的百叶窗是冲制而成的。

项目八
箱体类零件绘制

一、阀体的绘制

【工作任务】 完成节流阀体的零件图，该节流阀体的结构及相关尺寸如图 8-1 所示。

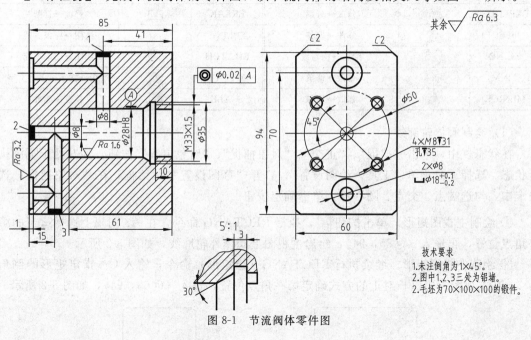

图 8-1 节流阀体零件图

【信息与资讯】 机器或部件的外壳、机座、主体等均属箱体类零件。这类零件需要承装其他零件，因此常带有空腔、轴孔、内外承壁、肋、凸台、沉孔、螺孔等结构。内外形状一般较为复杂，毛坯大多为铸件。箱体类零件往往需经过刨、铣、镗、钻、钳等机械加工。箱体类零件的加工工序较多，装夹位置又不固定，因此一般均按工作位置和形状特征原则选择主视图，为了能完整而清晰地表达箱体内腔和外形的结构形状，采用几个视图以及多种剖视、剖面等方法来表示。

节流阀体形体虽然不太复杂，但为了清楚地表达阀体内部各个连接通道的结构形状，主视图采用了全剖视图，并且用一个放大视图来表达螺纹及退刀槽处的细部结构，左视图主要用来表达阀体的沉孔和螺纹孔的分布结构。

【决策与计划】 根据节流阀体的整体最大尺寸为 85mm×60mm×94mm，选用 A3 图幅绘图，即使用 A3.dwt 样板文件。其绘图环境的设置有单位为 mm，绘图比例 1∶1。该节流阀体采用两个基本视图来表达其外部形状和结构，主视图用单一平面全剖视来表示内部各个连接通道的结构与形状，左视图为外轮廓视图。完成节流阀体零件图的步骤有：创建绘图环境、绘制图形、标注尺寸、标注技术要求、填写标题栏和存盘。

1. 创建绘图环境

根据节流阀体的零件图，图幅选 A3，绘图比例为 1∶1，绘图单位为 mm。

选择主菜单"文件→打开"，在选择文件对话框中选择已有的"Template（图形样板）→A3.dwt"建立新文件，将新文件命名为"节流阀体.dwg"并保存到指定文件夹。

2. 绘制节流阀体视图

绘制节流阀体视图所用到的主要命令见表 8-1。

表 8-1 绘制节流阀体视图所用的命令

命令	图标	下拉菜单位置	命令	图标	下拉菜单位置
RECTANG		绘图→矩形	CIRCLE		绘图→圆
LINE		绘图→直线	ARRAY		修改→阵列
EXPLODE		修改→分解	BREAK		修改→打断
OFFSET		修改→偏移	SPLINE		绘图→样条曲线
XLINE		绘图→构造线	BHATCH		绘图→图案填充
TRIM		修改→修剪	MTEXT		绘图→文字→多行文字
MIRROR		修改→镜像	SCALE		修改→缩放

（1）绘制阀体轮廓线

在状态栏中，单击"捕捉"、"正交"、"对象捕捉"、"对象追踪"按钮，使其处于下沉执行状态。选择下拉菜单"工具→绘图设置"，打开"草图设置"对话框，在"对象捕捉"选项卡中，勾选端点、交点、圆心等，单击确定按钮。

① 绘制主视图矩形。单击按钮 ，执行 RECTANG 命令，在 A3 图幅上选择适当的第一角点位置，再输入（@85，94），绘出主视图上阀体外轮廓线，如图 8-2 所示。

② 绘制左视图矩形。继续执行 RECTANG（绘矩形）命令，输入 C，指定矩形的倒角为 2，在主视图左边以长对正的方式确定第一角点位置，输入（@60，94），如图 8-2 所示。

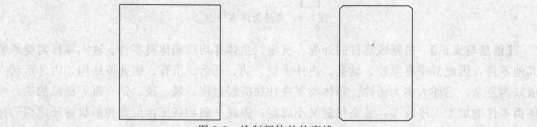

图 8-2 绘制阀体外轮廓线

（2）绘制阀套孔

① 绘制中心线。单击绘图工具栏按钮 ，执行 LINE 命令，把鼠标移到主视图左边纵向直线的中点附近，让系统自动捕捉到中点，于是鼠标往左边移动时出现一条追踪线（呈虚线的线）；然后在适当位置单击直线第一点，鼠标向右，在主视图右边纵向直线的中点外确定直线的另一点，直线过两条纵向直线的中点；同样的方法绘左视图过直线中点的纵横两条

直线，如图 8-3 所示。

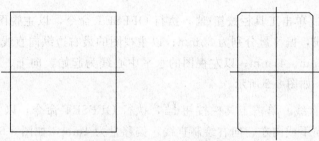

图 8-3 绘制中心线

② 分解矩形。单击绘图工具栏按钮 ，执行 EXPLODE 命令，选择所有矩形，将其分解为由直线元素组成。

③ 偏移直线。单击工具栏按钮 ，执行 OFFSET 命令，以主视图的中心线为基准，向上绘制直线，偏移量分别为 14mm、16.5mm、17.5mm；以主视图的最右边纵向直线为基准，向左绘制直线，偏移量分别为 10mm、13mm、61mm，如图 8-4（a）所示。

④ 绘制构造线。单击工具栏按钮 ，执行 XLINE 命令，输入 A，指定角度 30°，通过点为 A 点；所绘制构造线与内孔线的交点为 B，如图 8-4（b）所示。

⑤ 绘制直线。单击绘图工具栏按钮 ，执行 LINE 命令，以 B 点作为直线的第 1 点，向下绘制纵向直线，如图 8-4（b）所示。

⑥ 修剪直线。单击工具栏按钮 ，执行 TRIM 命令，选择偏移直线、构造线及右边纵向直线为修剪边，修剪偏移直线与构造线，如图 8-4（c）所示。

⑦ 镜像直线。单击工具栏按钮 ，执行 MIRROR 命令，选择修剪后的直线为镜像对象，以主视图的中心线为镜像线，如图 8-4（d）所示。

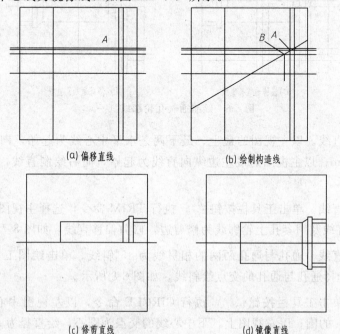

(a) 偏移直线　　　　　　　　　(b) 绘制构造线

(c) 修剪直线　　　　　　　　　(d) 镜像直线

图 8-4 绘制阀套孔轮廓线

（3）绘制通气孔

① 绘制中心线。单击工具栏按钮，执行 OFFSET 命令，以主视图的中心线为起始，向上、向下绘制直线，偏移量分别为 35mm；以主视图的最右边纵向直线为起始，向左绘制直线，偏移量为 70mm、41mm；以左视图的水平中心线为起始，向上、向下绘制直线，偏移量分别为 35mm，如图 8-5 所示。

② 偏移通气孔直线。单击工具栏按钮，执行 OFFSET 命令，以主视图的所有中心线为起始，向上、向下或向左、向右绘制直线，偏移量为 4mm，如图 8-6（a）所示。

③ 修剪通气孔直线。单击工具栏按钮，执行 TRIM 命令，选择主视图上偏移直线、中心线、左边纵向直线及阀套孔上轮廓线为修剪边，修剪偏移直线，如图 8-6（b）所示。

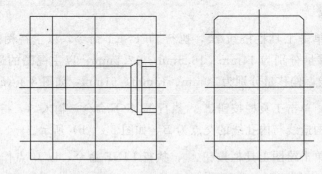

图 8-5 绘制通气孔中心线

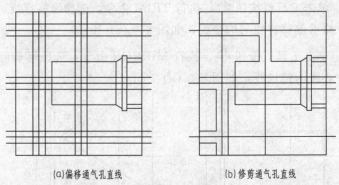

(a)偏移通气孔直线   (b)修剪通气孔直线

图 8-6 绘制通气孔轮廓线（一）

④ 偏移沉孔直线。以主视图的最上、最下两条水平中心线为起始，向上、向下绘制直线，偏移量为 9mm；以主视图的最左边纵向直线为起始，向右绘制直线，偏移量为 1mm；如图 8-7（a）所示。

⑤ 修剪沉孔直线。单击工具栏按钮，执行 TRIM 命令，选择主视图上偏移直线、中心线、左边纵向直线及阀套孔上轮廓线为修剪边，修剪偏移直线，如图 8-7（b）所示。

⑥ 绘制相贯直线。通孔与通孔两两的相贯线为 45°斜线。单击绘图工具栏按钮，执行 LINE 命令，选择通孔与通孔的交点绘斜线，如图 8-8 所示。

⑦ 绘制圆。单击工具栏按钮，执行 CIRCLE 命令，以左视图中心线交点为圆心，绘制直径为 $\phi 8mm$ 的圆；以左视图上、下中心线的交点为圆心，绘直径为 $\phi 18mm$ 的圆，如图 8-8 所示。

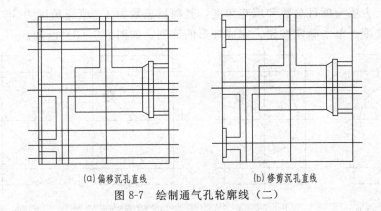

(a) 偏移沉孔直线　　　　　　　　(b) 修剪沉孔直线

图 8-7　绘制通气孔轮廓线（二）

⑧ 绘制相贯圆弧。单击工具栏按钮 ⌀ ，执行 CIRCLE 命令，以主视图通孔线与阀套孔上轮廓线交点为圆心，作半径为阀套孔半径的圆弧，使其与通孔中心线相交；再以此交点为圆心作相贯圆弧，选择下拉菜单"绘图→圆弧→圆心、起点、端点"作圆弧（注意圆弧的绘制方向），如图 8-8 所示。

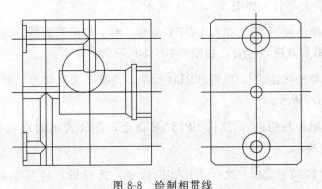

图 8-8　绘制相贯线

（4）绘制螺纹孔

① 绘制定位圆。单击工具栏按钮 ⌀ ，执行 CIRCLE 命令，以左视图中心线交点为圆心，作 $\phi 50mm$ 的圆，如图 8-9 (a) 所示。

② 绘制定位线。鼠标放在状态栏"对象追踪"上，单击鼠标右键，在弹出的草图设置对话框的极轴追踪选项卡中，增量角输入 45，并使其下沉；单击绘图工具栏按钮 ，执行 LINE 命令，以左视图中心线交点作为直线的第一点，鼠标向右上方移动绘定位斜直线，如图 8-9 (a) 所示。

③ 绘制同心圆。单击工具栏按钮 ⌀ ，执行 CIRCLE 命令，以左视图定位中心线与定位斜线的交点为圆心，作直径分别为 $\phi 8mm$、$\phi 6.4mm$（$\phi 8 \times 0.8 = \phi 6.4$）的圆，如图 8-9 (b) 所示。

④ 打断同心外圆。单击工具栏按钮 ，执行 BREAK 命令，将所绘同心外圆打断 1/4（注意打断方向），如图 8-9 (c) 所示。

⑤ 阵列同心圆与圆弧。单击按钮 ，执行 ARRAYCLASSIC 命令，在"阵列"对话框，设置阵列为环形阵列，选择打断后的同心圆及定位斜线为列对象，阵列中心点为左视图

中心线的交点，方法为项目总数和填充角度，其项目总数为 4，填充角度为 360°，选择复制时旋转项目复选框，单击确定按钮，完成环形的阵列，如图 8-9 (d) 所示。

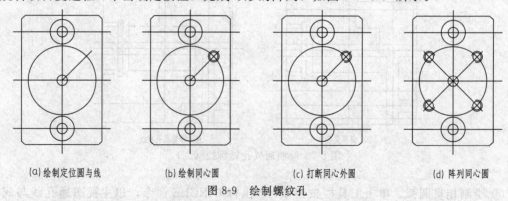

(a) 绘制定位圆与线   (b) 绘制同心圆   (c) 打断同心外圆   (d) 阵列同心圆

图 8-9   绘制螺纹孔

（5）绘制退刀槽局部放大图

① 确定放大位置。单击按钮 ⊘ ，执行 CIRCLE 命令，在主视图退刀槽投影处的适当位置绘制圆，确定放大部分，如图 8-10 (a) 所示。

② 复制图线。单击按钮 ⬚ ，执行 COPY 命令，将上步所绘的圆、圆所包围的及圆穿过的直线复制到主视图下方适当位置，如图 8-10 (b) 所示。

③ 修剪直线。单击按钮 ✂ ，执行 TRIM 命令，选择圆为剪切边，对圆穿过的直线进行修剪，如图 8-10 (b) 所示。

④ 画波浪线。单击按钮 ∿ ，执行 SPLINE 命令，在放大图的直线投影之间绘制波浪线，如图 8-10 (b) 所示。

⑤ 删除圆。单击按钮 ✐ ，执行 ERASE 命令，选择圆，将其删除，如图 8-10 (b) 所示。

⑥ 放大图线。单击按钮 ⬚ ，执行 SCALE 命令，选择修剪后的图线，以圆心为基点，输入 5，将所选图线放大 5 倍，如图 8-10 (c) 所示。

⑦ 标注局部放大图的比例。单击按钮 **A** ，执行 MTEXT 命令，在局部放大图上方适当位置输入文字 5∶1，如图 8-10 (c) 所示。

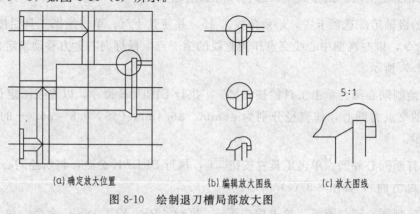

(a) 确定放大位置   (b) 编辑放大图线   (c) 放大图线

图 8-10   绘制退刀槽局部放大图

（6）设置图线图层与编辑图线

① 选择所有轮廓线及螺纹内孔线，将其图层设置为 01 层。

② 选择所有中心线，将其图层设置为 05 层。

③ 选择波浪线和螺纹外线，将其图层设置为 02 层，如图 8-11 所示。

④ 利用夹点，将中心线按其轮廓线的投影进行延长或缩短，如图 8-11 所示。

（7）绘制剖面符号

① 在图层管理器中，将当前图层设置为 10（剖面符号层）层。

② 绘制剖面符号。单击按钮，在弹出的"图案填充和渐变色"对话框中，"类型"下拉列表框设置"预定义"，"图案"下拉列表框选择"ANSI31"，"角度和比例"下拉列表框设置比例为"1"，单击"添加：拾取点"按钮，在主视图的各轮廓线框内适当位置选择点（其有 8 处），在局部放大图内选择一点，再单击对话框中的"确定"按钮，如图 8-12 所示。

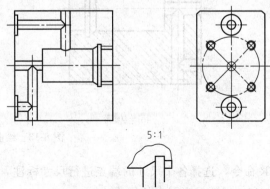

图 8-11 编辑图线与设置图层

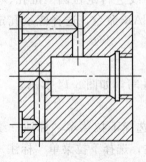

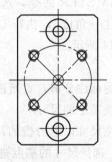

图 8-12 绘制剖面符号

（8）绘制堵块

① 绘制矩形。单击按钮，执行 RECTANG 命令，在主视图上 3 个无沉孔的通气孔端部绘 8mm×3mm 的矩形，如图 8-13（a）所示。

② 绘制剖面符号。单击按钮，在弹出的"图案填充和渐变色"对话框中，"类型"下拉列表框设置"预定义"，"图案"下拉列表框选择"SOLID"，单击"添加：拾取点"按钮，在主视图上的堵块矩形框内适当位置选择点，单击对话框中的"确定"按钮，如图 8-13（b）所示。

③ 标序号。用引线标注的方法给每个堵块标上序号。

3. 标注尺寸

在图层管理器中，将当前图层设置为 08（尺寸）层。

（1）标注主视图上的尺寸

主视图上标注尺寸以线性尺寸为主。选择下拉菜单"标注→线性"，执行 DIMDIAME-

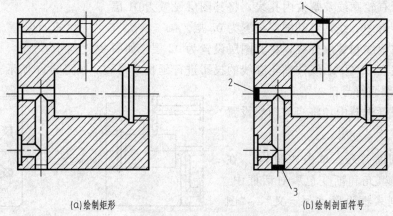

(a)绘制矩形　　　　　　　　　　　(b)绘制剖面符号

图 8-13　绘制堵块

TER 命令，选择各个尺寸的端点进行尺寸标注，如图 8-14 所示。

（2）标注左视图上的尺寸

左视图上标注有沉孔、螺纹孔、倒角等尺寸。选择下拉菜单"标注→线性"，执行 DIMDIAMETER 命令，选择各个线性尺寸的端点进行尺寸标注；选择下拉菜单"标注→直径"，执行 DIMDIAMETER 命令，选择圆的轮廓线进行定位圆、沉孔、螺纹的尺寸标注；选择下拉菜单"标注→角度"，执行 DIMANGULAR 命令，选择螺纹孔定位与水平中心线标注角度，如图 8-14 所示。

（3）编辑尺寸

将沉孔、螺纹的标注分解，重新进行文字的注写，如图 8-14 所示。

（4）标注放大视图上的尺寸

放大视图上标注尺寸以退刀槽的尺寸为主。选择下拉菜单"标注→线性"，执行 DIM-DIAMETER 命令，选择尺寸的端点进行尺寸标注；选择下拉菜单"标注→角度"，执行 DI-MANGULAR 命令，选择锥线与孔线标注角度，如图 8-14 所示。

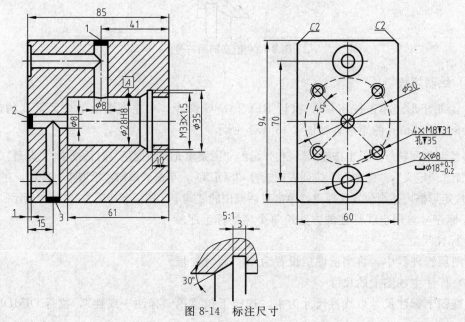

图 8-14　标注尺寸

4. 标注技术要求

（1）标注表面粗糙度

单击按钮 ，执行 INSERT 命令，在主视图上标注粗糙度值大于 3.2（含 3.2）的表面粗糙度（共有 2 处）；在图幅右上角插入其余字符与粗糙度值 $Ra6.3$ 粗糙度符号的组合，如图 8-15 所示。

（2）标注形位公差

阀体为保证在工作状态下的密封，对阀体的螺纹轴线与阀套孔的轴线提出了同轴度要求，其允差为 $\phi0.02$。

① 绘制公差基准符号。单击按钮 ，执行 INSERT 命令，插入公差基准符号图块；将所绘基准符号与基准轴线尺寸按规定要求放在一起，如图 8-15 所示。

② 绘制同轴度公差符号。选择下拉菜单"标注→公差"，执行 TOLERANCE 命令，AutoCAD 弹出"形位公差"对话框，在"符号"选项组中选择跳动符号 ，在"公差 1"中选择直径符号，输入允差值 0.02，在"基准 1"中输入 A，单击确定按钮，其同轴度公差符号如图 8-15 所示。

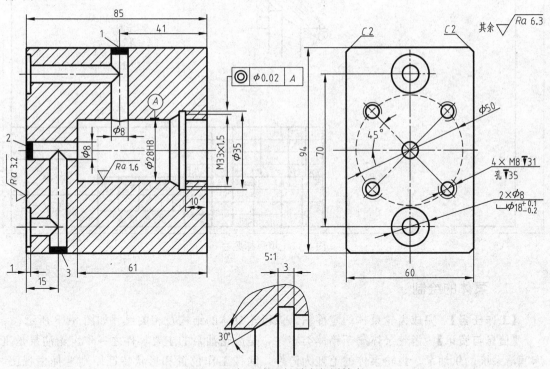

图 8-15　标注表面粗糙度与同轴度

（3）写技术要求

根据零件所选材料进行的热处理工艺、零件表达中统一规范等写出技术要求。单击按钮 **A**，执行 MTEXT 命令，输入"技术要求"的文字，并进行编辑，如图 8-16 所示。

技术要求
1.未注倒角为1×45°。
2.图中1,2,3三处为铝堵。
3.毛坯为70×100×100的锻件。

图 8-16　填写技术要求文字

5. 填写标题栏

根据图纸管理的要求，在标题栏中填写出其相应的内容，如图 8-17 所示。

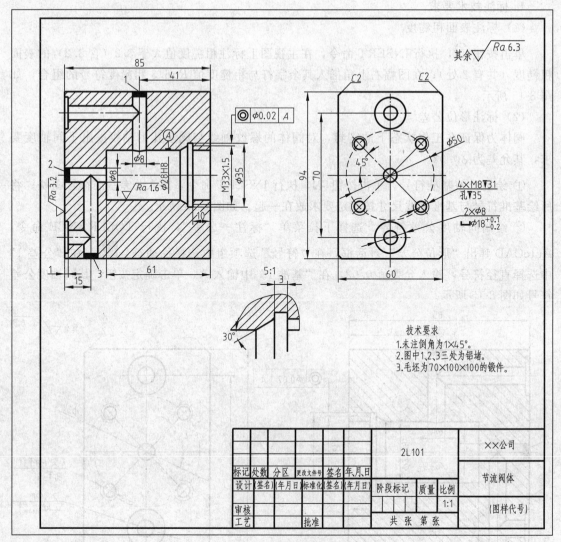

图 8-17　填写标题栏

二、泵体的绘制

【工作任务】　完成齿轮泵体的零件图，该齿轮泵体的结构及相关尺寸如图 8-18 所示。

【信息与资讯】　齿轮泵体属于箱体类零件，是齿轮油泵的主要零件之一，齿轮油泵是机床润滑系统的供油泵。齿轮泵体的毛坯为铸件，除按工作位置和形状特征原则选择主视图，为了能完整而清晰地表达箱体内腔和外形的结构形状，采用左视图、A 向局部视图和 C 向局部视图。其中，主视图采用全剖视图、左视图采用局部剖视画法。

【决策与计划】　根据齿轮泵体的整体最大尺寸为 85mm×100mm×115mm，选用 A3 图幅绘图，即使用 A3.dwt 样板文件。其绘图环境的设置有单位为 mm，绘图比例 1∶1，该齿轮泵体采用两个基本视图来表达其外部形状和结构，主视图用单一平面全剖视来表示内部结构与形状，左视图为含有局部剖视的轮廓视图；另用两个局部视图来表达局部结构与形状。完成齿轮泵体零件图的步骤有：创建绘图环境、绘制图形、标注尺寸、标注技术要求、填写标题栏和存盘。

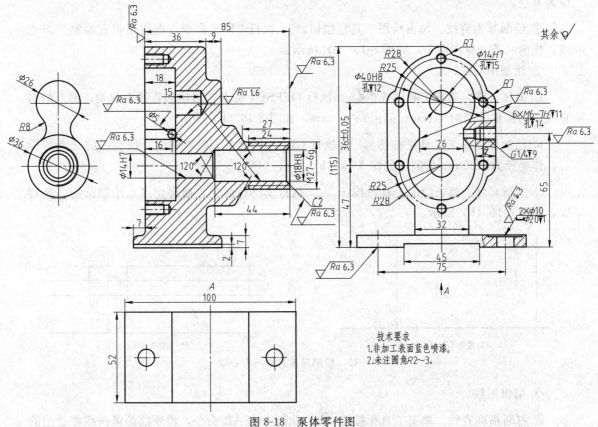

图 8-18　泵体零件图

1. 创建绘图环境

根据泵体的零件图，图幅选 A3，绘图比例为 1：1，绘图单位为 mm。选择主菜单"文件→打开"，在选择文件对话框中选择已有的"Template（图形样板）→A3.dwt"，建立新文件，将新文件命名为"泵体.dwg"，并保存到指定文件夹。

2. 绘制泵体视图

绘制泵体视图所用到的主要命令见表 8-2。

表 8-2　绘制泵体视图所用的命令

命令	图标	下拉菜单位置	命令	图标	下拉菜单位置
RECTANG		绘图→矩形	MIRROR		修改→镜像
LINE		绘图→直线	CIRCLE		绘图→圆
EXPLODE		修改→分解	ARRAY		修改→阵列
OFFSET		修改→偏移	BREAK		修改→打断
XLINE		绘图→构造线	SPLINE		绘图→样条曲线
TRIM		修改→修剪	BHATCH		绘图→图案填充

（1）确定绘图基准

绘图基准是以尺寸标注起点或零件的工艺基准来确定。在图层管理器中，将当前的图层设为 0 层。

① 绘制基准直线。单击绘图工具栏按钮 ✏, 执行 LINE 命令, 在适当位置绘制三条直线, 横向一条, 纵向两条, 如图 8-19 (a) 所示。

② 绘制中心线。

a. 偏移直线。单击工具栏按钮 ⬛, 执行 OFFSET 命令, 以横向直线为起始, 向上绘制直线, 偏移量分别为 47mm、65mm、83mm, 如图 8-19 (b) 所示。

b. 绘制圆。单击工具栏按钮 ⊘, 执行 CIRCLE 命令, 以左侧纵、横直线的交点为圆心, 作半径为 R25mm 的圆, 如图 8-19 (b) 所示。

c. 绘制直线。单击绘图工具栏按钮 ✏, 执行 LINE 命令, 捕捉切点, 绘制圆的两条切线, 如图 8-19 (b) 所示。

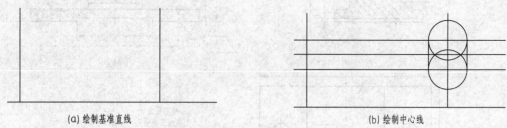

(a) 绘制基准直线　　　　　(b) 绘制中心线

图 8-19　绘制基准直线与中心线

③ 编辑图线。

a. 打断横向直线。单击工具栏按钮 ⬛, 执行 BREAK 命令, 将所绘的横向线在适当的位置打断, 如图 8-20 (a) 所示。

b. 修剪圆。单击按钮 ✂, 执行 TRIM 命令, 选择横向线为修剪边, 对圆进行修剪, 如图 8-20 (b) 所示。

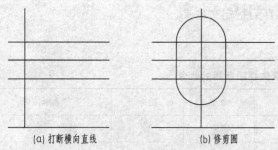

(a) 打断横向直线　　(b) 修剪圆

图 8-20　编辑图线

(2) 绘制左视图

① 绘制轮廓线。

a. 绘制圆。单击工具栏按钮 ⊘, 执行 CIRCLE 命令, 分别以 A、B 点为圆心, 作直径分别为 $\phi14mm$、$\phi40mm$、$\phi56mm$ 的圆, 如图 8-21 (a) 所示。分别以 1、2、3、4、5、6 点为圆心, 作半径为 R7mm 的圆, 如图 8-21 (b) 所示。

b. 绘制直线。单击绘图工具栏按钮 ✏, 执行 LINE 命令, 捕捉切点, 绘制圆的两条切线, 如图 8-22 (a) 所示。单击工具栏按钮 ⬛, 执行 OFFSET 命令, 以纵向中心线为起始, 向左右绘制直线, 偏移量分别为 13mm、16mm、22.5mm、37.5mm、50mm, 如图 8-19 (b) 所示。以底线为起始, 向上绘制直线, 偏移量分别为 2mm、7mm, 如图 8-22 (b) 所示。

c. 修剪图线。单击按钮 ✂, 执行 TRIM 命令, 选择所绘的圆及偏移直线为剪切边, 对圆、直线相互进行修剪; 利用夹点, 将中心线、轮廓线的投影进行延长或缩短, 如图 8-23

所示。

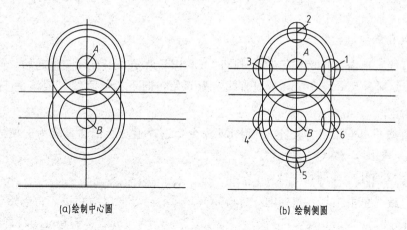

(a)绘制中心圆　　　　(b) 绘制侧圆

图 8-21　绘制圆

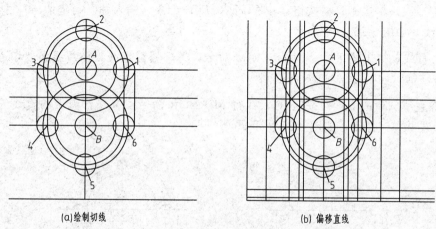

(a)绘制切线　　　　　(b) 偏移直线

图 8-22　绘制直线

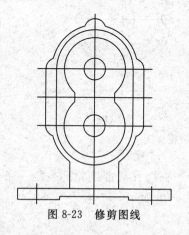

图 8-23　修剪图线

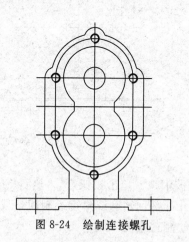

图 8-24　绘制连接螺孔

② 绘制连接螺孔。

a. 绘制圆。单击工具栏按钮 ⊘ ，执行 CIRCLE 命令，以圆弧 $R7$ 的圆心为圆心，作直径分别为 $\phi 5.2\text{mm}$、$\phi 6\text{mm}$ 的圆，如图 8-24 所示。

b. 打断圆弧。单击工具栏按钮▢，执行 BREAK 命令，将上步所绘 φ6mm 的圆在适当的位置打断其 1/4，如图 8-24 所示。

③ 绘制沉孔局部剖轮廓线。

a. 偏移直线。单击工具栏按钮▱，执行 OFFSET 命令，以直线 7 为起始，向左右绘制直线，偏移量分别为 5mm、10mm；以直线 8 为起始，向下绘制直线，偏移量 1mm，如图 8-25（a）所示。

b. 修剪直线。单击按钮⊬，执行 TRIM 命令，选择上步所偏移直线为剪切边，对直线相互进行修剪，如图 8-25（b）所示。

④ 绘制螺纹通孔局部剖轮廓线。

a. 偏移直线。单击工具栏按钮▱，执行 OFFSET 命令，以中心线 9 为起始，向上绘制直线，偏移量分别为 2.5mm、3.1（25×1÷4÷2＝3.1）mm、3.91mm；以直线 10 为起始，向左绘制直线，偏移量分别为 9mm、12mm，如图 8-26（a）所示。

b. 作构造线。单击工具栏按钮↗，执行 XLINE 命令，输入 A，再输入 60，捕捉交点 C，作构造线，如图 8-26（a）所示。

c. 修剪直线。单击按钮⊬，执行 TRIM 命令，选择偏移直线、构造线为剪切边，对直线相互进行修剪，如图 8-26（b）所示。

d. 镜像直线。单击工具栏按钮△，执行 MIRROR 命令，选择修剪后的直线为镜像对象，以中心线 9 为镜像线，如图 8-27 所示。

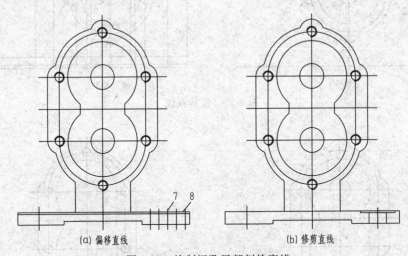

图 8-25　绘制沉孔局部剖轮廓线

e. 画波浪线。单击按钮〜，执行 SPLINE 命令，在沉孔局部剖轮廓线画一条波浪线，在螺纹通孔局部剖轮廓线附近绘制两条波浪线，如图 8-28 所示。

（3）绘制主视图

① 绘制外轮廓。

a. 偏移直线。单击工具栏按钮▱，执行 OFFSET 命令，以底线为起始，向上绘制直线，偏移量分别为 2mm、7mm；以纵向直线为起始，向左绘制直线，偏移量为 7mm，向右

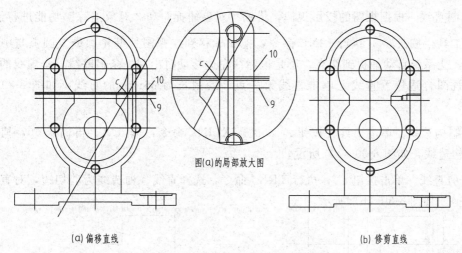

(a) 偏移直线

图(a)的局部放大图

(b) 修剪直线

图 8-26 绘制螺纹通孔局部剖轮廓线

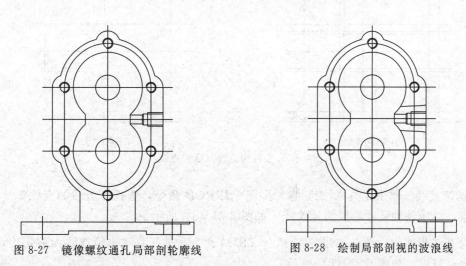

图 8-27 镜像螺纹通孔局部剖轮廓线

图 8-28 绘制局部剖视的波浪线

绘制直线，偏移量分别为 36mm、45（36＋9）mm、85mm；以偏移量为 85mm 的直线为起始，向左绘制直线，偏移量分别为 24mm、27mm；以主轴孔中心线为起始，向上、下绘制直线，偏移量分别为 11.48（27×0.85÷2＝11.48）mm、13.5mm；以从动轴孔中心线为起始，向上下绘制直线，偏移量为 13mm，如图 8-29（a）所示。

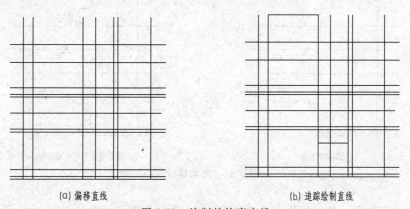

(a) 偏移直线

(b) 追踪绘制直线

图 8-29 绘制外轮廓直线

b. 绘制直线。根据视图的投影规律，借助"对象捕捉"和"对象追踪"功能进行绘制。单击绘图工具栏按钮，执行 LINE 命令，把鼠标移到左视图外壁轮廓最上圆弧与中心线交点附近，让系统自动捕捉到交点，于是鼠标往左边移动时出现一条追踪线（呈虚线的线）；然后在主视图合适位置直线上单击直线第一点，绘制长为 36mm 的直线，如图 8-29（b）所示。

c. 绘制构造线。单击工具栏按钮，执行 XLINE 命令，输入 A，再输入 60，捕捉交点 D，作构造线，如图 8-30（a）所示。

d. 修剪直线。单击按钮，执行 TRIM 命令，选择直线、构造线为剪切边，对直线相互进行修剪，如图 8-30（b）所示。

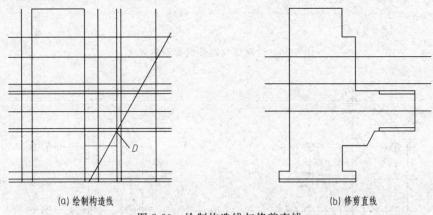

(a) 绘制构造线　　　　　　　　　　(b) 修剪直线

图 8-30　绘制构造线与修剪直线

e. 镜像直线。单击工具栏按钮，执行 MIRROR 命令，选择修剪后的直线 11、12 为镜像对象，以主动轴孔中心线为镜像线，如图 8-31（a）所示。

f. 修剪镜像直线。单击按钮，执行 TRIM 命令，选择直线、镜像线为剪切边，对直线相互进行修剪，如图 8-31（b）所示。

g. 倒圆角。单击工具栏按钮，执行 FILLET 命令，输入倒圆半径 2mm，对外轮廓倒圆角，如图 8-31（b）所示。

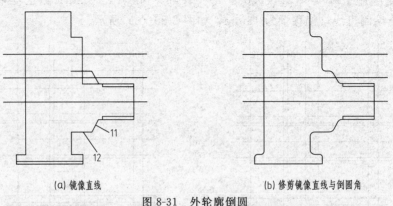

(a) 镜像直线　　　　　　　　　　(b) 修剪镜像直线与倒圆角

图 8-31　外轮廓倒圆

② 绘制内腔轮廓。单击绘图工具栏按钮，执行 LINE 命令，把鼠标移到左视图内壁

轮廓圆弧与中心线最上交点附近，让系统自动捕捉到交点，于是鼠标往左边移动时出现一条追踪线（呈虚线的线）；然后在主视图捕捉适当的点，结合直接距离输入法，绘制内腔轮廓线，如图 8-32 所示。

③ 绘制螺纹通孔位置投影。

a. 绘制直线。单击绘图工具栏按钮，执行 LINE 命令，借助"对象捕捉"和"对象追踪"功能进行绘制，如图 8-33（a）所示。

b. 偏移直线。单击工具栏按钮，执行 OFFSET 命令，以直线 13 为起始，向右绘制直线，偏移量 16mm，如图 8-33（a）所示。

c. 绘制圆。单击工具栏按钮，执行 CIRCLE 命令，以 E 点为圆心，作直径为 ϕ5mm 的圆，如图 8-33（b）所示。

d. 编辑中心线。利用夹点，将为 ϕ5mm 的圆中心线按其轮廓线的投影进行延长或缩短，如图 8-33（b）所示。

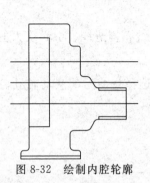

图 8-32　绘制内腔轮廓

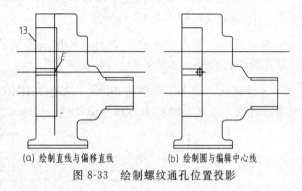

(a) 绘制直线与偏移直线　　(b) 绘制圆与编辑中心线

图 8-33　绘制螺纹通孔位置投影

④ 绘制主轴孔轮廓。

a. 偏移直线。单击工具栏按钮，执行 OFFSET 命令，以主轴孔中心线为起始，向上绘制直线，偏移量分别为 7mm、9mm；以主视图最右的直线为起始，向左绘制直线，偏移量为 44mm，如图 8-34（a）所示。

b. 绘制构造线。单击工具栏按钮，执行 XLINE 命令，输入 A，再输入 60，捕捉交点 F，作构造线，如图 8-34（a）所示。

c. 补纵向直线。单击绘图工具栏按钮，执行 LINE 命令，捕捉 G 点为直线的第一点，向下绘纵向直线，如图 8-34（a）所示。

d. 修剪直线。单击按钮，执行 TRIM 命令，选择偏移直线、构造线以及与其相交的线为剪切边，对直线相互进行修剪，如图 8-34（b）所示。

e. 镜像直线。单击工具栏按钮，执行 MIRROR 命令，选择修剪后的主轴孔轮廓线为镜像对象，以主轴孔中心线为镜像线，如图 8-34（b）所示。

f. 倒角。单击按钮，执行 CHAMFER 命令，对主轴孔的右端倒角（2×45°）；并画倒角直线，如图 8-34（c）所示。

⑤ 绘制从动轴孔轮廓。

a. 偏移直线。单击工具栏按钮，执行 OFFSET 命令，以直线 14 为起始，向右绘制

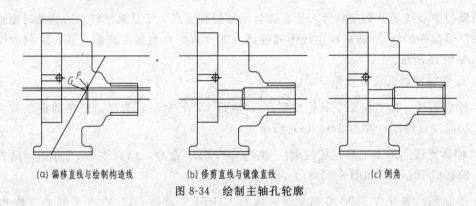

(a) 偏移直线与绘制构造线　　　　(b) 修剪直线与镜像直线　　　　(c) 倒角

图 8-34　绘制主轴孔轮廓

直线，偏移量 15mm；以从动孔轴线为起始，向上绘制直线，偏移量 7mm，如图 8-35（a）所示。

b. 绘制构造线。单击工具栏按钮 ，执行 XLINE 命令，输入 A，再输入－60，捕捉交点 H，作构造线，如图 8-35（a）所示。

c. 修剪直线。单击按钮 ，执行 TRIM 命令，选择偏移直线、构造线、中心线为剪切边，对直线进行修剪，如图 8-35（b）所示。

d. 镜像直线。单击工具栏按钮 ，执行 MIRROR 命令，选择修剪后的从动轴孔轮廓线为镜像对象，以从动轴孔中心线为镜像线，如图 8-35（b）所示。

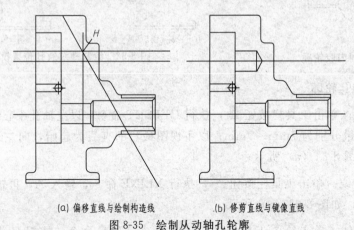

(a) 偏移直线与绘制构造线　　　　　(b) 修剪直线与镜像直线

图 8-35　绘制从动轴孔轮廓

⑥ 绘制连接螺孔轮廓。

a. 绘制螺孔中心线。单击绘图工具栏按钮 ，执行 LINE 命令，把鼠标移到左视图螺纹孔圆的圆心附近，让系统自动捕捉到圆心，于是鼠标往左边移动时出现一条追踪线（呈虚线的线）；然后在主视图捕捉适当的点，结合直接距离输入法，绘制两条螺孔中心线，如图 8-36（a）所示。

b. 偏移直线。单击工具栏按钮 ，执行 OFFSET 命令，以直线 13 为起始，向右绘制直线，偏移量分别为 11mm、14mm；以孔轴线为起始，向上绘制直线，偏移量分别为 2.55（6×0.85÷2＝2.55）mm、3mm，如图 8-36（a）所示。

c. 绘制构造线。单击工具栏按钮 ，执行 XLINE 命令，输入 A，再输入－60，捕捉

交点 M，作构造线，如图 8-36（a）所示。

d. 修剪直线。单击按钮 ，执行 TRIM 命令，选择偏移直线、构造线、中心线为剪切边，对直线进行修剪，如图 8-36（b）所示。

e. 镜像直线。单击工具栏按钮 ，执行 MIRROR 命令，选择修剪后的从动轴孔轮廓线为镜像对象，以从动轴孔中心线为镜像线，如图 8-36（b）所示。

f. 复制螺孔轮廓。单击按钮 ，执行 COPY 命令，选择所绘螺孔轮廓线为复制对象，选择合适的基准点进行复制，如图 8-36（c）所示。

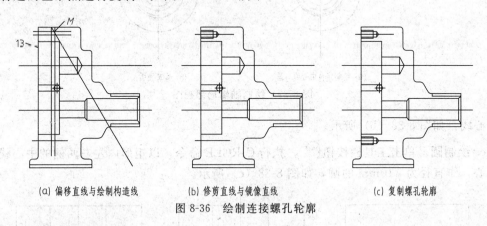

(a) 偏移直线与绘制构造线　　　(b) 修剪直线与镜像直线　　　(c) 复制螺孔轮廓

图 8-36　绘制连接螺孔轮廓

（4）绘制辅助视图

① 绘制轴端局部视图。

a. 绘制定位中心线。单击绘图工具栏按钮 ，执行 LINE 命令，把鼠标移到主视图主、从轴线端点附近，让系统自动捕捉到端点，于是鼠标往左边移动时出现一条追踪线（呈虚线的线）；然后在适当位置绘直线（两条）；再绘一条纵向直线，如图 8-37（a）所示。

b. 绘制圆。单击工具栏按钮 ，执行 CIRCLE 命令，以 O_1 为圆心，作直径为 $\phi 26$mm 的圆；以 O_2 为圆心，作直径分别为 $\phi 14$mm、$\phi 18$mm、$\phi 22$mm、$\phi 23$mm、$\phi 27$mm、$\phi 36$mm 的圆；选择下拉菜单"绘图→圆→相切、相切、半径"，绘半径为 $R8$ 的圆，与圆 $\phi 26$mm、$\phi 36$mm 相切的圆，如图 8-37（a）所示。

c. 修剪圆弧。单击按钮 ，执行 TRIM 命令，选择 $R8$mm 的圆，$\phi 26$mm、$\phi 36$mm 的圆为剪切边，对半径为 $R8$mm 的圆、$\phi 26$mm 的圆进行修剪，如图 8-37（b）所示。

d. 打断圆弧。单击工具栏按钮 ，执行 BREAK 命令，将所绘 $\phi 23$mm 的圆打断 1/4（注意打断方向），如图 8-37（b）所示。

② 绘制底面局部视图。

a. 绘制矩形。单击按钮 ，执行 RECTANG 命令，以左视图的最左点为追踪点在左视图下方确定第一角点位置，再输入（@100，－52），绘出其外轮廓线，如图 8-38（a）所示。

b. 绘制直线。单击绘图工具栏按钮 ，执行 LINE 命令，把鼠标移到左视图底板槽的附近，让系统自动捕捉到交点，于是鼠标往下移动时出现一条追踪线（呈虚线的线）；然后在矩形上捕捉适当的点，绘两条轮廓直线及三条纵向中心线；追踪矩形纵向线的中点，绘横

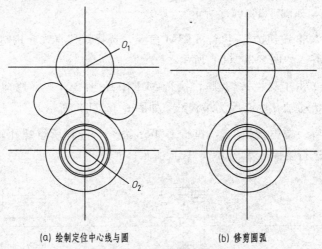

（a）绘制定位中心线与圆　　　　　　（b）修剪圆弧

图 8-37　绘制轴端局部视图

向中心线，如图 8-38（b）所示。

　　c. 绘制圆。单击工具栏按钮⊙，执行 CIRCLE 命令，以矩形内左右两侧的中心线交点为圆心，作直径为 $\phi10mm$ 的圆，如图 8-38（c）所示。

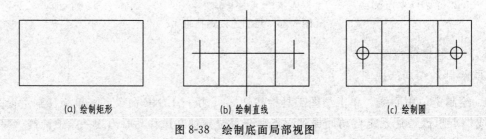

（a）绘制矩形　　　　　　　（b）绘制直线　　　　　　　（c）绘制圆

图 8-38　绘制底面局部视图

　　（5）设置图线图层与编辑图线

　　① 选择所有轮廓线及螺纹内孔线，将其图层设置为 01 层。

　　② 选择所有中心线，将其图层设置为 05 层。

　　③ 选择波浪线和螺纹外线，将其图层设置为 02 层，如图 8-39 所示。

　　④ 利用夹点，将中心线按其轮廓线的投影进行延长或缩短，如图 8-39 所示。

　　（6）绘制剖面符号

　　① 在图层管理器中，将当前图层设置为 10（剖面符号层）层。

　　② 绘制剖面符号。单击按钮▨，在弹出的"图案填充和渐变色"对话框中，"类型"下拉列表框设置"预定义"，"图案"下拉列表框选择"ANSI31"，"角度和比例"下拉列表框设置比例为"1"，单击"添加：拾取点"按钮，在主视图的各轮廓线框内适当位置选择点（其有 8 处），在左视图的局部剖切轮廓内选择点（共有 6 处），再单击对话框中的"确定"按钮，如图 8-40 所示。

　　（7）标注底面局部视图

　　① 在图层管理器中，将当前图层设置为 02 层。

　　② 标注投影位置与方向。选择下拉菜单"标注→多重引线"，在左视图下方标注箭头和字母 A，如图 8-40 所示。

③ 移动视图。单击工具栏按钮✛，执行 MOVE 命令，选择底面局部视图，将其移到主视图下方适当位置，如图 8-40 所示。

④ 标注局部视图名。单击按钮 **A**，执行 MTEXT 命令，在底面局部视图上方输入"A"的文字，如图 8-40 所示。

3. 标注尺寸

（1）标注主视图上的尺寸

主视图上标注尺寸以线性尺寸为主。选择下拉菜单"标注→线性"，执行 DIMLINEAR 命令，选择各个尺寸的端点进行尺寸标注；选择下拉菜单"标注→直径"，执行 DIMDIAMETER 命令，标注 $\phi 5$；选择下拉菜单"标注→多重引线"，执行 MLEADER 命令，标注倒角，如图 8-41 所示。

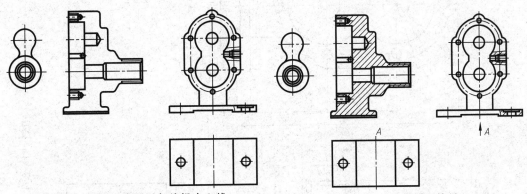

图 8-39　设置图线图层与编辑中心线　　　　图 8-40　绘制剖面符号

（2）标注左视图上的尺寸

左视图上标注有圆、圆弧、沉孔、螺纹孔等尺寸。选择下拉菜单"标注→线性"，执行 DIMLINEAR 命令，选择各个线性尺寸的端点进行尺寸标注；选择下拉菜单"标注→直径"，执行 DIMDIAMETER 命令，选择圆的轮廓线进行定位圆、沉孔、螺纹孔的尺寸标注；选择下拉菜单"标注→半径"，执行 DIMRADIUS 命令，选择圆弧进行标注；选择下拉菜单"标注→多重引线"，执行 MLEADER 命令，标注沉孔尺寸，如图 8-41 所示。

（3）编辑尺寸

将沉孔、螺纹及左视图部分圆的标注进行分解，重新进行文字的注写，如图 8-41 所示。

（4）标注局部视图的尺寸

局部视图上标注尺寸以外轮廓的尺寸为主。在轴端局部视图中，选择下拉菜单"标注→直径"，执行 DIMDIAMETER 命令，选择圆进行尺寸标注；选择下拉菜单"标注→半径"，执行 DIMRADIUS 命令，选择圆弧进行尺寸标注。在底面局部视图中，选择下拉菜单"标注→线性"，执行 DIMLINEAR 命令，标注矩形的外形尺寸，如图 8-41 所示。

4. 标注技术要求

（1）标注表面粗糙度

单击按钮 ⬚，执行 INSERT 命令，在主视图、左视图上标注加工表面的粗糙度；在图幅右上角插入其余字符与无加工粗糙度符号的组合，如图 8-41 所示。

（2）标注形位公差

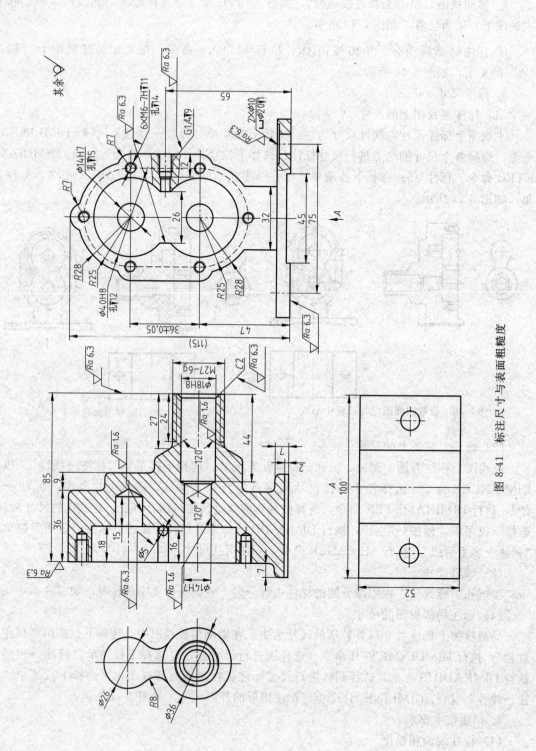

图 8-41　标注尺寸与表面粗糙度

泵体在加工精度能保证的条件下，其形状公差由机床的刚性保证，不用在图中标注表达。

（3）写技术要求

根据零件所选材料进行的热处理工艺、零件表达中统一规范等写出技术要求。单击按钮 **A**，执行 MTEXT 命令，输入"技术要求"的文字，并进行编辑，如图 8-42 所示。

技术要求
1.非加工表面蓝色喷漆。
2.未注圆角R2～3。
图 8-42 技术要求文字内容

5. 填写标题栏

根据图纸管理的要求，在标题栏中填写出其相应的内容，如图 8-43 所示。

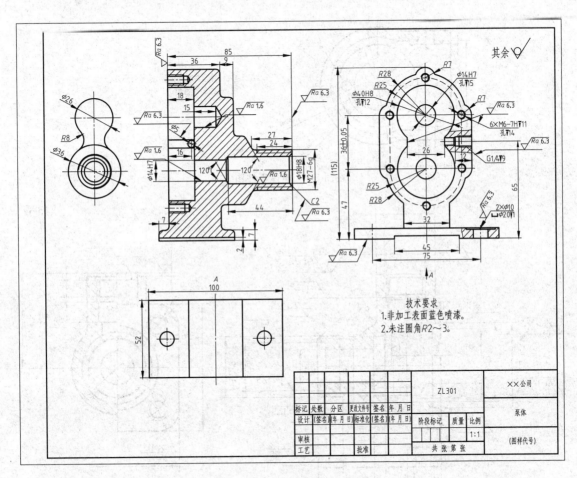

图 8-43 泵体零件的工作图

【上机操作】

1. 完成箱体的零件图，该箱体的结构及相关尺寸如题图 8-1 所示。

提示：箱体零件图由三个基本视图组成。其中，为了表达零件内腔等结构，主视图作了全剖视、俯视图作了局部剖。

2. 完成球阀阀体的零件图，该球阀阀体的结构及相关尺寸如题图 8-2 所示。

提示：球阀阀体零件图由三个基本视图组成。其中，为了表达零件内腔等结构，主视图作了全剖视、左视图作了单一剖面的半部剖。

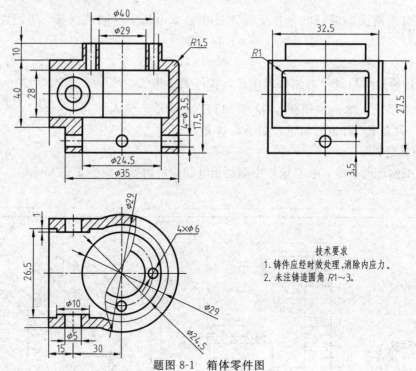

技术要求
1. 铸件应经时效处理,消除内应力。
2. 未注铸造圆角 R1~3。

题图 8-1　箱体零件图

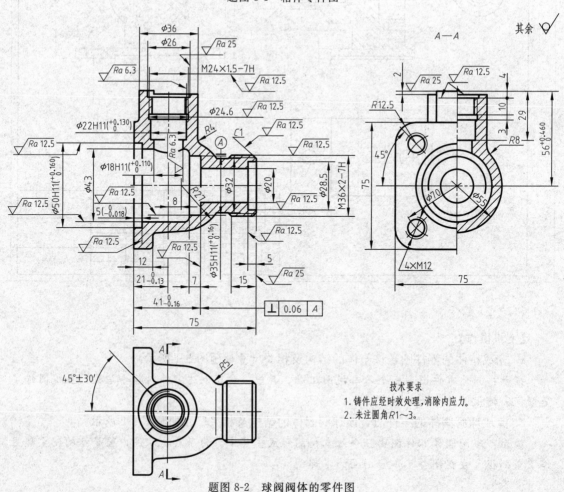

技术要求
1. 铸件应经时效处理,消除内应力。
2. 未注圆角R1~3。

题图 8-2　球阀阀体的零件图

项目九
叉架类零件绘制

一、拨叉的绘制

【工作任务】 完成拨叉的零件图，该拨叉的结构及相关尺寸如图 9-1 所示。

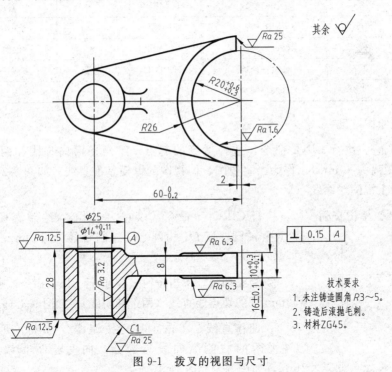

图 9-1　拨叉的视图与尺寸

【信息与资讯】 叉架类零件包括拨叉、支架、杠杆、连杆等，它们多为铸件或锻件，结构形状变化比较大，也较为复杂，机械加工的工序常不相同。选择主视图时应根据零件的具体特点，按其工作位置和充分反映零件特征形状的原则来选定。除用基本视图外，常采用局部视图、局部剖视图、斜视图、局部放大图等来表示一些局部结构，而用剖面图来表示需要表达的断面形状。

　　拨叉形体不太复杂，采用两个基本视图表达拨叉的结构形状，其俯视图采用单一平面的局部剖视图，表达孔的内部结构与形状；并对拨叉的两个平面与孔的轴线垂直度提出了要求；筋板接铸造件规范要求自行定义其结构尺寸。

　　【决策与计划】 根据拨叉的整体最大尺寸为 72.5mm×28mm×52mm，选用 A4 图幅绘图，即使用 A4.dwt 样板文件。其绘图环境的设置单位为 mm，绘图比例 1：1。该拨叉采用两个基本视图来表达其外部形状和结构，俯视图用单一平面局部剖视来表示孔内部结构与形状。完成拨叉零件图的步骤有：创建绘图环境、绘制图形、标注尺寸、标注技术要求、填写标题栏和存盘。

1. 创建绘图环境

根据拨叉的外轮廓尺寸，图幅选 A4，绘图比例为 1：1，绘图单位为 mm。选择主菜单"文件→打开"，在选择文件对话框中选择已有的"Template（图形样板）→A4.dwt"建立新文件，A4.dwt 图形样板已经对图层、文字样式和标注样式，根据机械制图标准作了必要设置，将新文件命名为"拨叉.dwg"，并保存到指定文件夹。

2. 绘制拨叉视图

绘制拨叉视图所用到的主要命令见表 9-1。

表 9-1　绘制拨叉视图所用的命令

命令	图标	下拉菜单位置	命令	图标	下拉菜单位置
LINE		绘图→直线	CHAMFER		修改→倒角
CIRCLE		绘图→圆	SPLINE		绘图→样条曲线
OFFSET		修改→偏移	XLINE		绘图→构造线
TRIM		修改→修剪	BHATCH		绘图→图案填充
FILLET		修改→圆角			

（1）确定绘图基准

单击按钮，执行 LINE 命令，选择适当的起点，绘两条横向直线和两条纵向直线（纵向直线的距离为 60mm），作为绘主视图、俯视图的纵横基准直线，如图 9-2 所示。

（2）绘制主视图轮廓线

① 绘制圆。单击按钮，执行 CIRCLE 命令，以 O_1 为圆心，绘制直径为 $\phi14mm$、$\phi25mm$ 的圆；以 O_2 为圆心，绘制直径为 $\phi40mm$、$\phi52mm$ 的圆，如图 9-3（a）所示。

② 绘制切线。单击按钮，执行 LINE 命令，捕捉 $\phi25mm$、$\phi52mm$ 圆的切点绘直线（两条外切线），如图 9-3（a）所示。

③ 偏移直线。单击工具栏按钮，执行 OFFSET 命令，以主视图的右侧纵向线为起始，向左绘制直线，偏移量为 2mm，如图 9-3（b）所示。

④ 修剪圆与直线。单击工具栏按钮，执行 TRIM 命令，选择偏移直线、$\phi40mm$、$\phi52mm$ 的圆为修剪边，修剪偏移直线与圆，如图 9-3（c）所示。

图 9-2　绘制绘图基准线

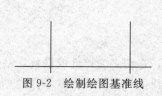

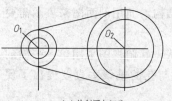

(a) 绘制圆与切线

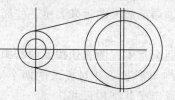

(b) 偏移直线

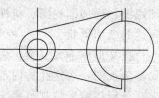

(c) 修剪直线与圆

图 9-3　绘制主视图轮廓线

（3）绘制俯视图轮廓线

① 绘制直线。根据视图的投影规律，借助"对象捕捉"和"对象追踪"功能进行绘制。单击绘图工具栏按钮，执行 LINE 命令，把鼠标移到主视图左侧圆与中心线交点附近，让系统自动捕捉到交点，于是鼠标往下边移动时出现一条追踪线（呈虚线的线）；然后在俯视图基准横向线上单击确定直线第一点，鼠标向上移动，输入 28，绘制纵向直线；把鼠标移到主视图右侧圆与中心线交点附近，追踪绘制纵向线；把鼠标移到主视图右侧圆与切线交点附近，追踪绘制纵向线，如图 9-4（a）所示。

② 偏移直线。单击工具栏按钮，执行 OFFSET 命令，以俯视图的横向线为起始，向上绘制直线，偏移量分别为 16mm、17（16＋1＝17）mm、25（26－1＝25）mm、26mm、28mm；以俯视图右侧的纵向线为起始，向左绘制直线，偏移量为 2mm，如图 9-4（b）所示。

③ 修剪直线。单击工具栏按钮，执行 TRIM 命令，选择所有直线为修剪边，修剪偏移直线，如图 9-4（c）所示。

④ 圆角。单击工具栏按钮，执行 FILLET 命令，输入圆角半径 $R3$，对外轮廓圆角，如图 9-4（d）所示。

⑤ 倒角。单击按钮，执行 CHAMFER 命令，对主轴孔的右端倒角（$1×45°$）；并画倒角直线，如图 9-4（e）所示。

⑥ 画波浪线。单击按钮，执行 SPLINE 命令，在俯视图轴孔右侧附近绘制波浪线，如图 9-4（f）所示。

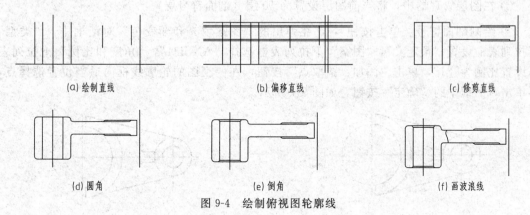

(a) 绘制直线　　　　(b) 偏移直线　　　　(c) 修剪直线

(d) 圆角　　　　(e) 倒角　　　　(f) 画波浪线

图 9-4　绘制俯视图轮廓线

（4）绘制筋板投影线

① 绘制构造线。单击工具栏按钮，执行 XLINE 命令，输入 A，再输入 60，在俯视图上捕捉点 A，作构造线，如图 9-5（a）所示。

② 偏移直线。单击工具栏按钮，执行 OFFSET 命令，以主视图的横向中心线为起始，向上、下绘制直线，偏移量为 3mm，如图 9-5（a）所示。

③ 绘制辅助直线。单击工具栏按钮，执行 LINE 命令，以俯视图交点 A 为第一点，向主视图作投影直线，如图 9-5（a）所示。

④ 圆角。单击工具栏按钮，执行 FILLET 命令，输入圆角半径，不修剪，在主视图

上圆角；对右侧的圆角作复制，如图 9-5（b）所示。

⑤ 修剪直线。单击工具栏按钮 ，执行 TRIM 命令，选择构造线、偏移直线、圆角等为修剪边，修剪俯视图的构造线、主视图的偏移直线和投影线，如图 9-5（c）所示。

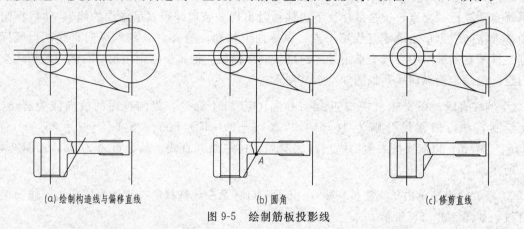

　　(a) 绘制构造线与偏移直线　　　　　　(b) 圆角　　　　　　　(c) 修剪直线

图 9-5　绘制筋板投影线

（5）设置图线图层与编辑图线

① 选择所有轮廓线，将其图层设置为 01 层。

② 选择所有中心线，将其图层设置为 05 层。

③ 选择俯视图的波浪线、主视图的过渡线，将其图层设置为 02 层。如图 9-6 所示。

④ 利用夹点，将中心线按其轮廓线的投影进行延长或缩短，如图 9-6 所示。

（6）绘制剖面符号

① 在图层管理器中，将当前图层设置为 10 层（剖面符号层）。

② 绘制剖面符号。单击按钮 ，在弹出的"图案填充和渐变色"对话框中，"类型"下拉列表框设置"预定义"，"图案"下拉列表框选择"ANSI31"，"角度和比例"下拉列表框设置比例为"1"，单击"添加：拾取点"按钮，在俯视图的轮廓线框内适当位置选择点，再单击对话框中的"确定"按钮，如图 9-7 所示。

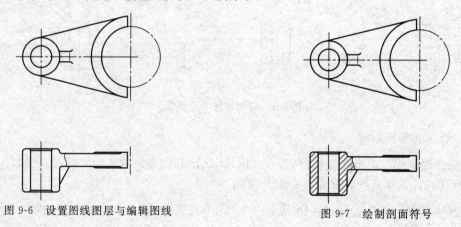

图 9-6　设置图线图层与编辑图线　　　　　　图 9-7　绘制剖面符号

3. 标注尺寸

在图层管理器中，将当前图层设置为 08（尺寸）层。

（1）标注主视图上的尺寸

主视图上标注尺寸有圆弧、中心线的距离等尺寸等。选择下拉菜单"标注→线性"，执行 DIMDIAMETER 命令，捕捉各个线性尺寸的端点进行 60、2 的标注；选择下拉菜单"标注→半径"，执行 DIMRADIUS 命令，捕捉各个圆弧进行 R20、R26 标注，如图 9-8 所示。

（2）标注俯视图上的尺寸

俯视图上标注尺寸有厚度、通孔部分等尺寸。选择下拉菜单"标注→线性"，执行 DIMDIAMETER 命令，捕捉各个尺寸端点进行 28、16、8、10、ϕ14、ϕ25 的标注；选择下拉菜单"标注→多重引线"，执行 MLEADER 命令，标注 1×45°倒角，如图 9-8 所示。

4. 标注技术要求

（1）标注表面粗糙度

① 单击工具栏按钮 ▨，执行 INSERT 命令，选择已有带有属性的外部粗糙度图块，利用对象捕捉最近点作为插入点，标注所有加工表面的粗糙度，如图 9-9 所示。

② 在图幅右上角插入其余字符与不去除材料方法的粗糙度符号的组合，如图 9-9 所示。

（2）标注形位公差

① 标注公差基准符号。单击按钮 ▨，执行 INSERT 命令，插入公差基准符号，其位置为 ϕ14mm 圆孔的轴线（即圆孔的尺寸线上），其符号字母为 A，如图 9-9 所示。

② 绘制垂直度公差符号。输入命令 QLEADER，再输入 S，在"引线"对话框中进行设置，其注释选项卡中选公差，其引线和箭头选项卡中点数输入 2，将引线头指向上表面适当位置，显示的"形位公差"对话框，在"符号"选项组中选择垂直度符号 ⊥，在"公差 1"中输入允差值 0.15，在"基准 1"中输入 A，单击确定按钮，其垂直度公差符号如图 9-9 所示。

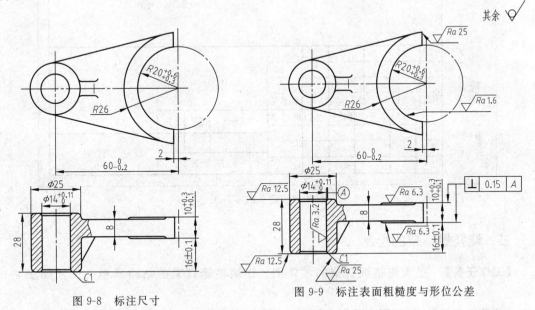

图 9-8　标注尺寸

图 9-9　标注表面粗糙度与形位公差

（3）写出技术要求

根据拨叉的加工工艺、表面处理、图形表达中统一规范等写出技术要求。单击绘图工具栏按钮 **A**，输入"技术要求"的文字，并进行编辑，如图 9-10 所示。

技术要求
1. 未注铸造圆角R3～5。
2. 铸造后滚抛毛刺。

图 9-10　技术要求的文字内容

5. 填写标题栏

根据图纸管理的要求，在标题栏中填写出其相应的内容，如图 9-11 所示。

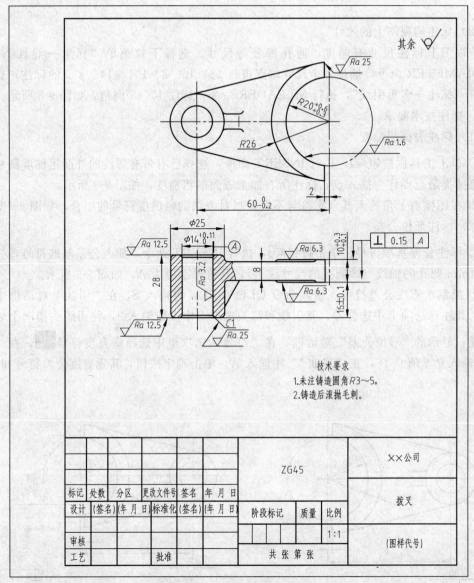

图 9-11　拨叉的零件图

二、调整螺钉架的绘制

【工作任务】 完成调整螺钉架的零件图，该调整螺钉架的结构及相关尺寸如图 9-12 所示。

【信息与资讯】 调整螺钉架属于叉架类零件，零件毛坯为铸件，且结构的左右、前后基本对称。

调整螺钉架采用主视图和左视图来表达零件的主体结构，且均用局部剖视图来表达螺纹孔和沉头孔的内部结构，另外，也采用一个 A 向视图，主要来表达两边槽的结构形状。调整螺钉架底平面是调整的支承面，对此平面提出了平面度的要求。

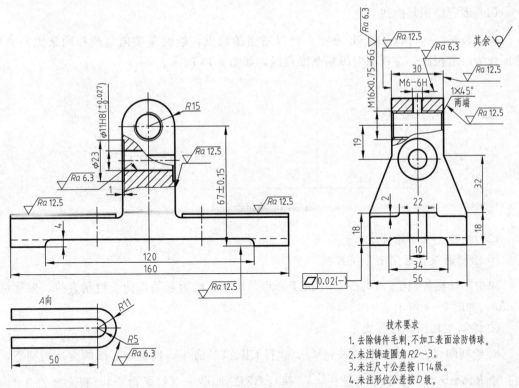

图 9-12 调整螺钉架的图形

【决策与计划】 根据调整螺钉架的整体最大尺寸为 160mm×56mm×82mm，选用 A3 图幅绘图，即使用 A3.dwt 样板文件。其绘图环境的设置有单位为 mm，绘图比例 1:1。该调整螺钉架采用两个基本视图来表达其外部形状和结构，均用局部剖视图来表达螺纹孔和沉头孔的内部结构，另外采用一个向视图，主要表达两边槽的结构形状。完成调整螺钉架零件图的步骤有：创建绘图环境、绘制图形、标注尺寸、标注技术要求、填写标题栏和存盘。

1. 创建绘图环境

根据调整螺钉架的外轮廓尺寸，图幅选 A3，绘图比例为 1:1，绘图单位为 mm。选择主菜单"文件→打开"，在选择文件对话框中选择已有的"Template（图形样板）→ A3.dwt"建立新文件，A3.dwt 图形样板已经对图层、文字样式和标注样式根据机械制图标准作了必要设置，将新文件命名为"调整螺钉架.dwg"，并保存到指定文件夹。

2. 绘制调整螺钉架的视图

绘制调整螺钉架视图所用到的主要命令见表 9-2。

表 9-2 绘制调整螺钉架视图所用的命令

命令	图标	下拉菜单位置	命令	图标	下拉菜单位置
LINE		绘图→直线	CHAMFER		修改→倒角
CIRCLE		绘图→圆	SPLINE		绘图→样条曲线
OFFSET		修改→偏移	XLINE		绘图→构造线
TRIM		修改→修剪	BHATCH		绘图→图案填充
FILLET		修改→圆角	BREAK		修改→打断
ERASE		修改→删除	MIRROR		修改→镜像

（1）确定绘图基准线

单击按钮 ，执行 LINE 命令，选择适当的起点，绘两条横向直线和两条纵向直线，分别作为绘主视图、左视图的纵横基准直线，如图 9-13 所示。

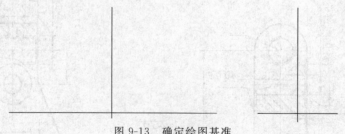

图 9-13　确定绘图基准

（2）绘制主视图轮廓线

① 绘制螺纹孔定位中心位置线。

单击工具栏按钮 ，执行 OFFSET 命令，以横向线为起始，向上绘制直线，偏移量为 67mm，如图 9-14 所示。

② 绘制主视图外轮廓线。

a. 绘制圆弧。单击工具栏按钮 ，执行 CIRCLE 命令，捕捉中心线的交点为圆心，绘制一个 $R15mm$ 的圆；再单击按钮 ，执行 BREAK 命令（打断命令），删除圆的 3/4，如图 9-15 所示。

b. 绘制直线。单击按钮 ，执行 LINE 命令，捕捉圆弧的右端点为直线起点，打开对象捕捉和正交开关，用直接距离输入法绘直线，先依次输入 51、65、61、2 绘直线段，再以上次绘制的 65 的右端点为直线起点，依次输入 16、20、4、60 绘直线段，如图 9-15 所示。

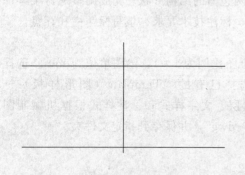

图 9-14　绘制螺纹孔定位中心位置线

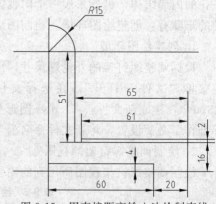

图 9-15　用直接距离输入法绘制直线

c. 倒圆角。单击工具栏按钮 ，执行 FILLET 命令，输入圆角半径 $R3$，对轮廓圆角，如图 9-16 所示。

d. 绘制过渡线。单击工具栏按钮 ，执行 OFFSET 命令，以主视图最下的横向线为起始，向上绘制直线，偏移量为 18mm；单击工具栏按钮 ，执行 BREAK 命令，将偏移直线打断，如图 9-17 所示。

e. 绘制定位中心线。单击工具栏按钮🔲，执行 OFFSET 命令，以主视图最右侧的纵向线为起始，向左绘制直线，偏移量为 50mm；利用夹点将偏移直线向上下延伸，如图 9-17 所示。

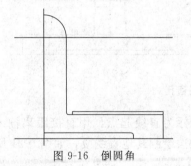
图 9-16 倒圆角

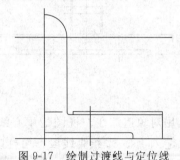
图 9-17 绘制过渡线与定位线

f. 镜像轮廓线。单击工具栏按钮🔺，执行 MIRROR 命令，选择主视图中心线右侧的轮廓线为镜像对象，以中心线为镜像线，如图 9-18 所示。

③ 绘制 M16 螺纹。

a. 绘制圆。单击工具栏按钮🔘，执行 CIRCLE 命令，捕捉中心线的交点为圆心，绘制两个直径分别为 $\phi16$mm 和 $\phi14$mm 的圆，如图 9-19 所示。

b. 打断圆弧。单击工具栏按钮🔲，执行 BREAK 命令，将直径为 $\phi16$mm 的圆删除约 1/4 圆弧，如图 9-19 所示。

c. 利用夹点将偏移直线向上下延伸，如图 9-19 所示。

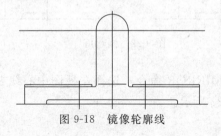
图 9-18 镜像轮廓线

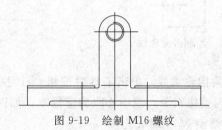
图 9-19 绘制 M16 螺纹

④ 绘制沉头通孔。

a. 偏移直线。单击工具栏按钮🔲，执行 OFFSET 命令，以主视图螺纹的中心线为起始，向下绘制直线，偏移量为 19mm；继续执行此命令，以偏移线为起始，向下、向上绘制直线，偏移量分别为 5.5mm 和 11.5mm；以纵向轮廓直线为起始，分别向左、向右绘制直线，偏移量为 1mm，如图 9-20（a）所示。

b. 修剪直线。单击工具栏按钮✂，执行 TRIM 命令，选择所有偏移直线、纵向直线为修剪边，修剪偏移直线，如图 9-20（b）所示。

c. 删除直线。单击工具栏按钮✏，执行 ERASE 命令，选择最长横向线并删除，如图 9-20（b）所示。

(3) 绘制左视图轮廓线

① 绘制左视图外轮廓线。

a. 绘制直线。单击按钮✏，执行 LINE 命令，打开"对象捕捉"、"正交"和"对象追踪"开关，利用对象追踪、捕捉功能，将鼠标放在主视图最大圆弧的上方，捕捉圆弧与中心

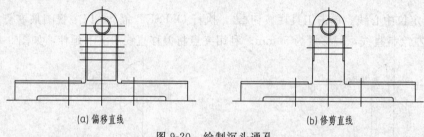

(a) 偏移直线　　　　　　　　　　(b) 修剪直线

图 9-20　绘制沉头通孔

线的交点，用对象追踪在左视图的中心线上单击鼠标为直线起点，用直接距离输入法绘直线，先依次输入 15、32 绘直线段；用直接距离输入法绘制其他直线段，如图 9-21 所示。

b. 倒圆角。单击工具栏按钮 ⬜，执行 FILLET 命令，输入圆角半径 R2，对轮廓圆角，如图 9-22 所示。

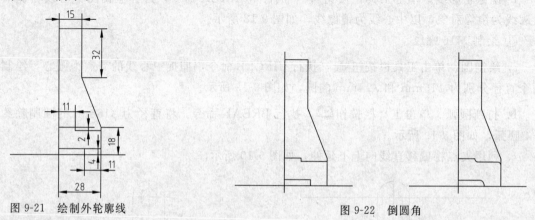

图 9-21　绘制外轮廓线　　　　　　　　　　　图 9-22　倒圆角

c. 镜像轮廓线。单击工具栏按钮 ⬛，执行 MIRROR 命令，选择左视图中心线右侧的轮廓线为镜像对象，以中心线为镜像线，如图 9-23 所示。

② 绘制 M16 螺纹孔。

a. 绘制直线。单击按钮 ✏，执行 LINE 命令，打开"对象捕捉"、"正交"和"对象追踪"开关，利用对象追踪、捕捉功能，将鼠标放在主视图 M16 螺纹孔轴线的端点附近，捕捉中心线的端点，用对象追踪在左视图绘出 M16 螺纹孔的中心线；用同样的方法绘制 M16 螺纹的轮廓线，如图 9-24 所示。

b. 倒角。单击按钮 ⬜，执行 CHAMFER 命令，对螺纹孔的两端倒角（1×45°）；并画倒角直线，如图 9-25 所示。

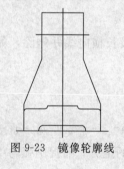  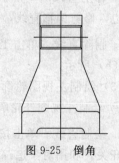

图 9-23　镜像轮廓线　　　　　图 9-24　绘制螺纹孔直线　　　　　图 9-25　倒角

③ 绘制 M6 垂直螺纹孔。

a. 偏移直线。单击工具栏按钮，执行 OFFSET 命令，以左视图的纵向中心线为起始，分别向左、向右绘制直线，偏移量为 3mm、2.45mm，如图 9-26（a）所示。

b. 修剪直线。单击工具栏按钮，执行 TRIM 命令，选择所有偏移直线、横向直线为修剪边，修剪偏移直线，如图 9-26（b）所示。

④ 绘制沉头通孔圆。

a. 绘制直线。单击按钮，执行 LINE 命令，打开"对象捕捉"、"正交"和"对象追踪"开关，利用对象追踪、捕捉功能，将鼠标放在主视图沉头通孔中心线的端点附近，捕捉中心线的端点，用对象追踪在左视图的绘出沉头通孔的中心线，如图 9-27 所示。

b. 绘制同心圆。单击工具栏按钮，执行 CIRCLE 命令，捕捉左视图上中心线的交点为圆心，绘制两个直径分别为 $\phi 11mm$ 和 $\phi 23mm$ 的同心圆，如图 9-27 所示。

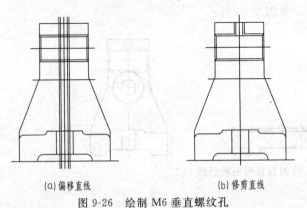

(a)偏移直线　　(b)修剪直线

图 9-26　绘制 M6 垂直螺纹孔

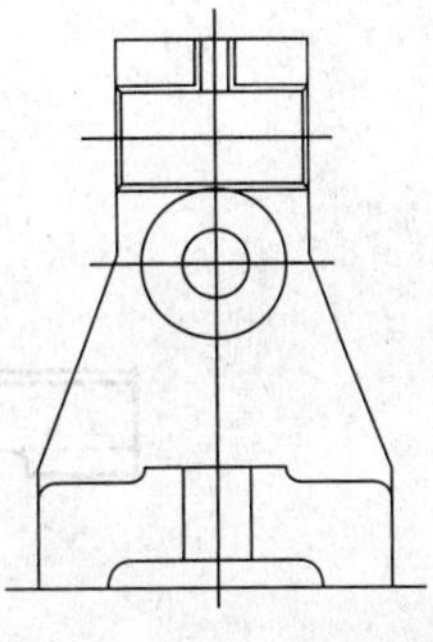

图 9-27　绘制沉头通孔圆

⑤ 绘制槽的轮廓线。

a. 偏移直线。单击工具栏按钮，执行 OFFSET 命令，以左视图的纵向中心线为起始，分别向左、向右绘制直线，偏移量为 5mm，如图 9-28（a）所示。

b. 修剪直线。单击工具栏按钮，执行 TRIM 命令，选择所有偏移直线、横向直线为修剪边，修剪偏移直线，如图 9-28（b）所示。

c. 删除直线。单击工具栏按钮，执行 ERASE 命令，选择最长横向线并删除。

（4）设置图线图层与编辑图线

① 选择所有轮廓线，将其图层设置为 01 层。

② 选择所有中心线，将其图层设置为 05 层。

③ 选择主视图、左视图的外螺纹线，将其图层设置为 02 层。如图 9-29 所示。

④ 利用夹点，将中心线按其轮廓线

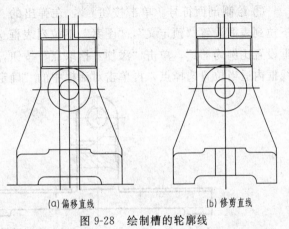

(a)偏移直线　　(b)修剪直线

图 9-28　绘制槽的轮廓线

的投影进行延长或缩短，如图 9-29 所示。

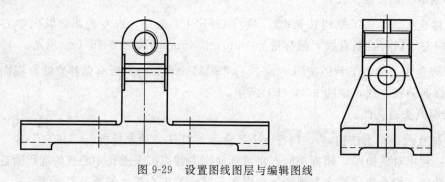

图 9-29　设置图线图层与编辑图线

（5）绘制底板槽的投影线

在图层管理器中，将当前图层设置为 04 层；单击按钮 ⟋，执行 LINE 命令，分别在主视图、左视图中绘槽底的轮廓线（虚线），如图 9-30 所示。

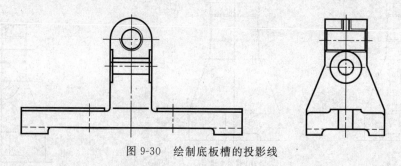

图 9-30　绘制底板槽的投影线

（6）绘制局部剖面符号

在图层管理器中，将当前图层设置为 10 层。

① 绘制波浪线。单击按钮 ∿，执行 SPLINE 命令，在沉孔轮廓线附近绘制三条波浪线，主视图有两条，左视图有一条，如图 9-31 所示。

② 修剪直线。单击工具栏按钮 ⊹，执行 TRIM 命令，选择三条波浪线和与三条波浪线相交的直线为修剪边，修剪直线，如图 9-31 所示。

③ 绘制剖面符号。单击按钮 ▨，在弹出的"图案填充和渐变色"对话框中，"类型"下拉列表框设置"预定义"，"图案"下拉列表框选择"ANSI31"，"角度和比例"下拉列表框设置比例为"1"，单击"添加：拾取点"按钮，在主视图和左视图与波浪线成封闭的轮廓线框内适当位置选择点，再单击对话框中的"确定"按钮，如图 9-31 所示。

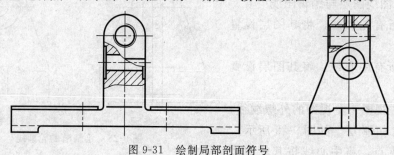

图 9-31　绘制局部剖面符号

（7）绘制辅助视图

① 绘制定位中心线。单击按钮，执行 LINE 命令，打开"对象捕捉"和"对象追踪"开关，利用对象追踪和捕捉功能，在俯视图的合适位置，根据长对正原则，绘制两条十字定位中心线，如图 9-32（a）所示。

② 绘制圆弧。单击工具栏按钮，执行 CIRCLE 命令，以中心线的交点为圆心，绘制两个直径分别为 $\phi10$mm 和 $\phi22$mm 的同心圆，如图 9-32（b）所示。

(a)绘制中心线　　　　(b)绘制圆

图 9-32　绘制中心线与圆

③ 偏移直线。单击工具栏按钮，执行 OFFSET 命令，以视图的横向中心线为起始，分别向上、向下绘制直线，偏移量为 5mm、11mm，如图 9-33（a）所示。

④ 修剪直线。单击工具栏按钮，执行 TRIM 命令，选择直线和圆弧为修剪边，修剪直线与圆弧，如图 9-33（b）所示。

⑤ 设置图线图层。选择所有轮廓线，将其图层设置为 01 层；选择所有中心线，将其图层设置为 05 层，如图 9-33（b）所示。

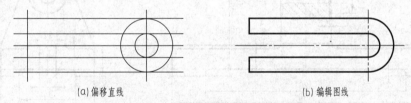

(a)偏移直线　　　　　　(b)编辑图线

图 9-33　绘制辅助视图轮廓

3. 标注尺寸

（1）标注主视图尺寸

① 在图层管理器中，将当前图层设置为 08 层；在"标注"工具条中，将"机械"标注样式置为当前样式。

② 标注线性尺寸。单击工具栏按钮，执行 DIMDIAMETER 命令，利用对象捕捉功能，分别标注 160、120、4、1、$\phi23$ 等尺寸；继续执行命令，捕捉尺寸 67 的两个端点后，输入字母"M"，在文字编辑器中输入 67 ± 0.15，如图 9-34 所示。

③ 标注半径尺寸。单击工具栏按钮，执行 DIMRADIUS 命令，利用对象捕捉功能，标注 $R15$ 尺寸，如图 9-34 所示。

④ 标注 $\phi11\mathrm{H}8(^{+0.027}_{0})$ 的尺寸。单击工具栏按钮，执行 DIMDIAMETER 命令，捕捉尺寸 $\phi11$ 的两个端点后，输入字母"M"，在文字编辑器中输入 $\phi11H8(+0.027\ \ 0)$，对括号内的极限偏差堆叠，如图 9-34 所示。

（2）标注左视图尺寸

① 标注线性尺寸。点单击工具栏按钮，执行 DIMDIAMETER 命令，利用对象捕捉

功能，分别标注 56、34、10、22、2、18、32、19、30 等尺寸，如图 9-34 所示。

② 标注螺纹孔尺寸。单击工具栏按钮 ⊢⊣，执行 DIMDIAMETER 命令，利用对象捕捉功能，捕捉尺寸的端点后，在命令窗口中输入字母"M"，在"多行文字"编辑器中输入螺纹标注的尺寸内容，结果如图 9-34 所示。

③ 标注倒角尺寸。选择下拉菜单"标注→多重引线"命令，执行 MLEADER 命令，在倒角的地方标出引线，然后点选 **A** 多行文字命令按钮，在引线上方输入文字内容并移动到合适的位置，如图 9-34 所示。

（3）标注向视图尺寸

① 标注线性尺寸。单击工具栏按钮 ⊢⊣，执行 DIMDIAMETER 命令，利用对象捕捉功能，标注尺寸 50，如图 9-34 所示。

② 标注半径尺寸。单击工具栏按钮 🕑，执行 DIMRADIUS 命令，利用对象捕捉功能，标注 $R11$ 和 $R5$ 尺寸，如图 9-34 所示。

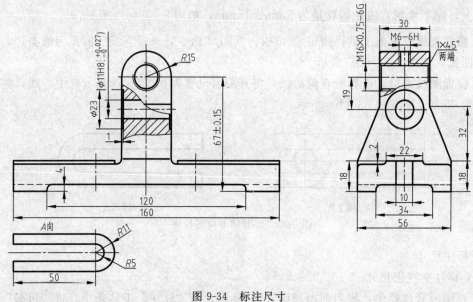

图 9-34　标注尺寸

4. 标注技术要求

（1）标注表面粗糙度

单击按钮 🔲，执行 INSERT 命令，在主视图、左视图上标注加工表面的粗糙度；在图幅右上角插入其余字符与无加工粗糙度符号的组合，如图 9-35 所示。

（2）标注形位公差

绘制平行度公差符号。输入命令 QLEADER，再输入 S，在"引线"对话框中进行设置，在其注释选项卡中选公差，在其引线和箭头选项卡中点数输入 2，将引线头指向上表面适当位置，显示的"形位公差"对话框，在"符号"选项组中选择平面度符号 ▱，在"公差 1"中输入允差值 0.02（一），单击确定按钮，其平面度公差符号如图 9-35 所示。

（3）写技术要求

根据零件所选材料进行的热处理工艺、零件表达中统一规范等写出技术要求。单击按钮

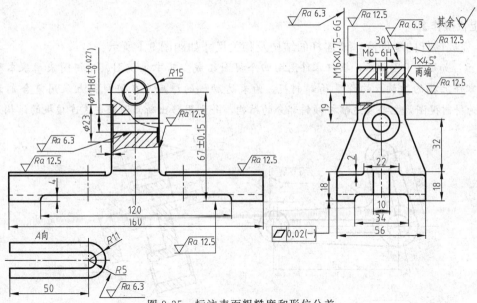

图 9-35 标注表面粗糙度和形位公差

A，执行 MTEXT 命令，输入"技术要求"的文字，并进行编辑，如图 9-36 所示。

5. 填写标题栏

根据图纸管理的要求，在标题栏中填写出其相应的内容。如图 9-37 所示。

技术要求
1. 去除铸件毛刺,不加工表面涂防锈球。
2. 未注铸造圆角R2~3。
3. 未注尺寸公差按IT14级。
4. 未注形位公差按D级。

图 9-36 技术要求文字内容

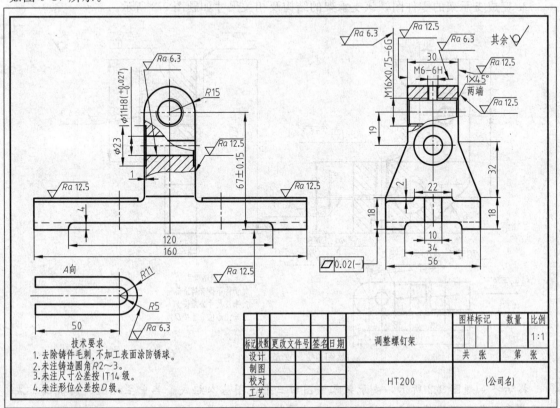

图 9-37 调整螺钉架的零件图

【上机操作】

1. 完成摇杆的零件图，该摇杆的结构及相关尺寸如题图9-1所示。

提示：如题图9-1所示，摇杆零件图由四个视图组成。其中主视图、俯视图采用基本视图，为反映零件上孔的结构，均作了局部剖视。为表达肋板的厚度，在俯视图上采用重合剖面图。 $A-A$ 为斜剖视图，主要表达摇杆倾斜部分的结构，并利用移出断面图来表达连接板的结构。

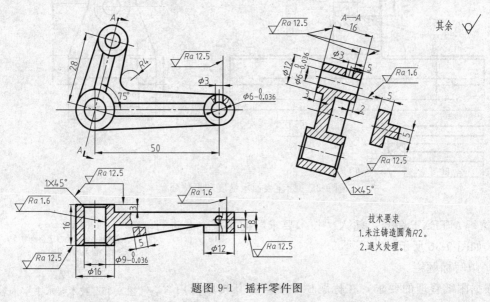

题图 9-1　摇杆零件图

2. 完成支承架的零件图，该支承架的结构及相关尺寸如题图9-2所示。

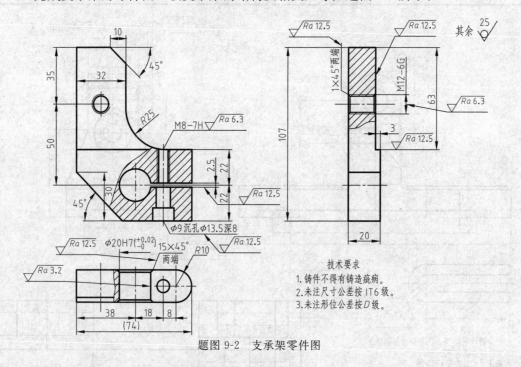

题图 9-2　支承架零件图

提示：如题图9-2所示，支承架零件图由三个视图基本组成。其中主视图、俯视图、左视图都采用单一平面的局部剖视图，以表达零件内部的结构。

项目十
节流阀装配图绘制

一、节流阀零件图的绘制

【工作任务】 完成节流阀所有零件图绘制，并将每个零件的轮廓线（除 O 形圈外）封装成图块。节流阀的装配图及明细栏如图 10-1 所示。

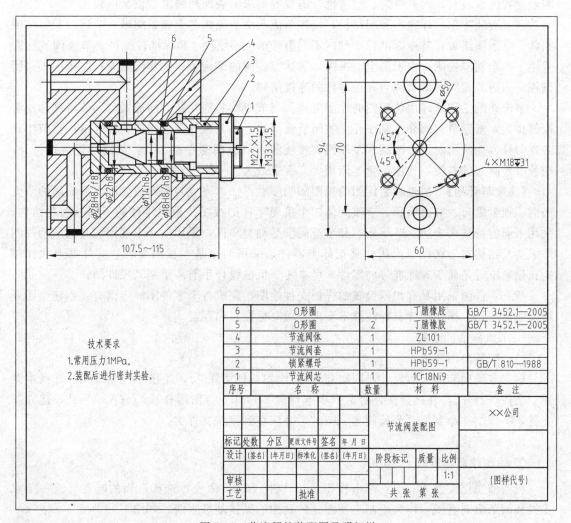

技术要求
1. 常用压力 1MPa。
2. 装配后进行密封实验。

6	O形圈	1	丁腈橡胶	GB/T 3452.1—2005
5	O形圈	2	丁腈橡胶	GB/T 3452.1—2005
4	节流阀体	1	ZL101	
3	节流阀套	1	HPb59-1	
2	锁紧螺母	1	HPb59-1	GB/T 810—1988
1	节流阀芯	1	1Cr18Ni9	
序号	名 称	数量	材 料	备 注

				节流阀装配图			××公司
标记	处数	分区	更改文件号 签名 年月日				
设计	(签名)	(年月日)	标准化 (签名) (年月日)	阶段标记	质量	比例	
审核						1:1	(图样代号)
工艺			批准	共 张 第 张			

图 10-1 节流阀的装配图及明细栏

【信息与资讯】 装配图上的表达方案主要是从工作原理、装配关系、传动路线和装配体的总体情况来考虑的。画零件图时，零件的表达方案不能简单照搬，应根据零件的内外结构形状，按照零件图的视图选择原则重新考虑。还应根据零件的功用以及装配关系和加工工艺上的要求加以补充、完善。例如装配图上未画出的工艺结构（圆角、倒角、退刀槽、中心孔等），在零件图上都必须详细画出。并根据国家标准的有关规定加以标准化。

由于装配图上的尺寸很少，而零件图上尺寸标注的要求是"正确、完整、清晰、合理"，画零件图时，可采用抄注、查找、计算、量取等方法来处理尺寸。在标注尺寸时，对有装配关系的尺寸，要注意互相协调，例如，零件配合部分的轴、孔，其基本尺寸应相同，其他有关系的尺寸，也应互相适应，不致在零件装配，或运动时，产生尺寸矛盾，或产生干涉、咬卡等现象。

零件的表面粗糙度、形位公差及其他技术要求，直接影响零件的加工质量，因此在零件图中占有很重要的地位。但是正确制定技术要求，涉及许多专业知识，可根据零件的作用及机器（或部件）的实际情况，查阅有关的机械设计手册或用类比法参照同类产品的有关资料以及已有的生产经验综合确定。一般接触面与配合面的表面粗糙度数值应较小，自由表面的粗糙度数值取较大，但有密封、耐腐蚀、美观等要求的表面粗糙度数值又应较小。

通过看装配图的标题栏和明细栏，可知节流阀由节流阀芯、锁紧螺母、节流阀套、节流阀体、O形圈组成，其中标准件2种（不同型号的O形圈），非标准件4种。节流阀装配图采用了两个基本视图：主视图全剖视图，表达节流阀的结构形状和装配路线；左视图未采用剖视，表达节流阀的形状和与其他部件的连接结构。

节流阀的工作原理由装配图的视图可知：当节流阀芯顺时针方向旋紧时，节流阀芯左端圆锥伸入并塞紧节流阀套左端小孔，关闭节流阀体上、下通气孔之间的连接通道；当节流阀芯逆时针方向旋出时，节流阀芯左端圆锥慢慢脱离节流阀套左端小孔，气路连接通道打开，随着节流阀芯的右旋，气体流量逐渐增大，直至最大。

【决策与计划】 通过看装配图的视图和明细栏可知，完成装配需要画出节流阀的节流阀芯、锁紧螺母、节流阀套、节流阀体四个重要零件的视图。根据零件的不同外形与结构，采用不同的视图来表达。节流阀芯和节流阀套是轴类零件，采用一个主视图和其他辅助视图来表达其结构与形状；节流阀体是箱体类零件，采用两个基本视图来表达其外部形状和结构；锁紧螺母是属于有标准号的零件，可参考《机械设计手册》绘制其零件图。

所有零件图采用具有相同设置的样板文件绘图，完成各个零件图的步骤有：创建绘图环境、绘制图形、标注尺寸、标注技术要求、填写标题栏和存盘。

1. 节流阀套的绘制

（1）配置绘图环境

根据节流阀套的外形尺寸，图幅选 A3，绘图比例为 1:1，绘图单位为 mm。选择主菜单"文件→打开"，在选择文件对话框中选择"Template（图形样板）→A3.dwt"，建立新文件，将新文件命名为"节流阀套.dwg"，并保存到指定文件夹。

（2）绘制视图

① 绘制绘图基准线。

将当前图层设置为 0 层。单击按钮 ，执行 LINE 命令，选择适当的起点，绘一条水平线和两条纵向直线，作为绘制主视图、向视图的纵横基准直线，如图 10-2 所示。

② 绘制主视图。

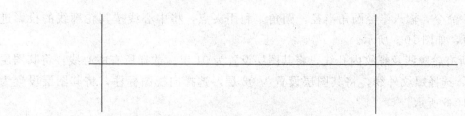

图 10-2 绘制绘图基准线

a. 绘制外轮廓。单击按钮 ![]，执行 OFFSET 命令，以水平线为起始，分别向上、向下绘制直线；以主视图上的纵向直线为起始，分别向右绘制直线。单击按钮 ![]，执行 LINE 命令，绘制夹角为 90°的构造线。单击按钮 ![]，执行 TRIM 命令，选择纵向基准线、偏移的直线作为修剪边，相互修剪，如图 10-3 所示。

b. 绘制内部结构线。单击按钮 ![]，执行 OFFSET 命令，以水平线为起始，分别向上、向下绘制直线；以主视图上的纵向直线为起始，分别向右绘制直线。单击按钮 ![]，执行 XLINE 命令，绘制夹角为 120°的构造线。单击按钮 ![]，执行 TRIM 命令，选择纵向基准线、偏移的直线作为修剪边，相互修剪，如图 10-4 所示。

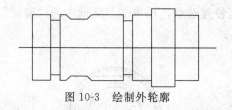

图 10-3 绘制外轮廓

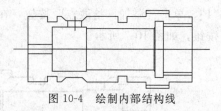

图 10-4 绘制内部结构线

③ 绘制向视图。

绘制向视图。单击按钮 ![]，执行 CIRCLE 命令，以纵横基准线交点为圆心，绘制五个同心圆。单击按钮 ![]，执行 OFFSET 命令，以水平线为起始，分别向上、向下绘制直线。单击按钮 ![]，执行 TRIM 命令，选择偏移的直线作为修剪边，修剪 $\phi30$ 的圆。单击按钮 ![]，执行 BREAK 命令，将向视图中的螺纹线在适当的位置打断，如图 10-5 所示。

标注向视图。选择下拉菜单"标注→多重引线"，执行 MLEADER 命令，在主视图右端的适当位置选择一点，并输入字母 A。单击按钮 **A**，执行 MTEXT 命令，在所绘向视图的上方输入"A"的文字，如图 10-5 所示。

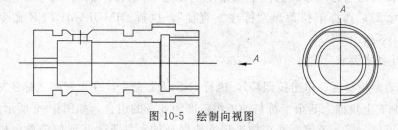

图 10-5 绘制向视图

④ 设置图线图层与编辑图线。

a. 单击按钮 ![]，执行 CHAMFER 命令，输入倒角距离，对边缘倒角。单击按钮 ![]，执行 FILLET 命令，输入半径圆角半径，圆角。利用夹点，将中心线按其轮廓线的投影进行延长或缩短，如图 10-6 所示。

b. 选择所有轮廓线及螺纹内孔线，将其图层设置为 01 层。选择所有中心线，将其图层设置为 05 层。选择螺纹外线，将其图层设置为 02 层。选择向视图标注，将其图层设置为 08 层，如图 10-6 所示。

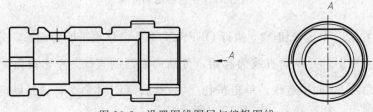

图 10-6　设置图线图层与编辑图线

⑤ 绘制剖面符号。

a. 在图层管理器中，将当前图层设置为 10 层（剖面符号）。

b. 单击按钮，在弹出的"图案填充和渐变色"对话框中，"类型"下拉列表框设置"预定义"，"图案"下拉列表框选择"ANSI31"，"角度和比例"下拉列表框设置比例为"1"，单击"添加：拾取点"按钮，在主视图上部适当位置选点，再单击对话框中的"确定"按钮，如图 10-7 所示。

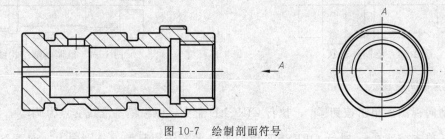

图 10-7　绘制剖面符号

（3）标注尺寸

① 在图层管理器中，将当前图层设置为 08 层。

② 标注主视图上的尺寸。主视图上主要是标注节流阀套的长度与径向尺寸。选择下拉菜单"标注→线性"，执行 DIMDIAMETER 命令，选择各个尺寸的端点进行尺寸标注，如图 10-8 所示。

③ 标注向视图上的尺寸。选择下拉菜单"标注→线性"，执行 DIMDIAMETER 命令，标注线性尺寸 27；选择下拉菜单"标注→直径"，执行 DIMDIAMETER 命令，标注尺寸 $\phi 30$，如图 10-8 所示。

（4）标注技术要求

① 标注表面粗糙度。单击按钮，执行 INSERT 命令，在主视图上标注加工表面的粗糙度；在图幅右上角插入其余字符与加工粗糙度为 6.3 的组合，如图 10-9 所示。

② 标注形位公差。节流阀套在加工精度能保证的条件下，其形位公差由机床的刚性保证；标注 M22 相对孔轴线的同轴度允差为 $\phi 0.02$，如图 10-9 所示。

③ 写技术要求。根据零件所选材料进行的热处理工艺、零件表达中统一规范等写出技

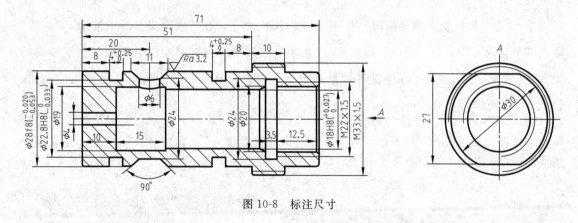

图 10-8 标注尺寸

术要求。单击按钮 **A**，执行 MTEXT 命令，输入"技术要求"的文字，并进行编辑，如图 10-9 所示。

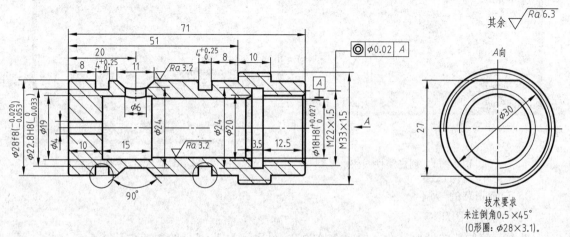

图 10-9 标注技术要求

（5）创建图块

① 设置图层。

在图层管理器中，将 08 图层关闭。选择下拉菜单"格式→图层"，在弹出的"图层特性管理器"对话框中，选择 08 图层，单击"开"的图标，使其"开"的图标呈灰暗色，如图 10-10 所示。

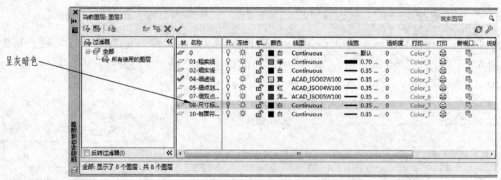

图 10-10 关闭图层

② 创建零件图块。单击按钮 ，执行 BLOCK 命令，在"块定义"对话框中，"名称"输入"节流阀套图块"；"基点"单击 ，在绘图区域选择主视图左边纵向线与水平轴线的交点；"对象"单击 ，在绘图区域选择节流阀套的主视图，单击确定，完成块的创建，如图 10-11 所示。

③ 保存零件图块。在命令行中输入 WBLOCK 命令后，打开"写块"对话框，在源选项组中选择"块"模式，从下拉列表中选择"节流阀套图块"，确定其目标位置，完成零件图块的保存，如图 10-12 所示。

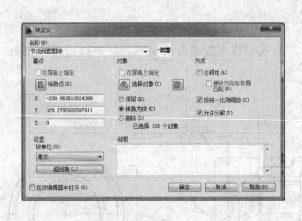

图 10-11　创建零件图块　　　　　　　　　图 10-12　保存零件图块

2. 节流阀芯的绘制

（1）配置绘图环境

根据节流阀芯的外形尺寸，图幅选 A3，绘图比例为 1：1，绘图单位为 mm。选择主菜单"文件→打开"，在选择文件对话框中选择"Template（图形样板）→A3.dwt"，建立新文件，将新文件命名为"节流阀芯.dwg"，并保存到指定文件夹。

（2）绘制主视图

① 绘制基准线。将当前图层设置为 0 层。单击按钮 ，执行 LINE 命令，选择适当的起点，绘制一条水平线和一条纵向直线，作为绘制主视图的纵横基准直线，如图 10-13 所示。

② 绘制轮廓线。

a. 绘制 1：6 的锥度线。单击按钮 ，执行 LINE 命令，选择适当的起点，用直接输入法绘制水平方向长为 6mm、纵向方向为 0.5mm 的直角三角形，其斜边为 1：6 的锥度线，如图 10-14 所示。

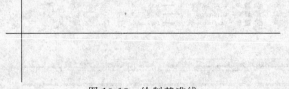

图 10-13　绘制基准线

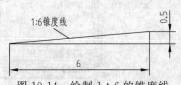

图 10-14　绘制 1：6 的锥度线

b. 偏移直线。单击按钮 ，执行 OFFSET 命令，以水平线为起始，分别向上绘制直线，偏移距离分别为 1mm、2.5mm、7mm、8mm、9mm、9.35($22\times0.85\div2=9.35$)mm、11mm；以纵向直线为起始，分别向右绘制直线，偏移距离分别为 12mm、27mm、33mm、36.4mm、42.4mm、54.5mm、76.5mm、79.5mm，如图 10-15 所示。

c. 修剪直线。单击按钮 ，执行 TRIM 命令，选择所有直线作为修剪边，相互修剪，如图 10-16 所示。

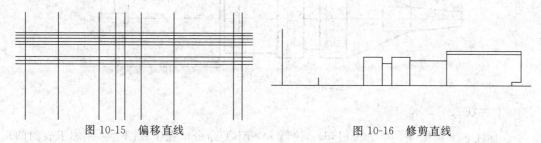

图 10-15　偏移直线　　　　　　　　　图 10-16　修剪直线

d. 绘制锥度线。单击按钮 ，执行 COPY 命令，选择 1∶6 的锥度线为复制对象，以右端的上端点为基点，第二点为 A 点，如图 10-17 所示。

e. 单击按钮 ，执行 LINE 命令，作轮廓封闭直线，如图 10-17 所示。

f. 倒角。单击按钮 ，采用修剪、角度、距离模式，执行 CHAMFERE 命令，两端面倒 $1\times45°$ 的角，并补画倒角直线，如图 10-17 所示。

g. 镜像成形。单击按钮 ，执行 MIRROR 命令，选择中心线上方的所有直线，以中心线为镜像线，不删除源对象，完成节流阀芯的下半部分外轮廓绘制，如图 10-18 所示。

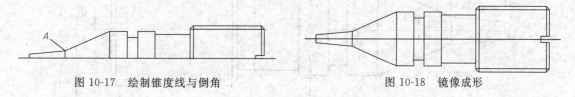

图 10-17　绘制锥度线与倒角　　　　　　图 10-18　镜像成形

h. 设置图线图层与编辑图线。选择所有轮廓线，将其图层设置为 01 层。选择中心线，将其图层设置为 05 层。选择螺纹内线，将其图层设置为 02 层，如图 10-19 所示。

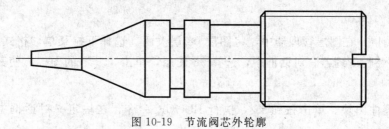

图 10-19　节流阀芯外轮廓

(3) 标注尺寸

① 在图层管理器中，将当前图层设置为 08 层。

② 标注主视图上的各个尺寸。选择下拉菜单"标注→线性"，执行 DIMDIAMETER 命令，选择各个尺寸的端点进行尺寸标注，如图 10-20 所示。

③ 标注锥度。选择下拉菜单"标注→引线",执行 DIMDIAMETER 命令,标注锥度 1：6;在引线的适当位置插入锥度图块,如图 10-20 所示。

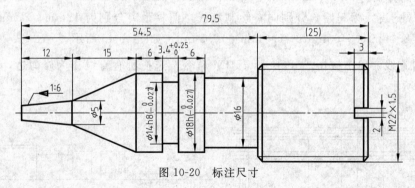

图 10-20　标注尺寸

（4）标注技术要求

① 标注表面粗糙度。单击按钮 ⬚ ,执行 INSERT 命令,在主视图上标注加工表面的粗糙度;在图幅右上角插入其余字符与加工粗糙度为 6.3 的组合,如图 10-21 所示。

② 标注形位公差。节流阀芯在加工精度能保证的条件下,其形状公差由机床的刚性保证;标注 M22 相对 ϕ18 圆柱轴线的同轴度允差为 ϕ0.02,如图 10-21 所示。

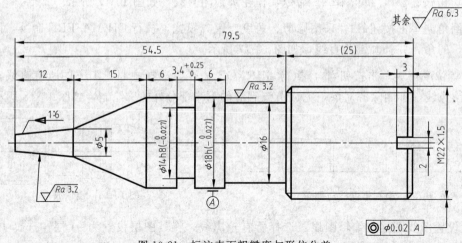

图 10-21　标注表面粗糙度与形位公差

（5）创建图块

① 设置图层。在图层管理器中,将图层 08 层关闭。选择下拉菜单"格式→图层",在弹出的"图层特性管理器"对话框中,选择 08 图层,单击"开"的图标,使其"开"的图标呈灰暗色。

② 创建零件图块。单击按钮 ⬚ ,执行 BLOCK 命令,在块定义对话框中,名称输入"节流阀芯图块";在基点选项组中单击 ⬚ ,在绘图区域选择主视图左边纵向线与水平轴线的交点;在基点选项组中单击 ⬚ ,在绘图区域选择节流阀芯的主视图,单击"确定"按钮,完成块的创建。

③ 保存零件图块。在命令行中输入 WBLOCK 命令后,打开"写块"对话框,在源选项组中选择"块"模式,从下拉列表中选择"节流阀芯图块",确定其目标位置,完成零件

图块的保存。

3. 锁紧螺母的绘制

锁紧螺母采用 GB/T 810—1988《小圆螺母》，其结构的主要尺寸见表10-1。

表 10-1 M22×1.5 小圆螺母的结构尺寸（摘自 GB/T 810—1988）

螺纹规格($D \times P$)	d_k	m	h_{min}	t_{min}	c	C_1
M22×1.5	35	8	5	2.5	0.5	0.5

（1）配置绘图环境

根据锁紧螺母的外形尺寸，图幅选 A4，绘图比例为 1∶1，绘图单位为 mm。选择主菜单"文件→打开"，在选择文件对话框中选择"Template（图形样板）→A4.dwt"，建立新文件，将新文件命名为"锁紧螺母.dwg"，并保存到指定文件夹。

（2）绘制视图

① 基准线。将当前图层设置为 0 层。单击按钮

图 10-22 绘制绘图基准线

，执行 LINE 命令，选择适当的起点，绘制一条水平线和两条纵向直线，作为绘制主视图、左视图的纵横基准直线，如图 10-22 所示。

② 绘制主视图轮廓线。

a. 绘制圆。单击按钮，执行 CIRCLE 命令，以纵横基准线交点为圆心，绘制直径分别为 $\phi18.75$（22×0.85＝18.75）mm、$\phi22$mm、$\phi36$mm、$\phi34$mm（倒角圆）四个同心圆，如图 10-23（a）所示。

b. 偏移直线。单击按钮，执行 OFFSET 命令，以水平线为起始，分别向上、向下绘制直线，偏移距离分别为 2.5（5÷2＝2.5）mm、15.5（18－2.5＝15.5）mm；以纵向直线为起始，分别向左、向右绘制直线，偏移距离分别为 2.5（5÷2）mm、15.5（18－2.5）mm，如图 10-23（b）所示。

c. 修剪直线。单击按钮，执行 TRIM 命令，选择圆、偏移直线作为修剪边，相互修剪，如图 10-23（c）所示。

d. 打断。单击按钮，执行 BREAK 命令，将主视图中的螺纹线在适当的位置打断，如图 10-23（c）所示。

(a)绘制圆   (b)偏移直线   (c)修剪直线

图 10-23 绘制主视图轮廓线

③ 绘制左视图外轮廓线。

a. 偏移直线。单击按钮，执行 OFFSET 命令，以纵向直线为起始，分别向右绘制直线，偏移距离为 8mm，如图 10-24 所示。

　　b. 绘制直线。使状态栏中将对象追踪、正交按钮下沉；单击绘图工具栏按钮，执行 LINE 命令，把鼠标移到主视图各圆与纵向中心线交点附近，让系统自动捕捉到交点，于是鼠标往右边移动时出现一条追踪线（呈虚线的线）；然后在左视图左纵向直线上单击直线第一点，输入锁紧螺母厚度尺寸 8，依此做出其他横向线，如图 10-24 所示。

　　c. 倒角。单击按钮，执行 CHAMFER 命令，输入倒角距离，对边缘倒角，倒角距离分别为 1mm，如图 10-25 所示。

　　d. 修剪直线。单击按钮，执行 TRIM 命令，选择圆、偏移直线作为修剪边，相互修剪，如图 10-25 所示。

　　e. 绘制倒角直线。单击按钮，执行 LINE 命令，选择倒角的角点绘直线，如图 10-25 所示。

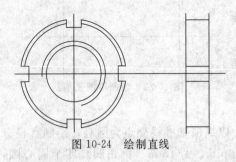

图 10-24　绘制直线

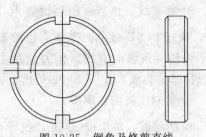

图 10-25　倒角及修剪直线

　　④ 设置图线图层与编辑图线。

　　a. 利用夹点，将中心线按其轮廓线的投影进行延长或缩短。如图 10-26 所示。

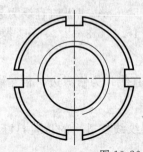

图 10-26　编辑图线

　　b. 选择所有轮廓线及螺纹内孔线，将其图层设置为 01 层。选择所有中心线，将其图层设置为 05 层。选择螺纹外线，将其图层设置为 02 层，如图 10-26 所示。

　　（3）标注尺寸

　　① 在图层管理器中，将当前图层设置为 08 层。

　　② 标注各个尺寸。选择下拉菜单"标注→线性"，执行 DIMDIAMETER 命令，选择各个尺寸的端点进行线性尺寸标注；选择下拉菜单"标注→直径"，执行 DIMDIAMETER 命令，标注内螺纹，如图 10-27 所示。

　　由于锁紧螺母属标准件系列，其内部结构与技术要求不在此表达，详细内容请参考《机械设计手册》。

　　（4）创建图块

　　在图层管理器中，将图层 08 层关闭。

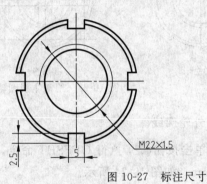

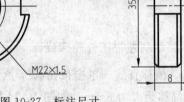

图 10-27　标注尺寸

① 创建块。单击按钮🔲，执行 BLOCK 命令，在"块定义"对话框中，"名称"输入"锁紧螺母图块"；在"基点"选项组中单击🔲，在绘图区域选择左视图左边纵向线与水平轴线的交点；在"对象"选项组中单击🔲，在绘图区域选择锁紧螺母的左视图，单击"确定"按钮，完成块的创建。

② 保存块。在命令行中输入 WBLOCK 命令后，打开"写块"对话框，在"源"选项组中选择"块"模式，从下拉列表中选择"锁紧螺母图块"，确定其目标位置，完成零件图块的保存。

4. 创建节流阀体的图块

① 打开文件。选择下拉菜单"文件→打开"，执行命令，在弹出的对话框中，找到项目八所绘的"节流阀体.dwg"文件，将其打开。

② 关闭图层。在图层管理器中，将图层 08 层关闭。

③ 建块。单击按钮🔲，执行 BLOCK 命令，在"块定义"对话框中，"名称"输入"节流阀体图块"；在"基点"选项组中单击🔲，在绘图区域选择左视图左边纵向线与水平轴线的交点；在"对象"选项组中单击🔲，在绘图区域选择节流阀体的主视图和左视图，单击"确定"按钮，完成块的创建。

④ 保存块。在命令行中输入 WBLOCK 命令后，打开"写块"对话框，在"源"选项组中选择"块"模式，从下拉列表中选择"节流阀体图块"，确定其目标位置，完成零件图块的保存。

二、节流阀装配图的绘制

【工作任务】　将节流阀所有零件图块装配为整体，并根据装配图表达机器或部件的要求进行修改，并完成节流阀装配图的绘制。

【信息与资讯】　装配图是用来表达部件或机器的工作原理，零件之间的装配关系和相互位置以及装配、检验、安装所需的尺寸数据的技术文件。装配图的绘制集中体现了 AutoCAD 辅助设计的优势。一般的装配图都由多个零件组成，图形较复杂，绘图过程中需要经常修改；而且现在有很多装配图需多人合作完成，这些问题对手工制图来讲难度和工作量都是非常大的。在 AutoCAD 辅助设计中则可以将各个零件封装成块，在装配图中使用块操作，可以方便地检验零件间的装配关系。

装配图的绘制是 AutoCAD 辅助设计的一种综合设计应用。在设计过程中，除需要运用前面各项目所介绍的各种零件绘制方法外，还要在装配图中拼装零件，对装配图进行二次编辑，对装配零件进行编号，填写明细表等。

根据装配图的作用，在装配图中需要标注的尺寸通常有：规格（性能）尺寸、装配尺寸、外形尺寸、安装尺寸、其他重要尺寸等。有时同一尺寸有几种含义，因此在标注装配图尺寸时，应对所表达的机器或部件进行具体分析，再标注尺寸。

【决策与计划】　通过看装配图的视图和明细栏可知，完成装配图需要画出节流阀的节流阀芯、锁紧螺母、节流阀套、节流阀体以及 O 形圈等零件组成。前面四个零件封装成块，在装配图中进行块的操作（插入、移动等），再进行图线的二次编辑；对明细栏也采用图块的方式插入。在所有零件图都用相同设置的样板文件绘图后，完成节流阀装配图的步骤有：

创建绘图环境、创建明细栏图块、插入和移动图块、编辑图线、补画 O 形圈轮廓线、标注尺寸、标注技术要求、填写标题栏、插入明细表和存盘。

1. 配置绘图环境

（1）绘制明细表标题栏

① 绘制表格线。

在图层管理器中，将当前图层设置为 01 层。单击按钮 □，执行 RECTANG 命令，指定矩形的两个角点 {(40，20)，(220，27)}；单击按钮 🗗，执行命令，分解刚绘制的矩形；单击按钮 ⬚，执行 OFFSET 命令，以最左侧纵向直线为起始，分别向右绘制直线，偏移距离为 15mm、60mm、15mm、45mm，如图 10-28 所示。

图 10-28　绘制明细表格线

② 填写文字。

单击按钮 **A**，执行命令，在弹出的文字编辑器中，依次填写明细表标题栏中各项，如图 10-29 所示。

图 10-29　填写明细表标题栏

③ 创建与保存图块。

单击按钮 🖧，执行 BLOCK 命令，在"块定义"对话框中，"名称"输入"明细表标题栏图块"；在"基点"选项组中单击 ▦，在绘图区域选择明细表格线左下点；在"对象"选项组中单击 ▦，在绘图区域选择明细表标题栏，单击"确定"按钮，完成块的创建。在命令行中输入 WBLOCK 命令后，打开"写块"对话框，在"源"选项组中选择"块"模式，从下拉列表中选择"明细表标题栏图块"，确定其目标位置，完成图块的保存。

（2）绘制明细表内容栏

① 绘制表格线。在图层管理器中，将当前图层设置为 01 层。仿照明细表标题栏的绘制方法，绘制内容栏表格，如图 10-30 所示。

图 10-30　绘制内容栏表格线

② 定义"序号"属性。

选择下拉菜单"绘图→块→定义属性"，弹出"属性定义"对话框，在"属性"选项卡的"标记"文本框中输入"N"、在"提示"文本框中输入"输入序号:"，选择"在屏幕上指定"复选框，在明细表内容栏中的第一栏中单击鼠标左键，如图 10-31 所示，单击"确定"按钮，完成"序号"属性定义。

使用同样的方法，依次定义名细表内容的后 4 个属性：标记 NAME，提示"输入名称："；标记 Q，提示"输入数量："；标记 MATERAL，提示"输入材料："；标记 NOTE，提示"输入备注："。插入点的提取都是用鼠标在屏幕上选取。定义好 5 个属性文字的明细表内容栏，如图 10-32 所示。

③ 创建与保存图块。

单击按钮，执行 BLOCK 命令，在"块定义"对话框中，"名称"输入"明细表内容栏图块"；在"基点"选项组中单击，在绘图区域选择明细表格线左下点；在"基点"选项组中单击，在绘图区域选择明细表标题

图 10-31 定义"序号"属性

栏，单击"确定"按钮，完成块的创建。在命令行中输入 WBLOCK 命令后，打开"写块"对话框，在"源"选项组中选择"块"模式，从下拉列表中选择"明细表内容栏图块"，确定其目标位置，完成图块的保存。

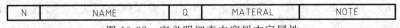

图 10-32 定义明细表内容栏文字属性

（3）选择样板

根据节流阀装图的外形尺寸，图幅选 A3，绘图比例为 1∶1，绘图单位为 mm。选择主菜单"文件→打开"，在选择文件对话框中选择"Template（图形样板）→A3.dwt"，建立新文件，将新文件命名为"节流阀装配图.dwg"，并保存到指定文件夹。

2. 拼装装配图

（1）安装已有图块

① 插入节流阀体。

单击按钮，执行 INSERT 命令，在"插入"对话框中，单击"浏览"按钮，弹出"选择图形文件"对话框，选择"节流阀体图块.dwg"，单击打开按钮，返回"插入"对话框。在屏幕上指定插入点，其余为默认设置。单击"确定"按钮，如图 10-33 所示。

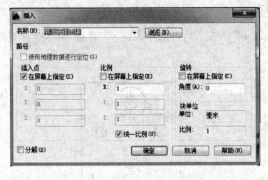

（a）"插入"对话框

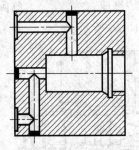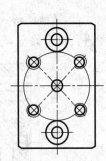

（b）插入节流阀体图块

图 10-33 插入节流阀体图块

② 插入节流阀套。

a. 插入块。单击按钮，执行 INSERT 命令，在"插入"对话框中，单击"浏览"按

钮，弹出"选择图形文件"对话框，选择"节流阀套图块.dwg"，单击打开按钮，返回"插入"对话框。在屏幕上指定插入点，其余为默认设置。

b. 移动块。单击按钮，执行 MOVE 命令，选择"节流阀套图块"，将节流阀套图块安装到节流阀体中，如图 10-34 所示。

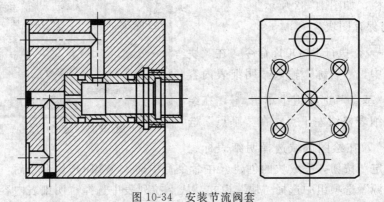

图 10-34　安装节流阀套

使用同样的方法，依次插入"节流阀芯图块"、"锁紧螺母图块"，如图 10-35 所示。

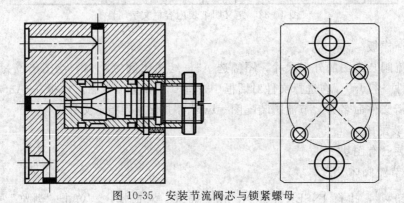

图 10-35　安装节流阀芯与锁紧螺母

（2）修剪装配图

① 分解图块。单击按钮，执行 EXPLODE 命令，分解拼装的所有零件图块。

② 修剪图形。调用"修剪（）"、"删除（）"、"打断（）"等命令，对装配图进行细节修剪，如图 10-36 所示。

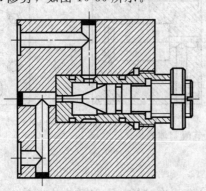
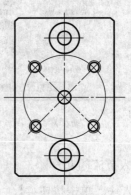

图 10-36　修剪装配图

修剪原则：装配图中两个零件的接触表面只给一条直线，不接触表面以及非配合表面绘制两条直线；两个或两个以上零件的剖面图相连时，需要使其剖面线各不相同，以便区分，但同一零件在不同位置的剖面线必须保持一致。

（3）补全装配图

补全节流阀装配图，就是画出其"O形密封圈"的轮廓。

① 绘制圆。在图层管理器中，将当前图层设置为01层。选择下拉菜单"绘图→圆→两点"，执行命令，捕捉上下切点绘制六个圆。

② 绘制剖面符号。在图层管理器中，将当前图层设置为10层。单击按钮 ⊞，在弹出的"图案填充和渐变色"对话框中，"类型"下拉列表框设置"预定义"，"图案"下拉列表框选择"ANSI37"，"角度和比例"下拉列表框设置比例为"0.5"，单击"添加：抬取点"按钮，在主视图上部适当位置选点，再单击对话框中的"确定"按钮，如图10-37所示。

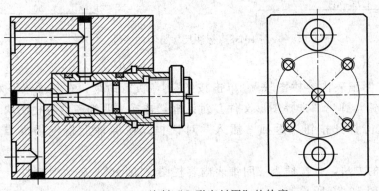

图10-37 绘制"O形密封圈"的轮廓

3. 标注装配图

根据装配图的作用，不需要标注出每个零件的全部尺寸。在装配图中需要标注的尺寸通常有以下几种：规格（性能）尺寸、装配尺寸、外形尺寸、安装尺寸、其他重要尺寸等。以上五种的尺寸，并不是每张装配图都有，有时同一尺寸有几种含义，因此，在标注装配图尺寸时，应对所表达的机器或部件进行具体分析，再标注尺寸。

① 图层管理器中，将当前图层设置为08层。

② 标注各个尺寸。选择下拉菜单"标注→线性"，执行DIMLINEAR命令，选择各个尺寸的端点进行线性尺寸标注；选择下拉菜单"标注→直径"，执行DIMDIAMETER命令，标注内螺纹，如图10-38所示。

③ 标注零件序号。选择下拉菜单"标注→多重引线"，执行MLEADER命令，在各个零件内选择适当的点标注零件的序号，沿装配图的主视图外侧按逆时针方向依次编号，如图10-38所示。

4. 填写标题栏和明细表

① 在图层管理器中，将当前图层设置为14层（标题栏层）。

② 填写标题栏文字。在标题栏中填写其相关的内容，如装配图名称、比例、图号等。

③ 插入"明细表标题栏图块"。单击按钮 ⊞，执行命令，在"插入"对话框中，单击"浏览"按钮，弹出"选择图形文件"对话框，选择"明细表标题栏图块.dwg"，单击打开按钮，返回"插入"对话框；在屏幕上指定插入点，如图10-39所示。

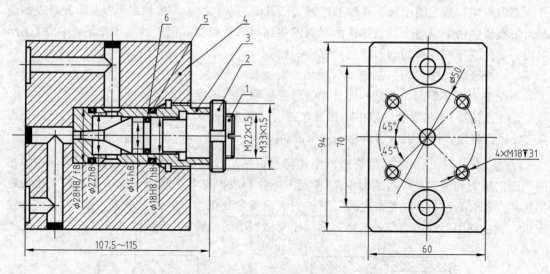

图 10-38   标注尺寸与零件序号

④ 插入"明细表内容栏图块"。单击按钮 ，执行命令，在"插入"对话框中，单击"浏览"按钮，弹出"选择图形文件"对话框，选择"明细表内容栏图块.dwg"。设定插入属性，单击打开按钮，返回"插入"对话框；在屏幕上指定插入点，如图 10-39 所示。

使用同样的方法，依次插入"明细表内容栏图块.dwg"，输入其属性，完成所有零件的明细表，如图 10-39 所示。

6	O形圈	1	丁腈橡胶	GB/T 3452.1—2005		
5	O形圈	2	丁腈橡胶	GB/T 3452.1—2005		
4	节流阀体	1	ZL101			
3	节流阀套	1	HPb59-1			
2	锁紧螺母	1	HPb59-1	GB/T T810—1988		
1	节流阀芯	1	1Cr18Ni9			
序号	名称	数量	材料	备注		
				节流阀装配图	××公司	
标记	处数	分区	更改文件号	签名	年 月 日	
设计	(签名)	(年月日)	标准化	(签名)	(年月日)	阶段标记	质量	比例
审核								1:1
工艺			批准			共 张 第 张	(图样代号)

图 10-39   填写标题栏和明细表

5. 写技术要求

根据零件所组装的机器或部件所具有的功能（或性能）等写出技术要求。单击按钮 **A**，执行 MTEXT 命令，输入"技术要求"的文字，并进行编辑，如图 10-40 所示。

技术要求
1. 常用压力 1MPa。
2. 装配后进行密封实验。

图 10-40   技术要求文字内容

【上机操作】

1. 完成管钳装配图的绘制。题图 10-1 所示为一管钳，用于夹持工件，当手柄杆旋转时，螺杆转动带动滑块上下移动。根据管钳的装配图，画出钳座、螺杆等主要零件的零件图，并定义为块。绘图时除图上已给的尺寸外，其余尺寸按比例从图中量取（取整数），且作合适的剖视、剖面，标注尺寸、公差代号、表面粗糙度（数字自定）。

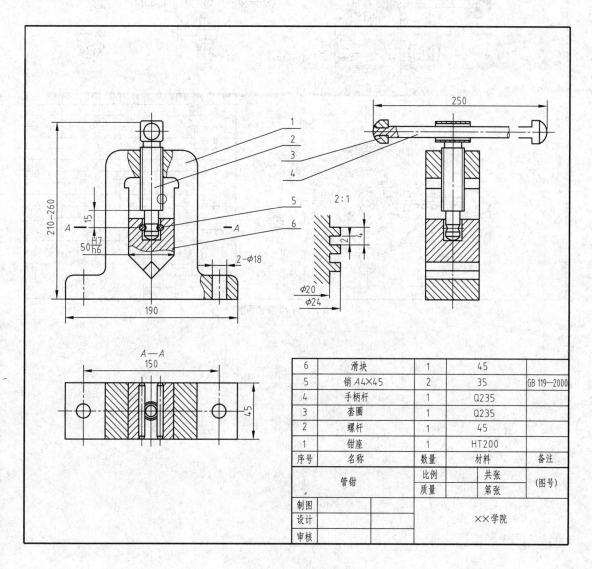

6	滑块	1	45	
5	销 A4×45	2	35	GB 119—2000
4	手柄杆	1	Q235	
3	套圈	1	Q235	
2	螺杆	1	45	
1	钳座	1	HT200	
序号	名称	数量	材料	备注

题图 10-1　管钳装配图

2. 完成气动阀装配图的绘制。题图 10-2 所示为一气动阀，用于气体或液体沿不同方向换位输送，当手柄拨转时，柱塞上的沟槽仅能同时接通 2 个孔或同时关闭 3 个孔。根据气动阀的装配图，画出各个零件的零件图，并定义为块。绘图时除图上已给的尺寸外，其余尺寸按比例从图中量取（取整数），且作合适的剖视、剖面，标注尺寸、公差代号、表面粗糙度（数字自定）。

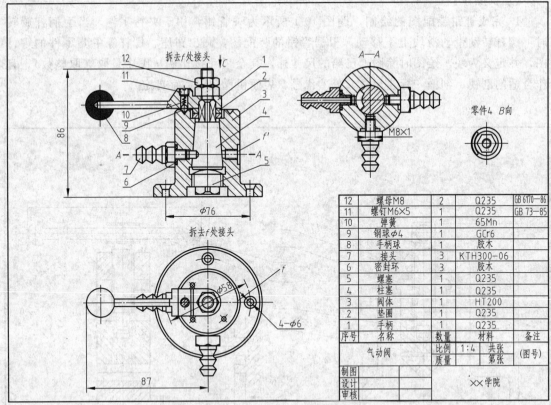

12	螺母M8	2	Q235	GB 6170—86
11	螺钉M6×5	1	Q235	GB 73—85
10	弹簧	1	65Mn	
9	钢球φ4	1	GCr6	
8	手柄球	1	胶木	
7	接头	3	KTH300—06	
6	密封环	3	胶木	
5	螺塞	1	Q235	
4	柱塞	1	Q235	
3	阀体	1	HT200	
2	垫圈	1	Q235	
1	手柄	1	Q235	
序号	名称	数量	材料	备注
气动阀		比例	1:4	共张	(图号)
		质量		第张	
制图					
设计			××学院		
审核					

题图 10-2　气动阀装配图

项目十一
创建凸轮的三维模型

一、三维绘图基础

1. 三维建模工作空间

AutoCAD 2014 的三维绘图功能有了很大的改善。为提高三维绘图的效率，AutoCAD 2014 专门提供了用于三维绘图的三维基础空间和三维建模工作空间。从传统工作界面切换到三维建模工作空间的方法是：在"工作空间"工具栏对应的下拉列表中选择"三维建模"项，如图 11-1 所示。AutoCAD 2014 的三维建模工作界面如图 11-2 所示。

图 11-1 "工作空间"工具栏

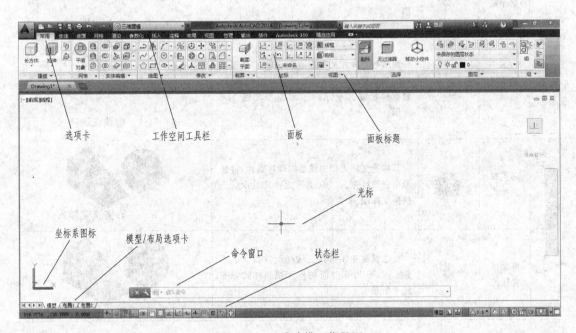

图 11-2 三维建模工作界面

2. 视觉样式

使用 AutoCAD 2014 进行三维造型时，用户可以控制三维模型的视觉样式，即显示

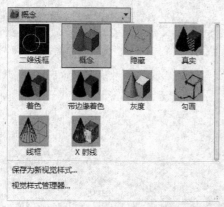

图 11-3　视觉样式下拉列表

效果。

　　用于设置视觉样式的命令是 VSCURRENT，在"三维建模"工作空间，可以在"视图"选显卡下，利用"视觉样式"面板中下拉列表，可以方便地设置视觉样式。视觉样式下拉列表如图 11-3 所示，该下拉列表是一些图像按钮，从左到右、从上到下依次是用于二维线框、概念、隐藏、真实、着色等视觉样式的图像按钮。下面介绍几种视觉样式设置下的显示效果（表 11-1）。

表 11-1　视觉样式的功能说明与显示效果

序号	视图样式	工具栏图标	功能说明	效果图例
1	二维线框视觉样式		二维线框视觉样式指将三维模型通过表示模型边界的直线和曲线，以二维形式显示。二维线框视觉样式显示的三维模型如图 11-4 所示	图 11-4　二维线框视图样式
2	线框视觉样式		线框视觉样式指将三维模型以三维线框模式显示，线框视觉样式显示的三维模型如图 11-5 所示	图 11-5　线框视图样式
3	隐藏视觉样式		隐藏视觉样式又称为消隐，指将三维模型以三维线框模式显示，并隐藏背面线表示。隐藏视觉样式显示的三维模型如图 11-6 所示	图 11-6　隐藏视图样式
4	真实视觉样式		真实视觉样式指将模型实现体着色，并显示出三维线框。以真实视觉样式显示的三维模型如图 11-7 所示	图 11-7　真实视觉样式
5	概念视觉样式		概念视觉样式指将三维模型以概念形式显示，与图 11-8 对应的概念视觉样式如图 11-8 所示	图 11-8　概念视觉样式
6	设置视觉样式		AutoCAD 2014 提供有视觉样式管理器。利用该管理器，用户能够对各种视觉样式可进行进一步的设置	

3. 用户坐标系

用 AutoCAD 绘制二维图形时，通常是在一个固定坐标系，即世界坐标系（World Coordinate System，WCS）中完成的。在 AutoCAD 中，世界坐标系又叫通用坐标系或绝对坐标系，其原点以及各坐标轴的方向固定不变。对于二维绘图来说，世界坐标系已完全满足绘图要求。

图 11-9　UCS 菜单

为便于绘制三维图形，AutoCAD 允许用户定义自己的坐标系，并将这样的坐标系称为用户坐标系（User Coordinate System，UCS）。

（1）定义 UCS

用于定义 UCS 的命令是 UCS，在实际绘图中，在"三维建模"工作空间，右键点击坐标，则会弹出如图 11-9 所示的 UCS 菜单；在"视图"选项卡下，通过点选"工具栏"下拉按钮，可以显示如图 11-10 的 UCS 工具栏。利用 AutoCAD 提供的菜单或工具栏，则可以方便地创建出 UCS。创建 UCS 时的几种常用方法见表 11-2。

图 11-10　UCS 工具栏

表 11-2　几种常用创建 UCS 方法及说明

序号	方法	图标	说　　明
1	根据 3 点创建 UCS		由 3 点创建新 UCS 是最常用的方法之一。根据 UCS 的原点及其 X、Y 轴的正方向上的点来创建新 UCS
2	改变原坐标系的原点位置创建新 UCS		通过将原坐标系随其原点平移至某一位置的方式创建新 UCS。由此方法得到的新 UCS 的各坐标轴方向与原 UCS 的坐标轴方向一致。在系统命令的提示下指定 UCS 的新原点位置，即可创建出对应的 UCS
3	将原坐标系绕某一坐标轴旋转一定的角度创建新 UCS		可以将原坐标系绕其某一坐标轴旋转一定的角度来创建新 UCS。按钮 、、 分别实现将原 UCS 绕 X 轴、Y 轴、Z 轴的旋转。在系统命令的提示下输入对应的角度值后按 Enter 键，即可创建对应的 UCS
4	返回到前一个 UCS 设置		利用 按钮，可以将 UCS 返回到前一个 UCS 设置
5	创建 XY 面与计算机屏幕平行的 UCS		利用 按钮，可以创建 XY 面与计算机屏幕平行的 UCS。三维绘图时，当需要在当前视图进行标注文字等操作时，一般应首先创建这样的 UCS
6	恢复到 WCS		利用 按钮，可以将当前坐标系恢复到 WCS

（2）命名保存

用户可以将频繁使用的 UCS 命名保存，以后需要该用 UCS 时，直接恢复即可。保存 UCS 的方法有两种：一种是利用命令命名保存 UCS、恢复 UCS；另一种是利用对话框命名保存、恢复和删除 UCS。

二、绘制实体模型

在 AutoCAD 中可绘制各种形式的表面模型。AutoCAD 提供了用 AutoLISP 语言（AutoLISP 是专门用于对 AutoCAD 进行二次开发的编程语言）定义的用于绘制基本曲面的函数，利用这些函数，可以绘制长方体表面、棱锥面、楔体表面、球面、上半球面、下半球面、圆锥面、圆环面以及网格面等基本曲面。与上述各曲面对应的 AutoLISP 函数分别是AI _ BOX、AI _ PYRAMID、AI _ WEDGE、AI _ SPHERE、AI _ DOME、AI _ DISH、AI _ CONE、AI _ TORUS 和 AI _ MESH。这些函数可以像 AutoCAD 命令那样直接调用，即在命令窗口中，在"命令:"提示下输入对应的函数名后按 Enter 键来执行。

在 AutoCAD 2014 中可绘制各种基本实体模型。通过"三维建模"工作空间中的"常用"选项卡的"建模面板"等面板中的各种按钮，可执行 AutoCAD 2014 的实体模型绘制命令。本节介绍如何绘制实体模型。"建模"面板、"网络"面板菜单和"建模"面板中的下拉按钮工具栏分别见图 11-11 和图 11-12。

1. 基本实体模型的绘制

在 AutoCAD 系统中，可以直接绘制出长方形、圆锥体、圆柱体、球体、楔形体和圆环体等基本实体造型。

在 AutoCAD 下拉菜单"绘图→建模"菜单项及三维控制台中，AutoCAD 系统有绘制各种实体工具。基本三维实体造型的命令及功能说明见表 11-3。

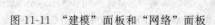

图 11-11　"建模"面板和"网络"面板　　　　图 11-12　"建模"面板中的下拉按钮

表 11-3　基本三维实体造型及说明

图标按钮	代表命令	功能 选择
	长方体 （BOX）	绘制立长方体,方法是选择此按钮后,依序输入长方体的第一角点、对角点及高度,如图 11-13(a)所示 此命令在选择矩形第一角点后,可以选择"立方体(或输入 C)"选项,然后输入边长,即可画出正立方体,如图 11-13(b)所示 （a)长方体　　　　（b)正立方体 图 11-13　绘制立长方体 如果在选择矩形第一角点后,选择"长度"选项,则可以依次输入长方体的长度、宽度及高度,画出长方体

图标按钮	代表命令	功　能　选　择
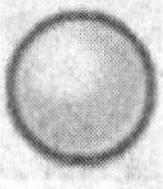	球体 （SPHERE）	绘制圆球实体，方法是选择此按钮后，依序输入圆球的圆心及半径，如图 11-14 所示 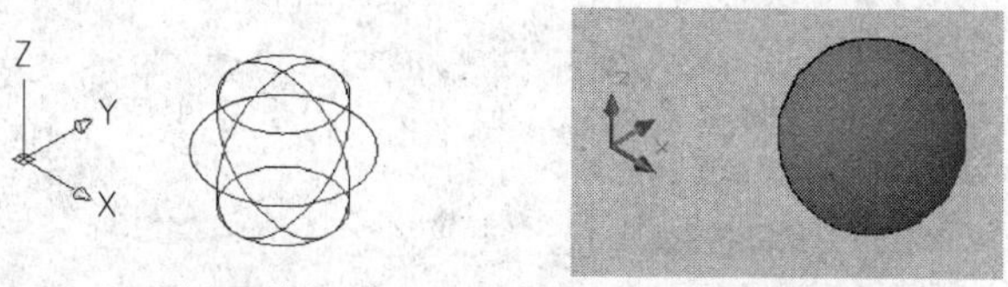 (a) 线框视角样式　　　　　　　　(b) 概念视角样式 图 11-14　绘制圆球实体
	圆柱体 （CYLINDER）	绘制圆柱实体，方法是选择此按钮后，依序输入圆柱体底面的中心点、半径及圆柱体高度，如图 11-15 所示 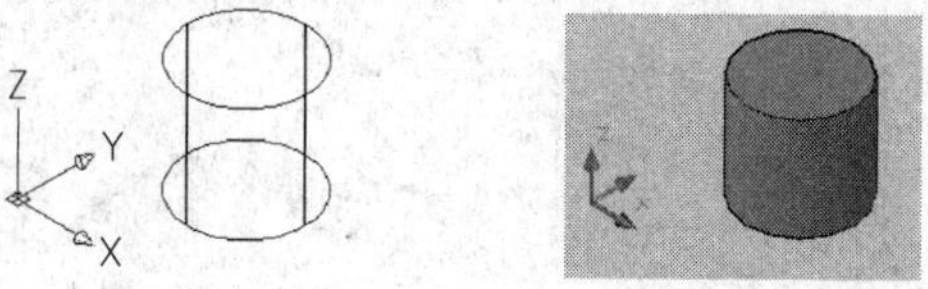 (a) 线框视角样式　　　　　　　　(b) 概念视角样式 图 11-15　绘制圆柱体实体 如果选择此按钮后，选择椭圆形选项（或输入 E）。接着依序输入一轴线的第一、第二端点、另一轴的半长（或直接选择该轴的端点）及椭圆柱的高度，即可画出椭圆柱
	圆锥体 （CONE）	绘制圆锥实体，方法是选择此按钮后，依序输入圆锥体底面的中心、半径及圆锥体的高度，如图 11-16 所示 如果选择此按钮后，选择椭圆形选项（或输入 E），接着依序输入轴线的第一、第二端点、另一轴的半长（或选择该轴的端点）及椭圆锥的高度，即可画出椭圆锥，如图 11-17 所示 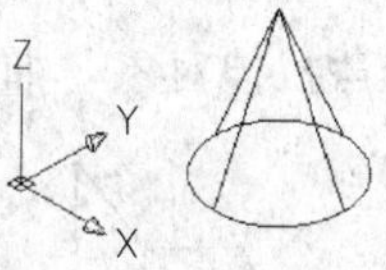 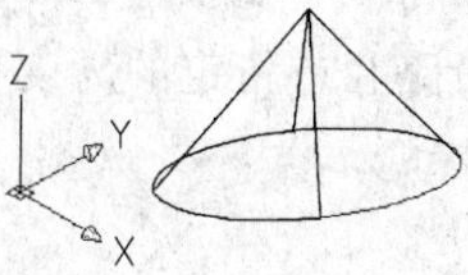 图 11-16　绘制圆锥实体　　　图 11-17　绘制椭圆锥实体
	楔体 （WEDGE）	绘制楔形实体，方法是选择此按钮后，依序输入楔形体的第一点、对角点高度，如图 11-18(a) 所示 此命令在选择楔形体第一角点后，可以选择"立方体（或输入 C）"选项，然后输入边长，即可画出正立方楔形体，如图 11-18(b) 所示 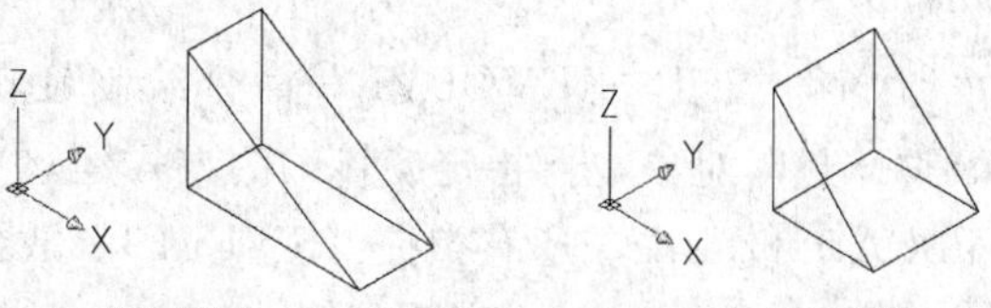 (a) 长楔形实体　　　　　　　　(b) 正立方楔形实体 图 11-18　绘制楔形实体 如果在选择楔形体第一角点后，选择长度选项，则可以依序输入楔形体长度、宽度及高度，即可画出楔形实体

续表

图标按钮	代表命令	功能选择
（圆环图标）	圆环 (TORUS)	绘制圆环实体，方法是选择此按钮后，依序输入圆环的中心点、半径及圆管的半径，如图 11-19 所示 (a)线框视角样式　　　　(b)概念视角样式 图 11-19　绘制圆环实体
（多段体图标）	多段体 (POLYSOLID)	绘制多段体，方法是选择此按钮后，依序输入多段体的起点，指定多段体的高度（H）、宽度（W），根据下段是圆弧就输入 A，是直线就输入 L。如图 11-20 所示 (a)线框视角样式　　　　(b)概念视角样式 图 11-20　绘制多段体

2. 基于母线生成实体

除了生成基本实体的命令之外，AutoCAD 有以轮廓线生成三维实体的命令"EXTRUDE（拉伸）"和"REVOLVE（旋转）"等命令。

（1）拉伸实体

选择按钮（图标），或用"EXTRVDE"命令，可以通过拉伸（增加厚度）所选对象创建实体，可以沿路径或指定的高度值和斜角拉伸对象，如图 11-21 所示。

(a)已有对象　　　　(b)倾斜角为0°的拉伸　　　　(c)倾斜角为−10°的拉伸
图 11-21　拉伸实体

（2）旋转实体

选择按钮（图标），或以"REVOLVE"命令绘制旋转实体。其方法是先建立二维多段线、圆或椭圆等整体封闭对象，再指定旋转轴的方式建立三维实体，如图 11-22 所示。

在 AutoCAD 2014 中，还有扫掠（SWEEP）、放样（LOFT）等实体的创建方法。

3. 复合实体造型——布尔运算

布尔运算是数学上的集合运算，AutoCAD 将该运算应用到实际中，允许用户对三维实体对象进行并（UNION）、差（SUBTRACT）、交（INTERSECT）这样的布尔运算，可以组合生成一个较复杂的实体造型。

（1）并集

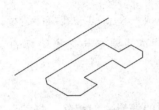

(a)已有对象　　　　　　　　　　　(b)旋转实体(概念视角样式)

图 11-22　旋转实体

　　并集就是将参加运算的三维实体组合起来，加和生成一个独立的复合三维实体造型。选择按钮 ，或执行"UNION"命令，选择要进行并运算的二维实体，可以选择多个对象，直到按下回车键为止，AutoCAD 即将它们并为一个整体，如图 11-23 所示。

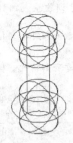
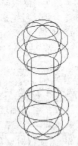
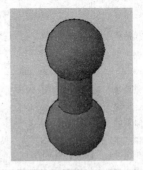

(a)已有三个实体　　　　　(b)并集实体(线框视角样式)　　　　　(c)并集实体(概念视角样式)

图 11-23　并集实体造型

　　在选择实体时，如果实体间不接触或不重叠，AutoCAD 仍对这些实体进行并运算，运算结果是将它们生成一个不相连的组合体。

（2）差集运算

　　差集是从一个或 n 个实体中去掉另一个或 n 个实体，从而生成一个独立的新三维实体造型。

　　选择按钮 ，或执行"SUBTRACT"命令，选择要从中删除的实体或面域，再根据需要选择去掉的实体，也可以同时选择多个实体，直到按下回车键，AutoCAD 开始计算，创建新的三维实体，如图 11-24 所示。

(a)两个独立的实体（概念视角样式）　　　　　　(b)差集后的实体（概念视角样式）

图 11-24　差集实体造型

（3）交集

交集是选择参与运算的三维实体的共有部分生成一个新的三维实体造型。

选择按钮 ⓪，或执行"INTERSECT"命令，选择要参与交集运算的三维实体，可以同时选择多个对象，直到按下回车键。

4．通过三维实体编辑进行实体造型

二维图形的大部分编辑命令也适用于三维图形的编辑，如删除、移动、复制等，但其中的某些命令只局限于在 UCS 的 XY 平面内操作，如阵列、镜像等。AutoCAD 还专门提供有三维编辑命令，如三维阵列、三维镜像、三维旋转、三维移动等。利用 AutoCAD 的各种编辑功能也能绘制复杂实体。这些三维编辑命令的功能及说明见表 11-4。

表 11-4　三维编辑命令的功能及说明

三维编辑命令	代表命令	功能选择
三维阵列	3DARRAY	三维阵列是指将选定的对象在三维空间实现阵列。执行"3DARRAY"命令可复制矩形或环形的三维阵列实体。如进行矩形阵列，需指定行数、列数、层数、间距；如进行环形阵列，阵列的基准是中心轴 三维造型时，当需要在当前 UCS 的 XY 面或与该平行的平面上阵列时，可用二维阵列命令 ARRAY 实现
三维镜像	MIRROR3D	三维镜像是指将选定的对象在三维空间相对于某一平面进行的对称复制。执行"MIRROR3D"命令时，需选择镜像对象，确定镜像平面
三维旋转	3DROTATE	三维旋转是指将选定的对象绕空间轴旋转指定的角度。执行"3DROTATE"命令时，需选择旋转对象，指定旋转轴。确定旋转轴后，可通过拖动的方式确定旋转角度
三维对齐	3DALIGN	三维对齐是一种配合操作，它使指对象与其他对象进行点对点的对齐。也可实现对象的移动和拉伸操作

三、创建凸轮的三维模型

【工作任务】　创建凸轮的三维模型，该凸轮的结构及相关尺寸如图 11-25 所示。

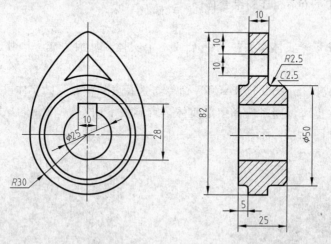

凹凸轮转角(ψ)与行程(h)												
转角(ψ)	0	15	30	45	60	75	90	105	120	135	150	175	180
行程(h)	30	30.6	32.3	35.3	39.2	44.7	51.7	44.7	39.2	35.3	32.3	30.6	30

图 11-25　盘形凸轮的视图及转角行程

【信息与资讯】　凸轮是具有曲线轮廓或凹槽的一种机械零件。盘形凸轮的曲线轮廓与圆柱凸轮上的凹槽都用于控制从动件运动的规律，绘制凸轮零件的主要工作就是按运动的规律制定凸轮轮廓线，进而绘制出三维实体轮廓。

【决策与计划】　绘制盘形凸轮的首要工作是了解从动件的位移曲线图，然后应用反转法绘制出凸轮廓线，基于凸轮廓线绘制出凸轮零件。在 AutoCAD 中，绘制位移曲线图与绘制凸轮廓线的操作可同时开展，一旦完成了操作，就可以绘制出凸轮廓线与凸轮物体的三维轮廓线。

1. 应用反转法绘制凸轮廓线

① 启动 AutoCAD 软件，在"工作空间"下拉列表单里选择"三维建模"。

② 绘制基圆。绘制凸轮的十字中心线与半径为 30mm 的基圆，如图 11-26 所示。

③ 绘制位移标示直线。以基圆的中心为端点画一横向线，再以横向线与基圆的交点为中心点作一短的纵向线，如图 11-27 所示。横向线和纵向线用于标识从动件的行程与转角位置。

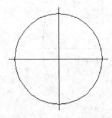

图 11-26　绘制基圆

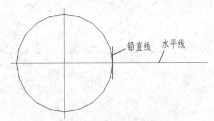

图 11-27　绘制位移标示直线

④ 阵列直线。选定所绘横向线和纵向线，在命令行中输入 ARRAYCLASSIC 命令，在阵列对话框中，设置环形阵列，中心点为基圆的圆心，项目总数为 13，项目间角度为 180°，如图 11-28 所示。

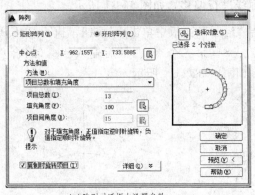

(a)阵列对话框中设置参数

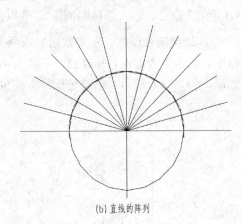

(b) 直线的阵列

图 11-28　阵列直线

⑤ 移动阵列后的纵向线。选择转角 15°直线上的短直线，以该直线的中点为基点移动，移动参数为@0.6<15。0.6 是转角为 15°时的行程 30.60 减去基圆半径 30 的结果；15 表示转角为 15°的方向。此后，参照上述操作，按这些相对极参数（@2.30<30、@5.30<45、@9.20<60、@14.70<75、@21.70<90、@14.70<105、@9.20<120、@5.30<135、@

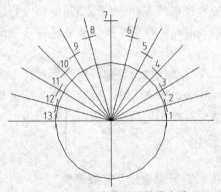

图 11-29　移动阵列后的纵向线

2.30＜150、@0.6＜165）顺序移动其他短直线。移动后的直线如图 11-29 所示。

2. 绘制凸轮轮廓线

绘制样条曲线。在"常用"选项卡下，在"绘图"面板中单击 按钮，执行 SPLINE 命令，以点 1 为起点，依次连接 2，3，…，12，点 13 为终点，绘制出样条曲线，如图 11-30（a）所示。删除辅助绘制样条线的阵列和移动直线，完成凸轮轮廓线绘制，如图 11-30（b）所示。

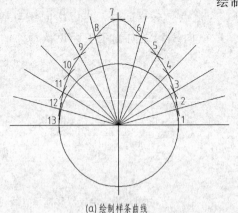

(a) 绘制样条曲线　　　　　　　　　　(b) 删除绘制曲线的辅助线

图 11-30　绘制凸轮轮廓线

3. 绘制盘形凸轮三维实体图

① 偏移凸轮轮廓线。在"常用"选项卡下，在"修改"面板中单击 按钮，执行 OFFSET 命令，输入偏移距离 10，选取凸轮轮廓线进行偏移，如图 11-31 所示。

② 绘制闭合线框。在"常用"选项卡下，在"绘图"面板中单击 按钮，执行 PLINE 命令，以点 1 为起点，选择点 2，输入 A（圆弧）、S（第二个点），最后输入 CL（闭合），如图 11-32（a）所示；修整辅助线，完成绘制，如图 11-32（b）所示。

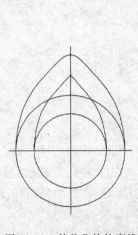

图 11-31　偏移凸轮轮廓线

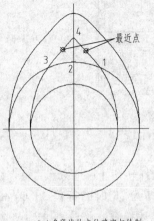

(a) 多段线的点位确定与绘制

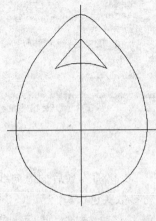

(b) 编辑多段线

图 11-32　绘制闭合线框

③ 创建面域。在"常用"选项卡下，在"绘图"面板中，单击"绘图"面板标题的下拉按钮，选取 ⬚ 按钮，执行 REGION 命令，选择凸轮外廓线。

④ 拉伸实体。在"常用"选项卡下，在"建模"面板中，选择 ⬚ 按钮，执行 EXTRUDE 命令，进行拉伸，选择创建的面域拉伸 10，选择闭合线框拉伸 15。在"视图"面板中选择"东南等轴测图"，将视图变为立体图，如图 11-33 所示；在"实体编辑"面板中选择 ⬚ 按钮，执行 SUBTRACT 命令，进行布尔运算，如图 11-34 所示。

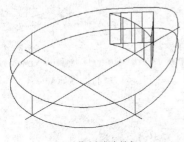

(a) 二维线框视角样式

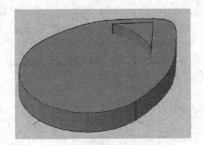

(b) 概念视角样式

图 11-33　拉伸实体

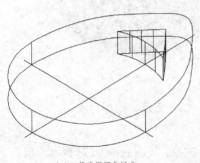

(a) 二维线框视角样式

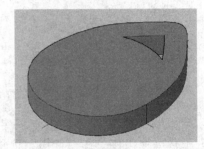

(b) 概念视角样式

图 11-34　拉伸实体的布尔运算

4. 绘制盘形凸轮安装轴的三维实体图

① 在"常用"选项卡下，在"视图"面板中选择"俯视"，将三维视图变为二维视图。

② 绘制安装轴的内、外圆。以凸轮基圆的圆心为圆心，绘半径为 25、12.5 的圆，如图 11-35 所示。

③ 绘制键槽轮廓。将纵向线向两侧偏移 5mm，以偏移纵向线与 φ25mm 圆的交点绘 4mm×10mm 的矩形，如图 11-36（a）所示；分解矩形，对矩形、偏移直线、圆进行编辑，绘制键槽轮廓，如图 11-36（b）所示。

④ 创建面域。在"常用"选项卡下，在"绘图"面板中，单击"绘图"面板标题的下拉按钮，选取 ⬚ 按钮，执行 REGION 命令，选择有键槽的内圆轮廓线。

⑤ 拉伸实体。在"常用"选项卡下，在"建模"面板中，选择 ⬚ 按钮，执行 EXTRUDE 命令，进行拉伸，选取 φ50mm 的圆拉伸 25，选取创建的面域拉伸 30；在"视图"面板中选择"东南等轴测图"，将视图变为立体图，如图 11-37 所示。

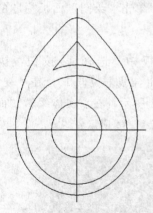

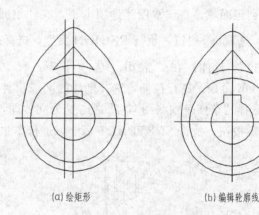

(a) 绘矩形   (b) 编辑轮廓线

图 11-35　绘制安装轴的内、外圆　　　　　　图 11-36　绘制键槽轮廓

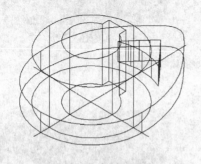

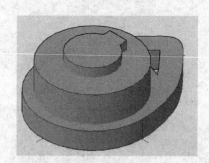

(a) 二维线框视角样式　　　　　　　　　　　(b) 概念视角样式

图 11-37　拉伸实体

⑥ 平移拉伸实体。在"常用"选项卡下，在"修改"面板中，选择 ⊕ 按钮，执行 3DMOVE 命令，对实体进行移动，选取刚创建的凸轮安装轴与键槽体，以上表面的中心点为移动基点，输入（@0，0，－5）向下移动的距离，如图 11-38 所示。

⑦ 在"常用"选项卡下，在"实体编辑"面板中选择 ⊚ 按钮，执行 UNION 命令，进行并集的布尔运算，将盘形凸轮与凸轮安装轴合并为一个整体；再选择 ⊚ 按钮，执行 SUB-TRACT 命令，进行差集的布尔运算，将键槽体从盘形凸轮体中除掉；删除绘图的辅助线，如图 11-39 所示。

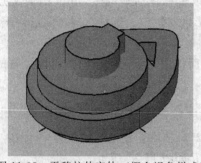

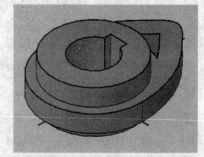

图 11-38　平移拉伸实体（概念视角样式）　　　图 11-39　拉伸实体布尔运算（概念视角样式）

5. 编辑盘形凸轮的三维实体

① 圆角。在"常用"选项卡下，在"修改"面板中单击 ⬜ 按钮，执行 OFFSET 命令，选取盘形凸轮与凸轮安装轴交线，圆角半径为 2.5mm，如图 11-40（a）所示。

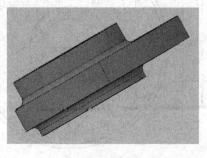

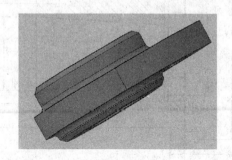

(a) 圆角　　　　　　　　　　　　　　　　　(b) 倒角

图 11-40　编辑盘形凸轮的棱边

② 倒角。在"常用"选项卡下，在"修改"面板中单击 ⬜ 按钮右边的向下按钮，在弹出的下拉按钮中，选 ⬜ 按钮，执行 CHAMFER 命令，选取制盘形凸轮安装轴外边的棱线，倒角的距离为 2.5mm，如图 11-40（b）所示。

【上机操作】

1. 绘制齿式外接棘轮的三维实体。该齿式外接棘轮的视图如题图 11-1 所示。

提示：棘轮是常用的间歇运动机构。棘轮绘制的难点是应用设计参数绘制棘轮齿轮廓线。

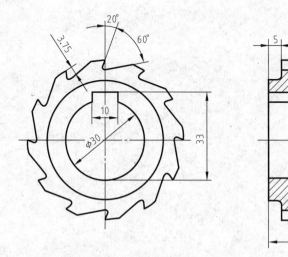

题图 11-1　棘轮的视图

2. 绘制轴套的三维实体。该轴套的视图如题图 11-2 所示。

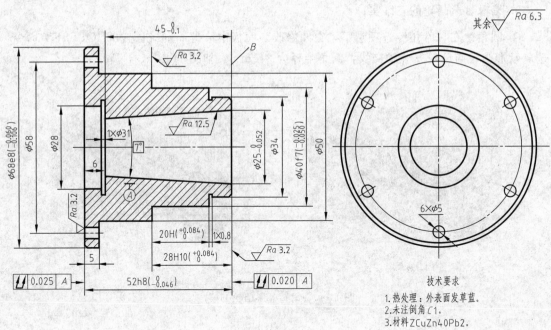

题图 11-2　轴套的视图

技术要求
1. 热处理：外表面发草蓝。
2. 未注倒角 $C1$。
3. 材料 ZCuZn40Pb2。

项目十二

创建链轮的三维模型与工程图

一、模型空间、布局、视口

1. 模型空间、布局

AutoCAD 提供有两种绘图空间：模型空间和图纸空间。模型空间是一个三维绘图空间。在模型空间中，用户既可以创建二维图形对象，也可以创建三维图形对象。用户的大多数绘图和设计工作是在模型空间中完成。

当绘制三维图形时，模型空间有其特有的优越性：用户可以建立 UCS（用户坐标系），创建各种形式的三维模型，可以通过改变观察视点的方式从不同的方向观看三维模型，还可对表面模型、实体模型进行消隐、渲染等操作。

布局可以增强的图纸空间。图纸空间的概念比较抽象，可以把图纸空间看作由一张图纸构成的平面，且该平面与绘图屏幕平行。图纸空间上的所有图形均为二维平面图。利用布局，用户可以组织图纸的输出；可以在布局中创建不同大小、不同形状、不同位置的多个浮动视口，而在这些视口中，又可以显示模型空间所创建的图形对象在不同位置、不同投影方向的投影视图等内容。因此，通过布局将图形打印输出后，可以在一张图纸得到多个视图。此外，利用布局，还可以方便地进行打印设置。

AutoCAD 提供有绘图空间选项卡控制栏。在该控制栏上，"模型"选项卡（▨）用于向模型空间切换，布局选项卡（▧）则用于切换到布局。很显然，模型空间只有一个，而布局则可以有多个。用户可以根据需要创建新布局，可以对同一图形对象在不同的布局中设置不同的显示内容和不同的打印方式，而各布局之间互不影响。

2. 布局及布局管理

布局主要用来进行打印设置。用户可以对同一图形对象在不同的布局中设置不同的显示内容和不同的打印方式。用户还可以根据需要进行新建布局、复制布局、移动布局的位置、给布局更名等操作。

鼠标移动到 AutoCAD 工作界面左下角的"布局 1"选项卡上，单击右键，弹出菜单中有"新建布局"、"来自样板"等菜单，具体说明如下。

（1）新建布局

创建新布局。选择该菜单，AutoCAD 自动创建一个新的布局。

（2）来自样板

根据样板文件创建布局。选择该菜单项，AutoCAD 弹出"从文件选择样板"对话框，从 AutoCAD 的 Template 文件夹中选择合适的样板（.dwt）。通过对话框确定样板文件后，单击"打开"按钮，AutoCAD 基于样板文件创建新布局，且此布局中含有文件中的图形内容与设置。

（3）删除布局

选择此菜单项，AutoCAD 给出提示信息。单击"确定"按钮，删除选定的布局，单击"取消"按钮，取消删除操作。

（4）重命名

给布局更名。选择此菜单项，AutoCAD 弹出"重命名布局"对话框。在"名称"编辑框中输入新名字，单击"确定"按钮，即可实现更名。

（5）移动或复制

在绘图空间选项卡控制栏上调整已有布局选项卡的位置，或复制所选的布局选项卡。选择此菜单项，AutoCAD 弹出"移动或复制"对话框。设置布局选项卡的新位置是通过复制或移动方式后，单击确定按钮，即可完成复制或移动。

（6）选择所有布局

选中全部的布局选项卡，同时对它们进行有关的设置。

（7）页面设置管理器

打印设置，如设置打印设备、图纸尺寸等。选择此菜单项，AutoCAD 弹出相应的对话框，在对话框中显示了页面设置的有关信息。若需要修改，点击"修改"按钮，弹出"页面设置"对话框，如图 12-1 所示，在对话框中可以进行打印页面的设置。

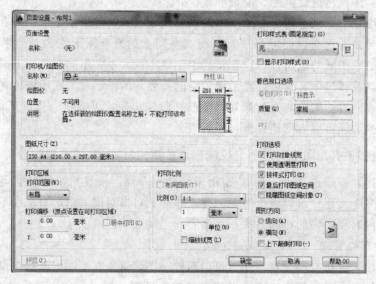

图 12-1　"页面设置"对话框

（8）打印

打印图形。选择此菜单项，AutoCAD 弹出"打印"对话框，可进行设置和打印。

3. 视口

视口是 AutoCAD 工作界面上用于绘制和显示图形的区域。在模型空间，AutoCAD 默认把整个绘图区域作为单一视口。用户可以根据需要将绘图区域设置成多个视口，可以在每个视口中显示图形的不同部分，这样能够更清楚地描述物体的形状，以便于绘制图形。创建多视口命令为"VPORTS"，当前所处的绘图空间不同（模型空间和布局），所得到的视口形式也不同。在模型空间，创建的视口称为平铺视口。在布局中，创建的视口称为浮动视口。平铺视口与浮动视口的区别是：前者将绘图区域分成若干个大小和位置固定的视口，彼此之间相邻，但不能重叠；而在浮动视口中，用户可以改变视口的大小与位置，且这些视口可以相互重叠。

（1）在模型空间创建平铺窗口

设置绘图空间为模型空间，在命令行中输入"VPORTS"命令，弹出的"视口"对话框，如图12-2所示。

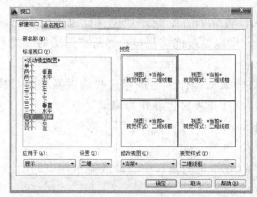

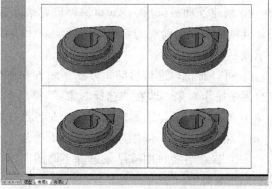

图12-2　"视口"对话框　　　　　图12-3　布局1中四个矩形浮动视口

在对话框中，创建视口。如创建四个相等的平铺窗口，在"标准视口"选项区，选择"四个：相等"选项，在预览区可以看到四个平铺的视口，激活某一视口后，在"修改视图"框中，定义该视口的视图，一般按照视图的配置位置定义。

（2）在布局中创建矩形浮动视口

在布局中创建四个矩形浮动视口的方法是：从下拉菜单中选择"视图→视口→四个视口"命令，直接回车，使四个视口布满打印区，如图12-3所示。

（3）在布局中创建非矩形边框

在布局中，可以将在布局中绘制的任意闭合的多段线、圆、椭圆、样条曲线、面域等对象转换为浮动窗口，也可以通过指定视口边界的各顶点位置创建多边形浮动视口。

① 封闭对象转换为浮动窗口。从下拉菜单中选择"视图→视口→对象"命令，按AutoCAD提示，选择在布局中绘制的封闭对象，即可创建出相应的视口。

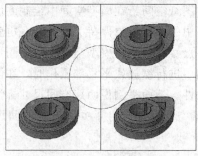
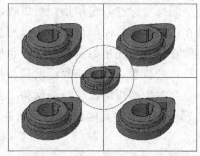

(a)绘制图　　　　　　　　　(b)圆转换为浮动窗口

图12-4　封闭对象转换为浮动窗口

在图 12-3 所示四个矩形浮动视口的中央绘制一个圆，如图 12-4 （a）所示，从下拉菜单中选择"视图→视口→对象"命令，选择绘制的圆，创建与所绘图形对应的视口，如图 12-4（b）所示。

② 过指定视口边界的各顶点位置创建多边形浮动窗口。从下拉菜单中选择"视图→视口→多边形视口"命令，按 AutoCAD 提示，指定多边形视口的起点和（不同要求的）下一点，绘制表示视口的多边形，可得到相应的视口。

（4）浮动视口的特点

在布局中创建的多视口称为浮动视口，浮动视口具有以下特点。

① 视口可以改变位置，也可以相互重叠。

② 创建浮动视口后，AutoCAD 创建表示视口边界的方框线，且该视口边界位于当前层，其颜色采用当前层的颜色，但线型总为实线。可以通过冻结视口边界所在图层的方式不显示或不打印视口边界。

③ 可以对视口进行移动、复制、缩放和删除等编辑操作。当进行这些编辑操作时，视口边界是操作对象，即在"选择对象："提示下，应选择视口边界作为编辑对象。

④ 光标不受视口的影响，即光标在各视口中移动时，均显示为十字光标。

⑤ 在布局中，可以添加注释等图形对象。

⑥ 可以在各视口中冻结或解冻不同的图层，以在指定的视口中隐藏或显示相应的图形、尺寸标注等对象。

⑦ 可以创建各种形状的视口，如圆形视口、多边形视口等。

⑧ 在布局中，可以切换到浮动模型空间，以进行改变视图的显示比例等操作。

（5）浮动模型空间

所谓浮动模型空间，是指在布局中直接进入模型空间，这样的模型空间称为浮动模型空间。

在布局中进入浮动模型空间的方法为：在布局状态下，在某一浮动视口内双击鼠标，或单击状态栏上的"图纸"按钮，此时，"图纸"模式变为"模型"模式，在布局中将各视口以模型空间模式显示，即从图纸空间转换到模型空间。在浮动模型空间，用户可以编辑位于视口内的已有图形对象，如对它们进行删除、移动、旋转等操作。

如果要将浮动模型空间模式切换到图纸空间，在视口边界之外任一点处双击鼠标，或单击状态栏上的"模型"按钮即可。

二、跨空间的尺寸标注

所谓跨空间尺寸标注，是指用户可以直接在图纸空间给在模型空间中绘制的图形对象标注尺寸，且在图纸空间标注的尺寸仍与模型空间中的图形对象保持关联关系。也就是说，在图纸空间中给在模型空间中绘制的图形对象标注尺寸后，当在模型空间中改变图形对象，或改变布局中视口的位置，或在布局浮动模型空间中进行缩放或平移等操作时，在图纸空间中标注的尺寸也会发生相应的改变，即保持了关联性。下面举例说明跨空间尺寸标注的功能。

【例 12-1】 在模型空间中绘制图形，在图纸空间标注尺寸，并验证跨空间尺寸标注的功能。

（1）在模型空间绘制图形

打开 AutoCAD 系统，在"工作空间"工具栏对应的下拉列表中选择"AutoCAD 经典"

项，在模型空间绘制 300mm×200mm 的矩形及 φ100mm 的圆，用 ZOOM 命令将所绘图形显示在绘图区域，如图 12-5 所示。

（2）在布局中进行打印页面设置、创建视口

单击绘图空间选项卡控制栏的"布局 1"标签，在布局中自动创建了一个视口，用 ERASE 命令删除该视口；再打开"布局"选项卡，通过"页面设置"对话框选用 A4 图纸，并将打印方向设为横向，创建布满整个布局的一个视口，如图 12-6 所示（可通过在浮动模型空间进行实时平移和实时缩放的方法调整图形在视口中的位置与显示大小）。

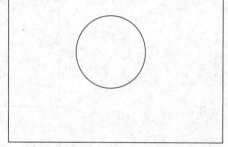

图 12-5 模型空间的视图

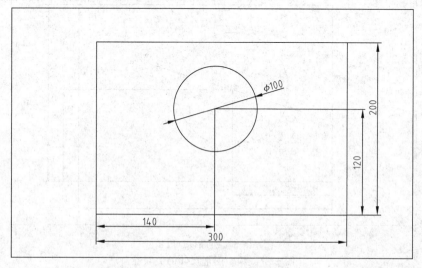

图 12-6 在图纸空间标注尺寸

（3）标注尺寸

标注尺寸时，为保证尺寸与标注对象的关联性，要设置系统变量 DIMASSOC 的值为 2。将机械标注样式置为当前样式，在图纸空间为图形标注尺寸，如图 12-6 所示。

由图 12-6 可以看出，不管图形在图纸空间中的显示比例是多少，在图纸空间中标出的尺寸，都是图形的实际尺寸。

（4）编辑图形

在浮动模型空间（或在模型空间）改变圆的大小和位置。改变后，在布局中的尺寸也发生相应变化，如图 12-7 所示。

同样，在浮动模型空间（或在模型空间）改变其他图形的位置与形状，在布局中，相应尺寸也会发生变化。

三、创建多视图

通过在布局中创建浮动视口，并在各视口中以不同视点显示实体对象，可以实现在同一张图纸上显示多个视图，如主视图、左视图、俯视图等。

1. 利用浮动视口创建多视图

以项目十一中的盘形凸轮三维实体为例，介绍了浮动视口多视图的创建。

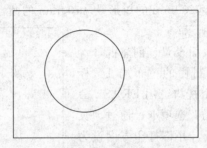

(a)模型空间改变圆的位置与尺寸

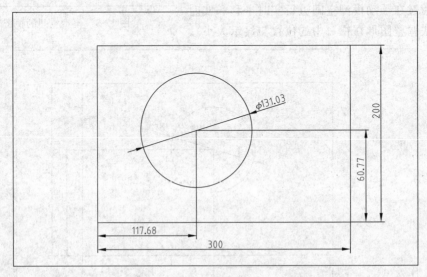

(b)图纸空间的标注的变化

图 12-7　编辑图形尺寸的关联性

（1）打开图形。

在 AutoCAD 系统中，在"工作空间"工具栏对应的下拉列表中选择"三维建模"项，打开创建的盘形凸轮三维实体图形。

（2）旋转三维实体

在"常用"选项卡中单击图标，执行 3DROTATE 命令，选择盘形凸轮，以盘形凸轮的圆心为基点，X 轴为旋转轴，将盘形凸轮的三维模型旋转 90°，如图 12-8 所示。

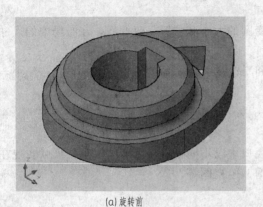

(a)旋转前

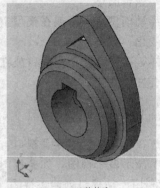

(b)旋转后

图 12-8　旋转盘形凸轮的三维实体

（3）切换到布局

单击绘图屏幕上的"布局1"标签，布局中自动创建了一个视口，用 ERASE 命令删除该视口。在"布局1"标签上单击鼠标右键，打开"布局1"选项卡，选择"页面设置管理器"，弹出对话框，在对话框中单击"修改"按钮，弹出"页面设置"对话框，选择打印设备、图纸大小（ISO A3 420×297）、图纸方向（横向），单击"确定"按钮。

（4）创建浮动视口

从下拉菜单中选择"视图→视口→四个视口"命令，视口布满整个布局，如图 12-9（a）所示。双击各个视口，分别设置为主视图、左视图、俯视图，输入 SCALE，将比例设为1，如图 12-9（b）所示。

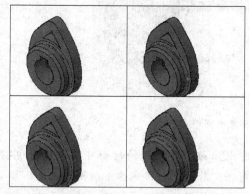
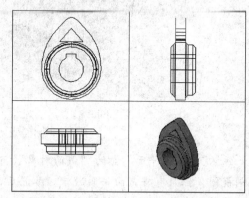

(a) 创建四个浮动视口　　　　　　　　　(b) 设定浮动视口的视图方向

图 12-9　创建浮动视口

2. 利用截面平面创建多视图

（1）切换到布局

在状态栏中单击布局按钮"布局1"，进入 AutoCAD 的图纸空间。

（2）创建视口

从下拉菜单中选择"视图→视口→二个视口"命令，视口布满整个布局，如图 12-10 所示。双击各个视口，分别设置为主视图、左视图，如图 12-10 所示。

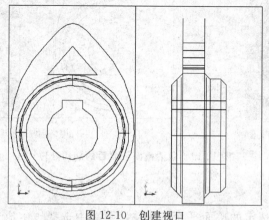

图 12-10　创建视口

（3）创建截面平面

切换到模型空间，将工作空间设置为"AutoCAD 经典"；执行直线命令，以底面圆心为起点，作长为 50mm 的轴线，在 Y 轴方向移动到适当的位置，如图 12-11（a）所示。将工作空间设置为"三维模型"；在"常用"选项卡中单击 图标，执行 SECTIONPLANE 命令，选取所绘轴线的两个端点，就会建立起来一个截面平面，如图 12-11（b）所示。

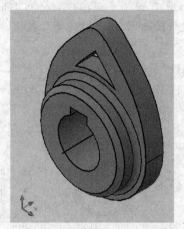
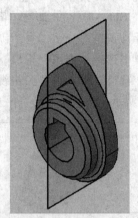

(a) 绘轴线   (b) 创建截平面

图 12-11 创建截面平面

注意："截面平面"称为"截面对象"，通过它与三维实体相交的切面可创建截面视图，即剖视图。但只有将截面平面激活（参阅后面的内容）后，才能得到这个剖面。而且，当它在三维图形中静止或在三维模型中移动时，还能查看三维实体内部的细节，动态更改相交三维实体的剖切轮廓，创建穿过三维实体的横截面，从而得到表示截面形状的二维图形对象。

（4）激活截面平面

单击选定的截面平面，从快捷菜单中选择"激活活动截面"命令，激活截面平面后，该截面应将对三维实体做剖切处理，如图 12-12 所示。

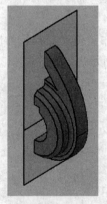
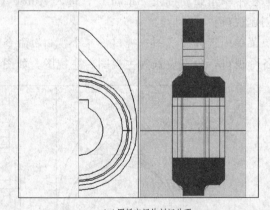

(a) 模型空间的剖切处理   (b) 图纸空间的剖切处理

图 12-12 激活截面平面后的剖切处理

（5）创建剖视图

在模型空间，右击选定的截面平面，从快捷菜单中选择"生成二维/三维截面"命令，在"生成截面/立面"对话框中选三维截面，并单击 "显示细节"按钮，再单击"截面设置"，在"截面设置"对话框中，对"面图案填充"进行填充图案类型（ANSI31）的选择，勾选将"设置应用于所有截面对象"复选框，如图 12-13 所示。单击"确定"、"创建"按钮，完成剖视图的创建，如图 12-14 所示。

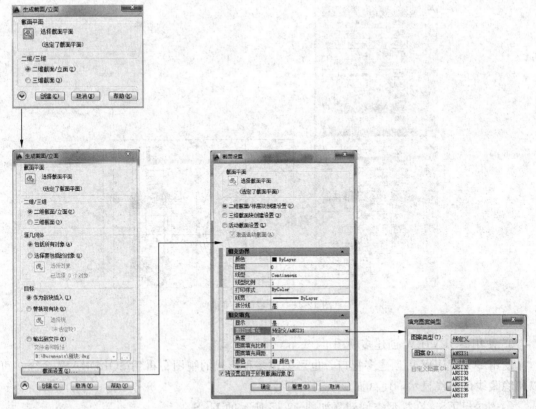

图 12-13　设置截面填充图案

上述操作说明了生成截面的操作方法，在应用中还需要注意以下几个问题。

① 二维和三维截面均可以作为未命名的块插入图形中，或作为图形块保存到外部图形文件中。

② 生成的截面将创建为块，并可以使用 BEDIT 重命名和编辑。

③ 插入由截面创建的块到图形中之前，可以重新缩放和旋转块。

④ 插入由截面创建的块到图形中时，可以更改插入基点。

⑤ 上面的操作所指定的插入基点将确保在图纸空间中建立正交投影视图。

⑥ 作为外部参照块插入图形中的三维对象可用于生成截面。

⑦ 二维截面是使用二维直线、圆弧、圆、椭圆、样条曲线和填充图案来创建的。

⑧ 三维截面是使用三维实体和曲面创建的，但使用二维直线绘制轮廓线和填充图案。

（6）隐藏截面平面

右击选定的截面平面，然后从快捷菜单中选择"特性"命令，在"特性"选项板中将"平面透明度"设置为 100，"平面颜色"设置为"白"，

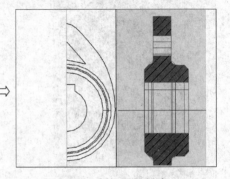

图 12-14　剖视图的创建

如图 12-15 所示。设置的目的是在图纸空间隐藏截面平面。

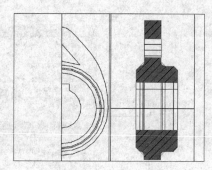

图 12-15　隐藏截面平面

3. 使用 SOLVIEW 创建多视图

使用 SOLVIEW 可创建多视口，也可创建多种形式的视图；再用 SOLDRAW 命令，可以使隐藏线以虚线显示，使截面显示剖面符号。

① 建立 UCS。在模型空间建立如图 12-16 所示的 UCS。

② 切换到布局。在状态栏中单击布局按钮"布局 1"，进入 AutoCAD 的图纸空间。

③ 设置系统变量 HPNAME 为 ANSI31、HPSCALE 为 1.5，以设定填充图案和剖面符号的间距。

④ 使用 SOLVIEW 创建俯视图。俯视图创建为投影图；输入 SOLVIEW，执行命令，输入 U，根据当前 UCS 创建视图，视图比例为 1，在适当位置指定视图投影中心，再指定视口的两个对角点，视图名为俯视图，如图 12-17 所示。

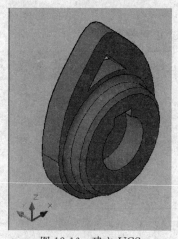

图 12-16　建立 UCS

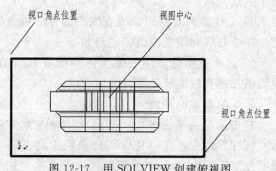

图 12-17　用 SOLVIEW 创建俯视图

⑤ 使用 SOLVIEW 创建主视图。主视图创建为投影图；输入 SOLVIEW，执行命令，输入 O 创建正交视图，视图比例为 1，在适当位置指定视图投影中心，再指定视口的两个对角点，视图名为主视图，如图 12-18 所示。

⑥ 使用 SOLVIEW 创建左视图。左视图创建为剖面视图；输入 SOLVIEW，执行命令，输入 S 创建剖面视图，在主视图上确定剖面的位置线，视图比例为 1，在适当位置指定左视图投影中心，再指定视口的两个对角点，视图名为左视图，如图 12-19 所示。

⑦ 对齐视图。输入 MVSETUP，执行命令，使视图长对正、高平齐。

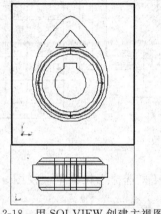

图 12-18　用 SOLVIEW 创建主视图

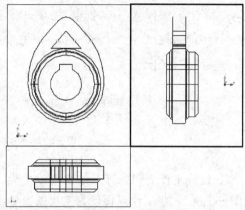

图 12-19　用 SOLVIEW 创建左视图

⑧ 使用 SOLDRAW 生成轮廓线。输入 SOLDRAW，执行命令，选择三个视图的视口边界，如图 12-20 所示。

四、创建主动链轮的三维模型与工程图

【工作任务】　创建齿槽形状是三圆弧一直线（GB/T 1243—2006《短节距传动用精密滚子链和链轮》）的主动链轮的三维模型与工程图，该主动链轮的结构及相关尺寸如图 12-21 所示。

【信息与资讯】　链传动可作传动、输送、拽引提升用，也可作其他专门用途。部分链传动国家已标准化。滚子链链动中，滚子链与链轮齿不是共轭啮合，其齿形的结构具有较大的灵活性。目前使用

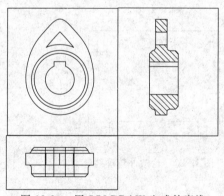

图 12-20　用 SOLDRAW 生成轮廓线

链轮齿槽的形状有渐开线齿廓链轮滚刀所切制的齿形和三圆弧一直线的齿形两种。

从主动链轮的视图可知，该主动链轮用了两个基本视图来表达其结构，其中主视图为单一平面全剖视。其有关齿形的结构参数用表列出。

【决策与计划】　根据该主动链轮的尺寸结构，其图幅选 A3、绘图比例 1∶1。其主要计划为：创建三维模型、创建多视图、输出工程图。

1. 创建主动链轮的三维模型

（1）创建链轮轮毂

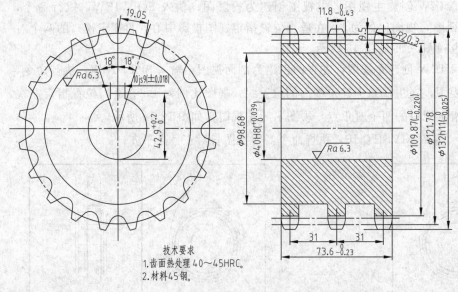

主动链轮参数表		
节距	p	19.05
滚子直径	d_1	11.91
齿数	z	20
量柱测量距	M_R	$133.69\,^{0}_{-0.20}$
量柱直径	d_R	$11.9\,^{+0.01}_{0}$
齿形		按GB 1243—2006

技术要求
1.齿面热处理40～45HRC。
2.材料45钢。

图 12-21　主动链轮的视图及其参数

① 设置工作空间。将工作空间设置为"AutoCAD 经典"。选择下拉菜单"视图→三维视图→主视",将工作界面设为主视图投影面。

② 绘制外轮廓线。绘制主视图的剖面轮廓,键槽与倒角投影线不绘。使用的绘图命令有绘直线、偏移、绘圆弧、复制、修剪等,其外轮廓如图 12-22 所示。

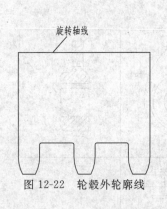

旋转轴线

图 12-22　轮毂外轮廓线

图 12-23　轮毂三维模型

③ 合并线段。输入 PEDIT,执行命令,选择所有绘制的线段,输入 J 合并,多段线已增加 21 条线段。

④ 旋转轮廓线。将工作空间设置为"三维建模";在"常用"选项卡下,左键单击按钮拉伸的向下箭头,在弹出的下拉按钮中点选按钮旋转,执行 REVOLVE 命令,选择合并的多段线,以最上的横向线为旋转轴线;将视图设为东南等轴侧、概念视图;其主动链轮的轮毂如图 12-23 所示。

(2) 创建链轮齿形

查阅《机械设计手册》中的滚动链轮齿槽形状(GB/T 1243—2006),最小齿槽形状尺寸为：$r_{emax}=31.44mm$，$r_i=6mm$，$\alpha_{max}=135.01°mm$。

设定 UCS 与工作空间，将工作界面设为主视图投影面。

① 绘制中心线。单击绘图工具栏按钮 ，执行 LINE 命令，绘制相交纵横向直线。

② 绘制圆。单击工具栏按钮 ，执行 CIRCLE 命令，以中心线交点为圆心，绘制直径为 $\phi132mm$、$\phi121.78mm$、$\phi109.87mm$ 的圆；以纵向中心线与 $\phi121.78mm$ 圆弧的交点为圆心，绘制直径为 $\phi12$（$2\times r_i$）mm 的圆，如图 12-24 所示。

③ 绘制构造线。单击工具栏按钮 ，执行 XLINE 命令，输入 A，指定角度 22.5°（90°-135.01°÷2＝22.5°），通过 $\phi12$ 的中心点，以纵向中心线为镜像轴镜像所绘构造线，并做修剪，如图 12-25 所示。

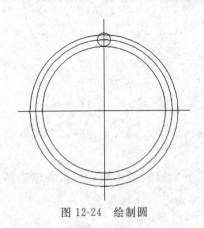

图 12-24　绘制圆

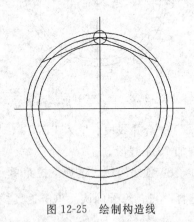

图 12-25　绘制构造线

④ 绘制圆弧。单击工具栏按钮 ，执行 CIRCLE 命令，以构造线与 $\phi12mm$ 圆弧的交点为圆心，绘制直径为 $\phi62.88mm$ 的圆；以构造线与 $\phi62.88mm$ 圆的交点为圆心，绘制直径为 $\phi62.88mm$ 的圆；修剪后并删除构造线，如图 12-26 所示。

⑤ 镜像齿廓线。单击工具栏按钮 ，执行 MIRROR 命令，选择修剪后的齿廓线为镜像对象，以主视图的纵向中心线为镜像线，如图 12-27 所示。

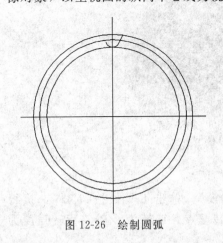

图 12-26　绘制圆弧

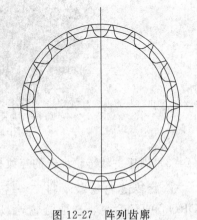

图 12-27　阵列齿廓

⑥ 阵列齿廓。单击按钮 ，执行 ARRAYCLASSIC 命令，在"阵列"对话框，设置阵列为环形阵列，选择齿廓线为列对象，阵列中心点为中心线的交点，方法为项目总数和填充

角度，其项目总数为 22，填充角度为 360°mm，选择复制时旋转项目复选框，单击确定按钮，完成环形的阵列，如图 12-27 所示。修剪阵列后的轮廓线，如图 12-28 所示。

⑦ 绘制辅助圆。单击工具栏按钮 ⊘ ，执行 CIRCLE 命令，以中心线交点为圆心，绘制直径为 ϕ140mm 的圆；删除直径为 ϕ121.78mm、ϕ109.87mm 的圆，如图 12-29 所示。

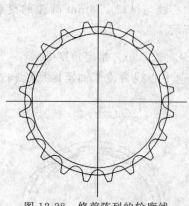

图 12-28　修剪阵列的轮廓线

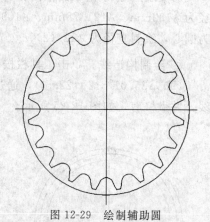

图 12-29　绘制辅助圆

⑧ 合并线段。输入 PEDIT，执行命令，选择所有绘制齿廓线，输入 J 合并，多段线已增加 79 条线段。

⑨ 创建面域。选择下拉菜单"绘图→边界"，打开"边界创建"对话框，在齿廓线内部选择一点，给予确认。单击工具栏按钮 ▣ ，执行 REGION 命令，选择所有绘制齿廓线。

⑩ 创建链轮齿形三维模型。将工作空间设置为"三维建模"；点选按钮 拉伸 ，执行 EX-TRUDE 命令，选择创建的面域，沿 Z 轴拉伸 90；选择直径为 ϕ140mm 圆，沿 Z 轴拉伸 85；将视图设为东南等轴侧、概念视图，如图 12-30（a）所示。对两个创建的实体作差集布尔运算，如图 12-30（b）所示。

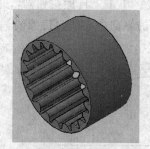

(a)创建齿廓实体　　　　　　(b)差集布尔运算

图 12-30　创建链轮齿形三维模型

（3）创建主动链轮齿廓的三维模型

① 旋转链轮轮毂。将工作空间设置为"三维建模"；单击工具栏按钮 ⊕ ，执行 3DROTATE 命令，选取链轮轮毂，指定中心点为旋转基点，旋转为 Z 轴，旋转角度为 90°mm，如图 12-31（b）所示。

② 平移链轮轮毂。单击工具栏按钮 ⊕ ，执行 3DMOVE 命令，选取链轮轮毂，指定表面中心点为平移点，链轮齿形三维模型的中心为第二点，如图 12-32（a）所示。

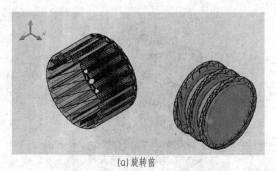 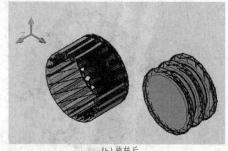

(a)旋转前　　　　　　　　　　　　　　　　　　(b)旋转后

图 12-31　旋转链轮轮毂

③ 布尔运算。对链轮轮毂、链轮齿形的两个三维模型作差集布尔运算，如图 12-32（b）所示。

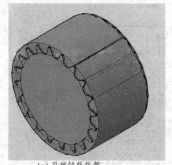 

(a)平移链轮轮毂　　　　　　　　　　　　　　(b)差集布尔运算

图 12-32　创建主动链轮齿廓的三维模型

（4）创建链轮轴孔

① 将工作空间设置为"AutoCAD 经典"。选择下拉菜单"视图→三维视图→前视"，将工作界面设为主视图投影面；视角样式为"二维线框"。

② 绘制轴孔。运用绘圆、绘直线、偏移直线、修剪直线绘出轴孔的边界，如图 12-33 所示。

③ 创建面域。选择下拉菜单"绘图→边界"，打开"边界创建"对话框，轴孔轮廓线内部选择一点，给予确认。单击工具栏按钮 ⬚，执行 REGION 命令，选择所绘轴孔轮廓线。

④ 创建链轮轴孔三维模型。将工作空间设置为"三维建模"；点选按钮 拉伸，执行 EXTRUDE 命令，选择创建的面域，沿 Z 轴拉伸 90；将视图设为东南等轴侧、概念视图，如图 12-34（a）所示。对主动链轮齿廓实体、链轮轴孔实体作差集布尔运算，如图 12-34（b）所示。

2. 创建多视图

使用 SOLVIEW 与 SOLDRAW 命令创建视图。选择菜单"文件→页面设置管理器"，对页面进行设置，或创建新的布局"主动链轮"。

① 切换到布局。在状态栏中单击布局按钮"主动链轮"，进入 AutoCAD 的图纸空间。将 A3 样板文件（或以图块）插入。

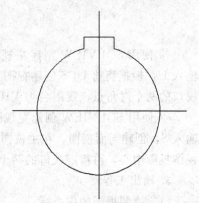

图 12-33　绘轴孔轮廓

② 设置系统变量 HPNAME 为 ANSI31、HPSCALE 为 1.0，以设定填充图案和剖面符号的间距。

(a)创建链轮轴孔实体　　　　　　　　　　(b)差集布尔运算

图 12-34　创建主动链轮轴孔

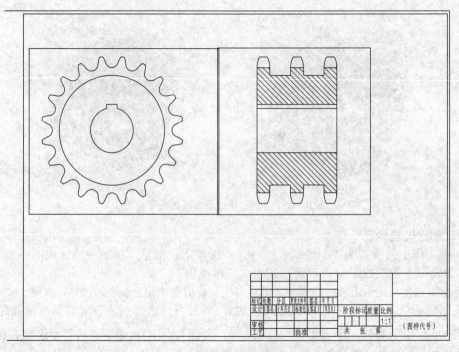

图 12-35　创建多视图

③ 使用 SOLVIEW 创建主视图。俯视图创建为投影图，输入 SOLVIEW，执行命令，输入 U，根据当前 UCS 创建视图，视图比例为 1，在适当位置指定视图投影中心，再指定视口的两个对角点，视图名为 VIEW1（主视图），如图 12-35 所示。

④ 使用 SOLVIEW 创建左视图。左视图创建为剖面视图，输入 SOLVIEW，执行命令，输入 S，创建剖面视图，在主视图上确定剖面的位置线，视图比例为 1，在适当位置指定左视图投影中心，再指定视口的两个对角点，视图名为 VIEW2（左视图），如图 12-35 所示。

3. 输出工程图

（1）绘制视图的中心线

打开图层特性管理器，将自动产生的"VPORTS"图层关闭。在图层管理器中，将当前图层设置为 05（中心线）层。在图纸空间绘制视图的中心线，如图 12-36 所示。

（2）标注尺寸

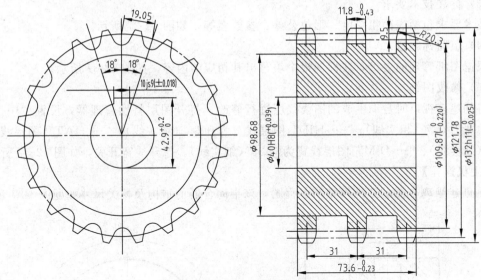

图 12-36　绘制中心线与标注尺寸

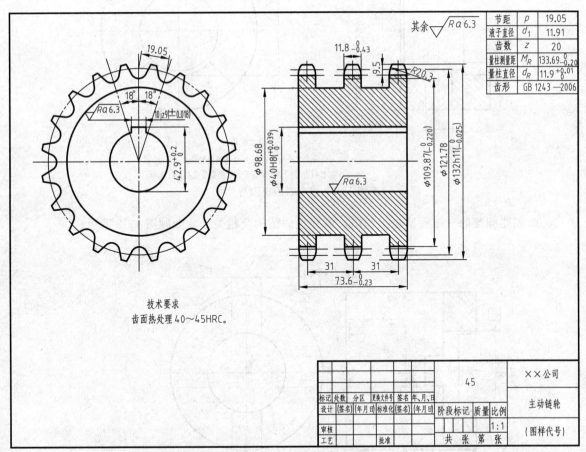

节距	p	19.05
滚子直径	d_1	11.91
齿数	z	20
量柱测量距	M_R	$133.69_{-0.20}^{0}$
量柱直径	d_R	$11.9_{0}^{+0.01}$
齿形		GB 1243—2006

技术要求
齿面热处理40～45HRC。

											××公司
					45						主动链轮
标记	处数	分区	更改文件号	签名	年、月、日	阶段标记	质量	比例			
设计	（签名）	（年月日）	标准化	（签名）	（年月日）			1:1			（图样代号）
审核											
工艺			批准			共 张 第 张					

图 12-37　主动链轮的工程图

　　尺寸标注在每个视图自动创建的相应图层上标注，也可在自己设置的尺寸标注层上标注，其标注样式采用GBA3的"机械35"样式，如图12-36所示。

（3）标注技术要求

技术要求包括表面粗糙度、形位公差、参数表等，如图12-37所示。

（4）填写标题栏

根据图纸管理的要求，在标题栏中填写出其相应的内容，如图12-37所示。

（5）修改图线

将创建多视口时自动生成的图线线层进行修改，打开图层特性管理器，设置"…-VIS"图层线宽为0.7（粗实线）、"…-HID"图层线宽为0.35（细实线）、"…-HAT"图层线宽为0.30（细实线）、"…-DIM"图层线宽为0.35（细实线）。打开线宽开关，如图12-37所示。

【上机操作】

1. 创建半离合器的三维模型与工程图，该半离合器的结构及相关尺寸如题图12-1所示。

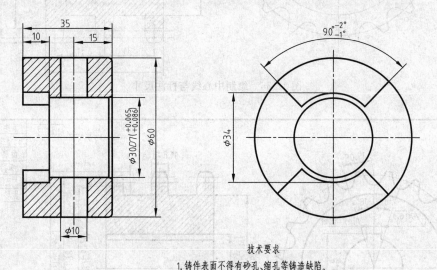

技术要求

1. 铸件表面不得有砂孔、缩孔等铸造缺陷。

2. 材料为HT200，所有表面的粗糙度值 Ra 12.5 μm。

题图12-1　离合器的视图与尺寸

2. 创建圆盘的三维模型与工程图，该圆盘的结构及相关尺寸如题图12-2所示。

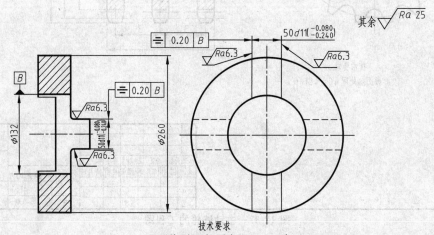

技术要求

1. 凹凸块两侧 A 表面淬火深2.3mm，硬度40～50HRC。

2. 凹凸块顶根部倒角2×45°。

3. 材料为ZG230-450。

题图12-2　圆盘的视图与尺寸

附录一
计算机辅助设计中、高级绘图员鉴定标准

一、机械/建筑类中级鉴定标准

知识要求：

1. 掌握微机绘图系统的基本组成及操作系统的一般使用知识。

2. 掌握基本图形的生成及编辑的基本方法和知识。

3. 掌握复杂图形（如块的定义与插入、图案填充等）、尺寸、复杂文本等的生成及编辑的方法和知识。

4. 掌握图形的输出及相关设备的使用方法和知识。

技能要求：

1. 具有基本的操作系统使用能力。

2. 具有基本图形的生成及编辑能力。

3. 具有复杂图形（如块的定义与插入、图案填充等）、尺寸、复杂文本等的生成及编辑能力。

4. 具有图形的输出及相关设备的使用能力。

实际能力要求达到：能使用计算机辅助设计绘图与设计软件（AutoCAD）及相关设备以交互方式独立、熟练地绘制产品的二维工程图。

鉴定内容：

（一）文件操作

1. 调用已存在图形文件。

2. 将当前图形存盘。

3. 用绘图机或打印机输出图形。

（二）绘制、编辑二维图形

1. 绘制点、线、圆、圆弧、多段线等基本图素；绘制字符、符号等图素；绘制复杂图形，如块的定义与插入、图案填充、复杂文本输入。

2. 编辑点、线、圆、圆弧、多段线等基本图素，如删除、恢复、复制、变比等；编辑字符、符号等图素；编辑复杂图形，如插入的块、填充的图案、输入的复杂文本等。

3. 设置图素的颜色、线型、图层等基本属性。

4. 设置绘图界限、单位制、栅格、捕捉、正交等。

5. 标注长度型、角度型、直径型、半径型、旁注型、连续型、基线型尺寸；修改以上各种类型的尺寸；标注尺寸公差。

二、机械类高级鉴定标准

知识要求：

1. 掌握微机绘图系统的基本组成及操作系统的一般使用知识。

2. 掌握基本图形的生成及编辑的基本方法和知识。

3. 掌握复杂图形（如块的定义与插入、外部引用、图案填充等）、尺寸、复杂文本等的生成及编辑的基本方法和知识。

4. 掌握图形的输出及相关设备的使用方法和知识。

5. 掌握三维图形的生成及编辑的基本方法和知识。

6. 掌握三维图形到二维视图的转换方法和知识。

7. 掌握图纸空间浮动视窗图形显示的方法与知识。

8. 掌握软件提供的相应的定制工具的使用方法和知识。

9. 掌握形与汉字的定义与开发方法和知识。

10. 掌握菜单界面的用户化定义方法和知识。

11. 掌握 AutoCAD 软件中各种常用文本文件的格式。

12. 掌握 AutoCAD 软件的安装与系统配置方法和知识。

技能要求：

1. 具有基本的操作系统使用能力。

2. 具有基本图形的生成及编辑能力。

3. 具有复杂图形（如块的定义与插入、外部引用、图案填充等）、尺寸、复杂文本等的生成及编辑能力。

4. 具有图形的输出及相关设备的使用能力。

5. 具有三维图形的生成及编辑能力。

6. 具有三维图形到二维视图的转换能力。

7. 具有在图纸空间浮动视窗内调整图形显示的能力。

8. 具有软件提供的相应的定制工具的使用能力。

9. 具有形与汉字的定义与开发能力。

10. 具有菜单界面的用户化定义能力。

11. 具有基本读懂 AutoCAD 软件中各种常用文本文件的能力。

12. 具有 AutoCAD 软件的安装与系统配置的能力。

附录二

计算机辅助设计绘图员技能鉴定试题（机械类）

题号：M _ cad _ mid _ 01

考试说明：

1. 本试卷共 6 题。

2. 考生在考评员指定的硬盘驱动器下建立一个以自己准考证号码后 8 位命名的考生文件夹。

3. 考生在考评员指定的目录，查找"绘图员考试资源 A"文件，并据考场主考官提供的密码解压到考生已建立的考生文件夹中。

4. 然后依次打开相应的 6 个图形文件，按题目要求在其上作图，完成后仍然以原来图形文件名保存作图结果，确保文件保存在考生已建立的文件夹中，否则不得分。

5. 考试时间为 180 分钟。

一、基本设置（8 分）

打开图形文件 A1.dwg，在其中完成下列工作：

1. 按以下规定设置图层及线型，并设定线型比例。绘图时不考虑图线宽度。

图层名称	颜色（颜色号）	线型
01	绿 (3)	实线 Continuous（粗实线用）
02	白 (7)	实线 Continuous（细实线、尺寸标注及文字用）
04	黄 (2)	虚线 ACAD _ ISO02W100
05	红 (1)	点画线 ACAD _ ISO04W100
07	洋红 (6)	双点画线 ACAD _ ISO05W100

2. 按 1：1 比例设置 A3 图幅（横装）一张，留装订边，画出图框线（纸边界线已画出）。

3. 按国家标准的有关规定设置文字样式，然后画出并填写如附图 1 所示的标题栏。不标注尺寸。

4. 完成以上各项后，仍然以原文件名保存。

二、用 1：1 比例作出附图 2，不标注尺寸。（10 分）

	30	55	25	30
考生姓名		题号		A1
性别		比例		1：1
身份证号码				
准考证号码				

（4×8=32）

附图 1

三、根据已知立体的 2 个投影作出第 3 个投影，如附图 3。(10 分)

绘图前先打开图形文件 A3.dwg，该图已作了必要的设置，可直接在其上作图，作图结果以原文件名保存。

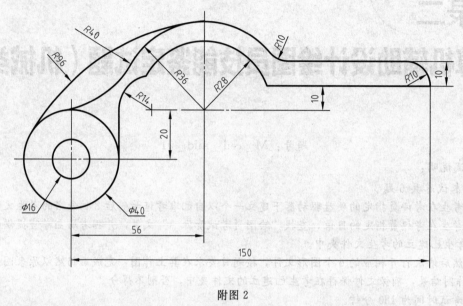

附图 2

四、把附图 4 所示立体的主视图画成半剖视图，左视图画成全剖视图。(10 分)

绘图前先打开图形文件 A4.dwg，该图已作了必要的设置，可直接在其上作图，主视图的右半部分取剖视。作图结果以原文件名保存。

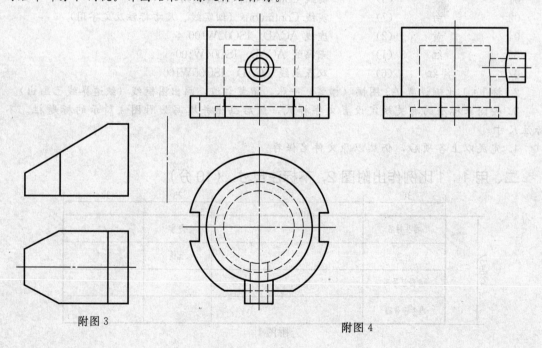

附图 3

附图 4

五、画零件图（附图 5）（50 分）

具体要求：

1. 画 2 个视图。绘图前先打开图形文件 A5.dwg，该图已作了必要的设置。

2. 按国家标准有关规定，设置机械图尺寸标注样式。

3. 标注 A—A 剖视图的尺寸与粗糙度代号（粗糙度代号要使用带属性的块的方法标注）。

4. 不画图框及标题栏，不用注写右上角的粗糙度代号及"未注圆角……"等字样）。

5. 作图结果以原文件名保存。

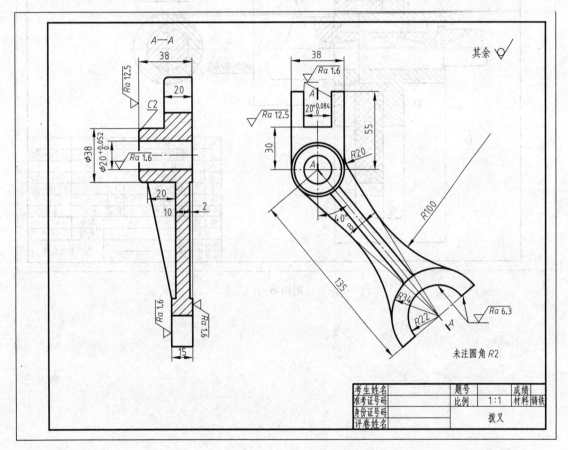

附图 5

六、由给出的结构齿轮组件装配图（附图 6）拆画零件 1（轴套）的零件图。（12 分）

　　具体要求：

1. 绘图前先打开图形文件 A6.dwg，该图已作了必要的设置，可直接在该装配图上进行编辑以形成零件图，也可以全部删除重新作图。

2. 选取合适的视图。

3. 标注尺寸。如装配图标注有某尺寸的公差代号，则零件图上该尺寸也要标注上相应的代号。不标注表面粗糙度符号和形位公差符号，也不填写技术要求。

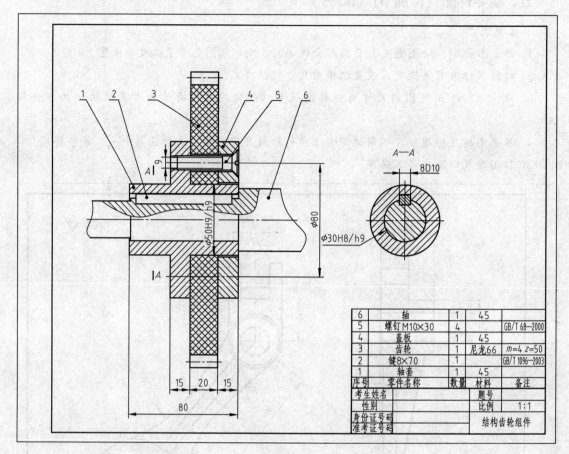

6	轴	1	45	
5	螺钉M10×30	4		GB/T 68—2000
4	盖板	1	45	
3	齿轮	1	尼龙66	$m=4$ $z=50$
2	键8×70	1		GB/T 1096—2003
1	轴套	1	45	
序号	零件名称	数量	材料	备注

考生姓名		题号	
性别		比例	1:1
身份证号码			
准考证号码		结构齿轮组件	

附图 6

附录三

计算机辅助设计高级绘图员技能鉴定试题A

机械类　　第一卷　　题号：　CADH1-35

一、根据两个视图，按以下要求作图（40分）

要求：

1. 请打开CADH1-35-1.dwg文件，如图CADH1-35-1所示，根据已给物体两个视图，画出左视图并全剖，将主视图改画为半剖视图。

2. 作图要准确，符合国家标准的规定，投影关系要正确。

3. 完成后，仍以CADH1-35-1.dwg为文件名存入考生文件夹中。

二、由装配图拆画零件图（60分）

图CADH1-35-2所示为微调机构的装配图。工作原理：微动机构是一个将手轮上的转动转变为导杆右端微量平动的装置。当手轮转动时带动螺杆作螺旋运动，通过螺旋副将转动变为导杆的平动。

要求：

1. 打开CADH1-35-2.dwg文件，根据所给的装配图，拆画支架（9）、导套（10）的零件图，装配图上没有提供的数据，应自行设定。

2. 设置一个A3图幅的布局，以支架命名这个布局。将支架零件图以1：1比例放置其中。不标注零件尺寸、公差代号、表面粗糙度代号。

图 CADH1-35-1

3. 设置一个A4图幅的布局，以导套命名这个布局。将导套零件图以1：1比例放置其中。并标注零件尺寸、公差代号、表面粗糙度代号，各数值自定。

4. 各零件图按需要可作合适的剖视图、断面图。

5. 完成后，仍以CADH1-35-2.dwg为文件名，保存到考生文件夹中。

机械类　　第二卷　　题号：　CADH2-35

一、曲面造型（10分）

要求：

1. 请打开CADH2-35-1.dwg文件，按图CADH2-35-1（a）所示形状和尺寸作出曲面造型。

2. 曲面经线数取20，纬线数取20。

3. 设置A4图纸空间，建立四个视口，分别为主视、左视、俯视和西南等轴测视口。

4. 不标注尺寸。

5. 完成后，仍以CADH2-35-1.dwg为文件名存入考生文件夹中。

二、实体建模及编辑工程图（60分）

要求：

1. 打开CADH2-35-2.dwg文件，在模型层中创建如图CADH2-35-2所示零件的实体模型。

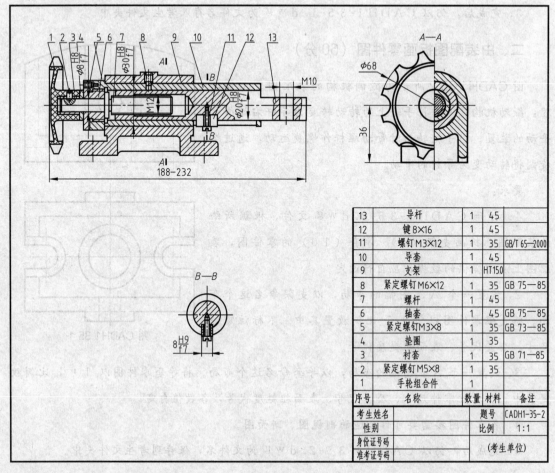

13	导杆	1	45	
12	键8×16	1	45	
11	螺钉M3×12	1	35	GB/T 65—2000
10	导套	1		
9	支架	1	HT150	
8	紧定螺钉M6×12	1	35	GB 75—85
7	螺杆	1	45	
6	轴套	1	45	GB 75—85
5	紧定螺钉M3×8	1	35	GB 73—85
4	垫圈	1	35	
3	衬套	1	35	GB 71—85
2	紧定螺钉M5×8	1	35	
1	手轮组合件	1		
序号	名称	数量	材料	备注

考生姓名		题号	CADH1-35-2
性别		比例	1:1
身份证号码		(考生单位)	
准考证号码			

图 CADH1-35-2

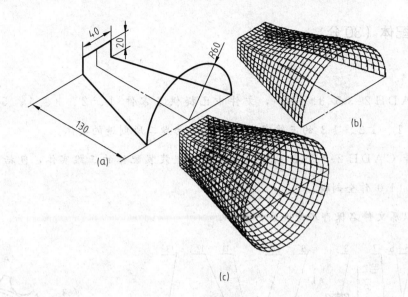

(a)

(b)

(c)

图 CADH2-35-1

2. 在布局中设置 A3 图幅，进行处理，将三维实体转换为二维图形，形成试卷所示的零件图。

3. 抄画左视图上的尺寸，不标注粗糙度代号。

4. 完成操作后，仍以 CADH2-35-2. dwg 为文件名存入考生文件夹。

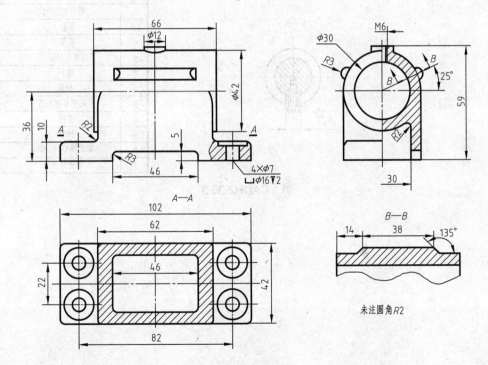

图 CADH2-35-2

三、装配体（30分）

要求：

打开CADH2-35-3.dwg，文件中已提供了零件1、2、3、4、5、6、7、8、10、11、12、13的三维实体，零件9为题二所创造的实体。

根据图号CADH2-35-3所示的装配图，组装装配体的三维实体，包括所有零件，其中零件9、10作全剖视。

完成后以原文件名保存在考生文件夹中。

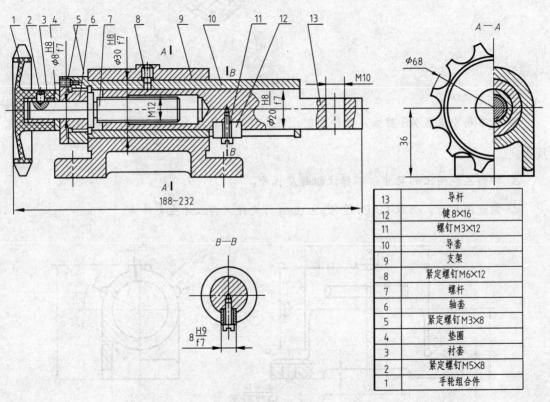

13	导杆
12	键8×16
11	螺钉M3×12
10	导套
9	支架
8	紧定螺钉M6×12
7	螺杆
6	轴套
5	紧定螺钉M3×8
4	垫圈
3	衬套
2	紧定螺钉M5×8
1	手轮组合件

图　CADH2-35-3

参 考 文 献

［1］ 时代印象. 中文版 AutoCAD2013 技术大全. 北京：人民邮电出版社，2013.

［2］ 郭克景，孙亚婷，尚晓明. AutoCAD 从入门到提高. 北京：中国青年出版社，2013.

［3］ 李善峰，姜勇，李原福. AutoCAD2012 中文版完全自学教程. 北京：机械工业出版社，2012.

［4］ 郝坤孝，吕安吉，季阳萍. AutoCAD2013 实用教程. 北京：化学工业出版社.

参考文献

[1] 江思敏, 胡仁喜. AutoCAD 2013中文版入门与提高. 北京: 机械工业出版社, 2013.
[2] 李长勋. 中文版 AutoCAD 从入门到精通. 北京: 中国铁道出版社, 2013.
[3] 胡仁喜. 中文版 AutoCAD 2012室内设计从入门到精通. 北京: 机械工业出版社, 2012.
[4] 胡仁喜. 中文版 AutoCAD 2013工程制图. 北京: 化学工业出版社.